半島地域農漁業の社会経済構造

小林恒夫

九州大学出版会

はしがき

　本書は2つの問題意識から出発し、それに伴って2つの内容から構成されている。
　第1は、半島地域農業論を構築し、条件不利地域農業論の一角に位置づけようとする試みである。条件不利地域、あるいは中山間地域における農業問題は古くて新しい問題である。したがって、この問題に関しては膨大な研究蓄積が認められる。なかでも、農業センサスにおける「中間農業地域」および「山間農業地域」という地域類型に依拠した包括的な研究がめだつ。しかし、そこにはいまだ2つの問題点が残されているように感じられる。1つは、この地域類型そのものの問題である。すなわち、この地域類型は果たして各地域の農業生産の条件不利性を正確に反映しているのかどうかという問題である。たとえば、「中間地域」と「山間地域」を合わせて「中山間地域」という表現で地域を把握するケースがむしろ一般化しているが、実際は両地域の内容にはかなりの差異が存在することに注意が必要なこと、また各地域の中においてもそれぞれ極めて多様な地区（大字単位、あるいは集落単位）が存在しており、地域農業を考える場合、このような大字あるいは集落単位の動向が重要となることが多いのであるが、このような局面において、その地区の性格とそれを含んだ地域類型の性格が必ずしも一致しないという問題が多々存在する。地域の現場により近いところに足場をおく者ほど、このような印象を強く持つ。そして、本書執筆の出発点の1つもこの点にあった。すなわち、本書は条件不利地域農業論として佐賀県東松浦半島を対象にスタートしたが、その後に、この半島内には「中間地域」や「山間地域」に類型される市町村が存在しないという統計上の問題に遭遇したという不可解な経緯があったからである。
　もう1つは、このようなセンサス統計データの整備という好条件がかえってわざわいし、膨大な統計分析が数多く行われたにもかかわらず、必ずしも具体的な条件不利地域分析は十分になされてこなかったという研究上の問題が残されていると感じることである。換言すれば、膨大な統計分析による「日本の条件不利地域論」を総論、具体的な地域を対象とした条件不利地域農業構造論を各論と呼ぶならば、10年前にいみじくも小田切徳美氏がその著書『日本農業の中山間地帯問題』（農林統計協会、1994年）で述べた「各論なき総論」（はしがき）という条件不利地域農業研究の傾向はいまだに克服されていないのではないかと感じるのである。
　以上のような問題認識から、条件不利地域農業論の各論の1つを積み上げる目的をもって本書をあえて上梓した。
　第2は、半農半漁をも組み込んで、半島地域農業の全体像にアプローチしようという試みである。その理由は、半島地域には半農半漁世帯が比較的多く存在しているとされていることから、半農半漁を半島地域における不可欠要素と考えなければならないため、半島地域農業の全

体像に迫るためには，おのずと半農半漁における農業をも取り込む必要があるからである。しかも，さらに重要な理由は，上述の半島地域農業論で取り上げる農業の展開をリードする農業部門と，半農半漁世帯で営まれている農業部門とは異なっているため，この点においても両方の農業部門を取り上げなければ，半島地域の農業の全体像が完結しないからである。

ところで，近年わが国では半農半漁に関する本格的な研究はほとんどなされていないため，統計によって，その歴史的推移，存在の地域性，および漁業種類や階層との関係など，改めて半農半漁の今日的概況の把握にも努めた（第6章）。あわせて実証分析による検証作業を行い，半農半漁の具体的実態とメカニズムを明らかにすることに本書の後半（第II部）を充てた。

こうして，半島地域の農業展開と半農半漁の構造という2つの側面から半島地域の農業の全体構造に迫り，その過程で，農業との接点（半農半漁）という範囲内ではあるが，漁業問題にも言及したことにより，半島地域農漁業論へのアプローチの試みの1つであるという含意で本書名に「半島地域農漁業」という表現を使用した。

以上，本書の問題意識と内容構成はいささか欲張りすぎだったかもしれない。また，本書はご覧のとおり，佐賀県東松浦半島という特定地域の事例を対象としたモノグラフの域をまだ出ていない。したがって，結果として当初の目的が十分に達成されたかどうかは自信がなく，読者の判断を待つほかはない。忌憚のないご批判，ご教示をお願いする次第である。

2004年8月

西方に東松浦半島（上場台地）を望む職場3階の研究室にて

著者しるす

本書は独立行政法人日本学術振興会平成16年度科学研究費補助金（研究成果公開促進費）の交付を受けて刊行するものである。

目　次

　　はしがき …………………………………………………………………………………… *i*

序　章　半島地域農漁業研究の意義と本書の構成 ……………………………………… *1*
　　第1節　半島地域農漁業研究の意義 ………………………………………………… *3*
　　第2節　対象と方法 …………………………………………………………………… *4*
　　第3節　構　成 ………………………………………………………………………… *4*

第Ⅰ部　半島地域農業の展開

第1章　半島農業前進の軌跡と要因——統計分析—— ………………………………… *11*
　　第1節　「中山間地域」と条件不利地域・半島地域 ……………………………… *12*
　　第2節　半島地域の統計的把握方法——半島振興法指定23地域374市町村の分析—— …… *13*
　　第3節　半島地域の位置と特徴——国土総面積の9.8％, 総人口の3.8％—— ……………… *13*
　　　　1．半島の位置
　　　　2．半島農業の特徴
　　第4節　半島農業前進の軌跡 ………………………………………………………… *17*
　　　　1．全　国
　　　　2．九州＝半島王国——総土地面積の2割弱, 総人口の1割強, 農業粗生産額の25％——
　　第5節　半島農業前進の要因 ………………………………………………………… *28*
　　　　1．1970年代以降の農産物市場構造の変化
　　　　2．半島地域における畑地開発・農業水利事業の推進
　　第6節　総括と展望 …………………………………………………………………… *29*

第2章　佐賀県における東松浦半島の農業の到達点——統計分析—— …………… *31*
　　第1節　「中山間地域」と半島地域 ………………………………………………… *32*
　　　　　　——東松浦半島には農林統計上の「中山間地域」は存在しない——
　　第2節　中山間地域等直接支払制度にみる東松浦半島地域の位置づけ ………… *34*
　　第3節　東松浦半島地域の面積的位置 ……………………………………………… *36*
　　　　　　——県内総面積の10.5％, 県内総耕地面積の9.3％——
　　第4節　東松浦半島地域における農業の前進——農業粗生産額の14％—— …………… *40*

第3章　臨海棚田地区における農業の展開 …………………… 43
　　　　──佐賀県E市M集落G地区事例分析──

第1節　E市M集落G地区の概況 ……………………………… 44
第2節　G地区の農業展開の概観──農業センサス集落カードから── ……… 45
第3節　G地区の農業経営・農家の構図── 4類型── ……… 47
　　1．葉タバコ作専業的農業経営
　　2．野菜作専業的農業経営
　　3．イチゴ作専業的農業経営
　　4．稲作兼業農家
第4節　G地区の農業の問題点 …………………………………… 53
　　　　──臨海棚田地区＝条件不利地域の農業に共通する問題点──
　　1．臨海棚田地区＝条件不利地域の厳しさ
　　2．農業後継者の減少
　　3．耕作放棄地の増加──「機械搬入困難」，「狭小」，「危険」の3K要因──
第5節　新たな挑戦──多様な農業のあり方を模索── ………… 56
　　1．直売所の開設
　　2．アイガモ稲作による高付加価値・環境保全型農業の開始
　　3．契約取引によるキャベツの産地化と耕作放棄畑対策
　　4．観光農園の開始
第6節　臨海棚田地区の農業の到達点と今後の課題 ……………… 58

第4章　臨海畑作地区における農業の展開──佐賀県肥前町D集落事例分析── ……… 61
第1節　本章の位置づけ …………………………………………… 62
第2節　肥前町の農業概況 ………………………………………… 62
　　1．農　家　構　成
　　2．耕　地　構　成──田畑混在地域──
　　3．作物構成の推移──野菜生産の増加と停滞──
第3節　D集落の農業展開の特徴──農業センサス集落カードからみた概観── ……… 64
　　1．農業的色彩の濃い集落
　　2．畑地面積の増加による「畑作集落」の形成
　　3．工芸農作物（葉タバコ），施設園芸（イチゴ），露地野菜および肉用牛を主体とする
　　　単一経営の形成
　　4．専業的農業経営の形成
　　5．青年農業者の増加
　　6．耕作放棄地（水田）の増加

第 4 節　D 集落における農地の造成・整備と農業用水の通水 …………………… 68
第 5 節　D 集落における農業経営・農家の類型とその性格 ………………………… 68
　　1．葉タバコ作専業的経営（7 戸）
　　2．イチゴ作専業的経営（4 戸）
　　3．露地野菜作経営（7 戸）
　　4．肉用牛経営の二極分化──専業的経営（1 戸）と零細兼業経営（2 戸）──
　　5．零細稲作兼業経営（6 戸）
第 6 節　耕作放棄の実態と要因 ……………………………………………………… 74
第 7 節　農業経営・農家の類型の構図と今後の課題──まとめに代えて── ……… 74

第 5 章　臨海田畑作地区における農業の展開──佐賀県 A 町 B 集落事例分析── …… 77
　第 1 節　本章の対象と課題 …………………………………………………………… 78
　　1．典型的な臨海棚田地帯としての佐賀県東松浦半島
　　2．対象と課題
　第 2 節　「耕して海に至る」臨海棚田地域の実態 ………………………………… 79
　　　　　──「耕して天に至る」山間型・山添型棚田地域との対比──
　第 3 節　B 集落の農業展開の概要──農業センサス集落カードより── ………… 79
　第 4 節　農家・農業経営の諸類型──類型の多様化と経営の単一化── ………… 81
　第 5 節　青年農業者の分厚い存在と就農経路・経営部門 ………………………… 84
　第 6 節　農地利用の特徴──集約化・借地増加と粗放化・耕作放棄の跛行的同時進行── ……… 84
　　1．B 集落の地目と作目の実態──不整形・狭小・急傾斜の棚田の形成と耕作放棄地の拡大──
　　2．施設化による農地の集約的利用の進展──ハウスミカン形成を中心に──
　　3．畑借地の増加（畑借地率 3 割余）とその要因・性格
　　　　　──露地野菜作・酪農の展開とその限界──
　　4．不作付・耕作放棄の増加（放棄地率 15 ％）とその要因
　　　　　──耕地の 3 K 悪条件，集約部門への集中，労働力不足・高齢化──
　　5．農地利用の全体的構図──農地利用の跛行性──
　第 7 節　棚田の保全対策──ポイントは担い手問題── ………………………… 91

第Ⅱ部　半農半漁の構造

第 6 章　半農半漁の今日的形態と存立条件──統計分析── ……………………… 95
　第 1 節　課題と方法 ………………………………………………………………… 96
　第 2 節　半農半漁の統計的把握方法 ……………………………………………… 97
　　1．主とする兼業種類が自営農業である漁家（狭義の半農半漁）
　　2．自営農業を営んだ漁家（広義の半農半漁）

第3節　歴　史　性 …………………………………………………………… *101*

　　第4節　階層性および漁業種類 ………………………………………………… *101*

　　第5節　地　域　性 …………………………………………………………… *104*

　　　　1．半農半漁二大海区
　　　　　　——東日本（太平洋北区，同中区，日本海北区）と九州・沖縄（東シナ海区）——

　　　　2．日本最大級の半農半漁県＝佐賀県

　　第6節　半農半漁における「農業」の経済的位置——「漁業経済調査報告」分析—— ……… *106*

　　　　1．歴　史　性

　　　　2．階層性および漁業種類

　　　　3．地　域　性

　　　　4．結　　論

　　第7節　総括と今後の課題 ………………………………………………………… *110*

第7章　佐賀県における半農半漁の2類型——統計分析—— ……………………… *113*

　　第1節　佐賀県における半農半漁経営の歴史的動向 ………………………………… *114*

　　第2節　佐賀県における半農半漁経営の2類型 ……………………………………… *116*

　　　　1．半農半漁の典型地域＝有明海区

　　　　2．「主とする兼業種類が農業である」漁家および第Ⅰ種兼業漁家の割合がともに高い有明海区

　　　　3．多様な漁業種類の松浦海区とのり養殖業単一的な有明海区の半農半漁

　　　　4．2類型の歴史的性格の相違

　　第3節　市町村別にみた半農半漁経営の地域性 ……………………………………… *118*

　　第4節　まとめと展望 ……………………………………………………………… *121*

第8章　臨海棚田地区における半農半漁の構造 ……………………………………… *123*
　　　　　　——佐賀県C町P集落事例分析——

　　第1節　問題の所在と課題 ………………………………………………………… *124*

　　　　1．半島地域における半農半漁の位置づけ

　　　　2．本章の課題

　　第2節　農漁業の特徴と実態調査の課題——農業センサス集落カードから—— ……………… *125*

　　　　1．臨海型棚田地区

　　　　2．半農半漁世帯の維持・存続

　　　　3．出稼ぎ兼業から通勤兼業への農家兼業の変化

　　　　4．稲作と肉用牛の2部門に分化

　　　　5．借地の展開と耕作放棄の増加

第3節　農漁家の世帯類型の特徴……………………………………………………………*127*

　　1．農漁家（半農半漁）の広範な存在——典型的な「半農半漁」村——

　　2．農業展開と農家就業構造の特徴——肉用牛複合経営と稲作単一経営への二分化——

第4節　漁業展開と漁家就業構造の特徴………………………………………………………*131*

　　1．佐賀県下最大のイリコ製造（カタクチイワシ漁）集落

　　2．イワシ漁「網元制度」（雇用企業形態）と「歩合制度」

　　3．複合漁業経営の形成

　　4．半農半漁世帯（農漁家）の就業構造——農漁業の世帯継承とその条件——

　　5．青年漁業後継者の分厚い存在とその特徴

第5節　農地利用の変容……………………………………………………………………………*137*

　　　　——畑作と田作の跛行的展開＝畑地・ミカン園の放棄と棚田の維持——

　　1．畑地・ミカン園の放棄＝山林・原野化——海浜棚田地区への純化——

　　2．臨海型棚田の維持——耕地整理事業による比較的良好な棚田の存在——

第6節　む　す　び………………………………………………………………………………*138*

第9章　臨海畑作地区における農業と漁業の変容 …………………………………… *139*
　　　　　　——佐賀県Q町R集落事例分析——

第1節　本章の課題——半農半漁の立体的構造と未整備畑台地での農業動向の把握——………*140*

第2節　調査対象集落の概況——農業センサス集落カード概観——………………………………*141*

　　1．農家数の激減

　　2．Ⅰ種兼業農家主体からⅡ種兼業農家主体への急変

　　3．農家集落から非農家集落への集落構造の転換

　　4．イモ・ムギ農業から「花と零細飯米農業」への縮小・変遷（全般的衰退）

　　5．かつては出稼ぎ地帯

　　6．耕作放棄地・不作付地の絶大さ

　　7．半農半漁世帯の減少

第3節　R集落の特徴………………………………………………………………………………*143*

　　1．東松浦半島先端部に位置する典型的半農半漁村

　　2．未整備畑台地

第4節　世　帯　類　型——半農半漁村における4類型の一般的存在——………………………*144*

第5節　就業構造の変容——半農半漁の減少と「オール兼業化」——……………………………*147*

　　1．農業世帯の就業構造の変容

　　2．漁業世帯の就業構造の変容

　　3．集落構造の変容

第6節　農地利用の変容——畑地の大半は耕作放棄—— ……………………………… *151*
　　1．イモ・ムギ・自給的農業から花き園芸農業への転換
　　2．畑の耕作放棄の急進——7割近くが放棄——
　第7節　まとめ——半島地域と半農半漁村—— ……………………………………… *151*

第10章　臨海田畑作地区における農業と漁業の展開 …………………… *153*
　　　　　　——佐賀県Q町S集落事例分析——
　第1節　本章の課題と構成 …………………………………………………………… *154*
　　　　　　——整備された田畑作台地の半農半漁村における農漁業の変容——
　第2節　調査対象集落の農業展開 …………………………………………………… *154*
　　　　　　——イモ・ムギ・自給的農業から多様な商品生産的農業への転換——
　第3節　田畑作農業の変容と問題点——水利開発事業に伴う農業展開—— ……… *155*
　　1．S集落の農漁業新展開の起点——架橋，導水，農地開発・整備事業の実施——
　　2．畑作農業の具体的展開状況
　　3．零細稲作構造とその再編課題
　　4．和牛繁殖経営の展開と問題点
　第4節　半農半漁構造の変容と展望 ………………………………………………… *167*
　　1．「農家（農業）」と「漁家（漁業）」の関係
　　2．漁業の種類——「イカ釣り」と「海士（あま）」の二大漁法——
　　3．漁業労働様式の特徴——ワンマン漁業——
　　4．農漁家世帯の就業構造の変容
　　　　　——「漁業・農業」から「漁業・農業・勤務」の一家多就業構造へ——
　　5．漁業の担い手問題——「高齢化」と「後継者難」——
　第5節　兼業的農業世帯——最大多数の世帯類型としての兼業的農業世帯の形成—— ………… *174*

終　章　総括と展望 …………………………………………………………… *175*
　第1節　半島地域農業の展開 ………………………………………………………… *176*
　第2節　半農半漁の構造 ……………………………………………………………… *178*
　第3節　半島地域農漁業の展望と課題 ……………………………………………… *180*

　あとがき ……………………………………………………………………………… *183*

序 章

半島地域農漁業研究の意義と本書の構成

鏡山山頂（南東方面）から遠くに望む東松浦半島の台地（佐賀県唐津市，2002年2月）

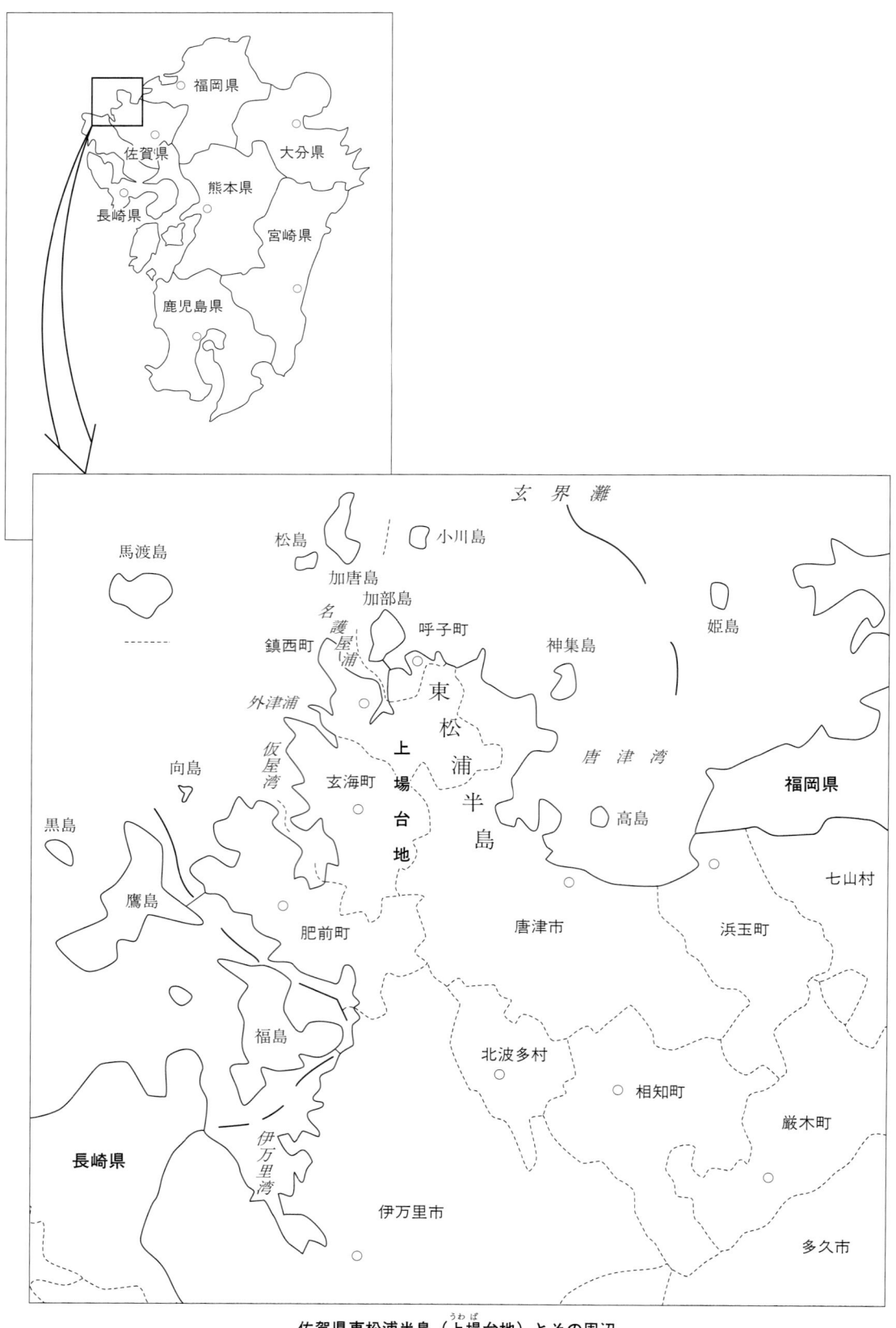

佐賀県東松浦半島（上場台地）とその周辺

第1節　半島地域農漁業研究の意義

　今日，「中山間地域問題」が重視され，それに関する多くの研究が取り組まれている。ところで，これらの中山間地域問題研究が，条件不利地域研究として位置づけられていることはいうまでもない。しかし，「中山間地域」というのは日本独自の統計用語であるが，これに関し，統計概念と実際の地域概念との間には齟齬が存在すること[1]，また「中間地域」と「山間地域」の両方が一括されて「中山間地域」として把握・検討される場合がむしろ一般的であるが，両地域の中身は決して同一ではなく，また各地域の中にも立地条件の異なる多様な地区・集落が混在しているため，それらを一括して論じることには無理があることがつとに指摘されている[2]。したがって統計的把握においても，行政的施策においても，現実実態を正確に把握する認識方法が求められている。そのため，例えば多様な地域農業の実態把握のための一定の類型化方法も試みられている[3]。しかし，このような類型化論はまだ緒に就いたばかりである。

　このような状況下で，本書は，上記のような統計自体の検討をも含めた条件不利地域の認識方法の確立を意識しつつ，さしあたりの現実的研究として半島地域を日本における条件不利農業地域の具体的一形態と認識し，その実態をまずもって実証的に捉えようとした1つの試みである。

　そこで以下で，半島地域農漁業研究の今日的意義について，若干敷衍してみたい。

　上述のように，日本の条件不利農業地域は，極めて多様な自然的・社会経済的条件を有しつつ，東西・南北に広がった日本列島の各地に広範に分布している。しかし，これまでの日本の条件不利地域研究のほとんどは，共通してこの「中山間地域」統計を利用しつつ，一方では膨大な官庁統計の解析を中心とした研究が行われ，また他方では現場の実態に即した実証的分析も少なからず試みられているが，条件不利地域としては，いずれにおいても主に山間過疎農村をイメージしつつ行われているように見受けられる。つまり，自覚するとしないとにかかわらず，研究対象地域のほとんどが日本列島の中核的山間地帯の過疎農村におかれているように思われる。

　もちろん，条件不利性や人口流出の実態からみて，このような地域の農業や住民生活が深刻で問題解決の緊急性が高いことは事実だが，上述のように多様な条件不利地域の存在を目前に多様な類型的アプローチが求められている状況下では，日本列島の中核的山間過疎地帯の研究を強めることはもちろんだが，同時に，そのような地域の研究も含め，もう少し多様なアプローチ方法が模索され，体系的な条件不利地域研究が推進されることが求められている。

　さて，このような問題認識のもとで，条件不利地域研究の対象地域として，たとえば半島や島嶼（離島）地域が挙げられる。これらの地域は，たしかに問題性の大きさや緊急性および立地上からみて決してメジャーな存在であるとはいえないかもしれない。しかし，半島・島嶼問

題は，島国と言われる日本列島の地形的な特徴を示すシンボル的存在でもあると考えるのだが，意外にこれまでは等閑視されてきたように思える。

　また，それぞれの条件不利地域に対し，不利条件の是正を目的に，過疎法，山村振興法，特定農山村法といった法律に基づく施策が実行され，またそれとダブりつつ，半島・離島地域においても半島振興法および離島振興法に基づく施策が行われている。この事実こそ半島地域や離島地域が行政的な支援を必要とする自然的・社会的な条件不利地域であることの証明にほかならない。したがって，条件不利地域の具体的一形態としての半島地域や離島地域において共通する自然的・社会的な実態と展望可能性を探ることは，今日求められている条件不利地域研究の多様な類型論的アプローチの1つとして位置づけられよう。

第2節　対象と方法

　今日では，半島といえども第3次産業および第2次産業が主要な産業を構成しているが，第1章でみるように，半島地域の産業構成の特徴として，第1次産業の割合が相対的に高いという点が指摘できる。すなわち，半島地域は，その他の地域に比して農業と漁業の重要性が高く，農漁村という性格が強い地域であるということができる。したがって，半島地域を対象に，産業構造論という観点から研究を行う場合には，まず農業と漁業を取り上げる必要性が出てくる。

　そこで，本書の対象を，農業と漁業におく。その場合，農業の方は，それそのものを全体的に取り上げることとする。すなわち，半島の農業の特徴は何か，ということを明らかにしたい。しかし，他方の漁業の方の取り上げ方はそれほど容易ではない。それは，著者の専門領域が農業であるからである。つまり，漁業問題に正面から対応するには準備が十分でない。そこで，本書では，さしあたり，これまでの農業問題研究の中に入ってきていた漁業問題，すなわち半農半漁問題を取り上げることにする。半農半漁問題は，トータルの漁業問題としてみた場合，いわば側面からの切り口となり，必ずしも正面からの切り口とはならないかもしれない。しかし，漁業問題研究序論くらいの位置づけは持ちうると考える。

　さて次に，分析方法であるが，統計分析と農漁家の直接的面接調査による実態調査の2つの方法をとる。つまり，マクロ分析（統計分析）とミクロ分析（農漁家調査）の2方法である。統計的に確認された事柄を実態分析によって具体的に検証するという方法ともいえる。なお，農漁家調査は，下記のような農漁村の類型化を通じて行う。

第3節　構　成

　本書は序章と終章を別にすると，全体を大きく2部に分け，第Ⅰ部で半島地域の農業の展開を，第Ⅱ部で同地域の半農半漁の構造を取り扱っている。その理由は，半島地域には，多様な

農漁村集落が形成されており，今日では農家においても漁家においても自営農漁業以外の分野に就業する世帯員が増加し，兼業化が進んでいることは周知の事柄であるが，それでも農漁業の割合が高く農漁村としての性格を比較的強く持つ半島地域には，大きくみると，①農家が大半を占める農村集落，②漁家が大半を占める漁村集落，および③農業も営む漁家が少なくない半農半漁集落，という3つのタイプの集落が存在するからである。量的には①＞②＞③の関係となっていると考えられる。そして，上述のように，本書は漁業を正面から捉える準備がないため，これらのうちの①と③の2つのタイプの集落を取り上げることとした。そうすることによって，農業分野からみた半島地域農漁業論が可能となると考える。

また，このような農村集落と半農半漁集落のそれぞれにおいても，農業の立地や内容は多様であるが，半島地域（九州・佐賀県）は畑地割合が比較的高いことから，本書では水田と畑の存在状況（地目構成）によって区分するならば，①田（棚田）作地区，②畑作地区，③田・畑作地区の3タイプに分けられる。そこで，農村集落と半農半漁集落のそれぞれにおいて，上記の3タイプに対応する代表的な集落事例を取り上げ，その事例分析結果をそれぞれ第3〜5章および第8〜10章に配置した。整理すると下記の表のようになる。

本書の章別内容構成

		統計分析		3類型の集落の実態分析		
		全国分析	佐賀県分析	田作地区事例分析	畑作地区事例分析	田畑作地区事例分析
集落類型	第Ⅰ部（農村集落）	第1章	第2章	第3章	第4章	第5章
	第Ⅱ部（半農半漁集落）	第6章	第7章	第8章	第9章	第10章

こうして本書は，半島地域農漁業研究の意義と背景を述べた序章と，半島農業と半農半漁のそれぞれの全体像を統計的に探った第1章・第6章（全国），第2章・第7章（佐賀県），および，そこから得られた諸結果を農漁家調査によって具体的に検証した第3章〜第5章，第8章〜第10章，そして，本書全体の総括と展望を述べた終章の計12の章から構成されている。

さて，これら12の章におけるそれぞれの主なねらいと内容は以下のとおりである。

序章では，これまでの日本の条件不利地域問題研究としての「中山間地域問題研究」には方法論的欠陥が存在しているため，今後はさらに多様な類型論的アプローチが求められていること，また条件不利地域研究の多くは中核的山間地帯の過疎農村を対象としているが，その他の条件不利地域研究も必要なことを述べ，本書が，これまで手掛けられることのなかった半島地域の農漁業問題を対象とした条件不利地域研究への1つの類型論的な試論であることを述べた。

第1章では，半島地域の農業の具体的実証分析に入る前に，統計を用いて，国土面積，耕地面積，人口，第1次産業就業者数，農業粗生産額等から日本における半島地域の地理的・経済的な位置を示し，また農業粗生産額の推移と構成を全体動向と比較しつつ，半島地域の農業の

特徴を明らかにする。すなわち，日本の半島地域は国土総面積の10％に対し，人口は総人口の4％と人口過少地域であること，また第1次産業就業者割合が比較的高く文字どおり農漁村として位置づけられること，さらに農業粗生産額シェアを拡大してきた「農業前進地域」であり将来性が期待される有力農業地域であることを見いだす。

第2章では，佐賀県において同様の統計分析を行い，佐賀県における東松浦半島の農業の推移を検討し，佐賀県における半島地域の農業の位置づけを行う。結論を先取りすると，佐賀県における半島地域の農業の動向が全国平均と近似していることから，佐賀県が日本の半島地域における農業動向の縮図的存在であること，および近年農業の前進が顕著であることを述べる。

第3章では，半島地域周辺の沿海部に立地する一般的なタイプである臨海型の棚田地帯を代表する集落における農業展開の実態と問題点を探る。都市市街地に接近した立地条件を活かしたアイガモ稲作，無農薬観光イチゴ園，地場産農産物の加工・直売所経営といった加工・流通（川下）まで視野に入れた農業の新たな多角化の試みの実態から，その背景・要因を探る。

第4章では，畑地開発事業によって畑地の面積増加と区画整備が行われた集落において，一方での葉タバコ作経営とイチゴ作経営による専業的農業経営の展開と，他方での第Ⅱ種兼業農家の増加という二極分解が認められること，また同時にこれら2つの農民層の中間に，露地野菜作の導入・模索を行っている第Ⅰ種兼業農家が形成されてきている動向にも注目する。これらの農民層の動向は三層構造の形成とみることもできる。そして野菜作を模索する第Ⅰ種兼業農家の動向を野菜の輸入量増加・価格低迷というWTO下の近年の全体動向を体現した日本農業問題の象徴的存在として位置づける。

第5章では，急傾斜地立地の棚田と台地上の畑地とを組み合わせた農業を営む集落において，畑地の整備等を契機・要因にハウスミカンやイチゴ等の施設型経営によって農業を前進させ，農業後継者を比較的多く確保することが可能なこと，またその結果，農業後継者が農業後継者を呼ぶといった相乗効果も発生してきている実態を確認する。しかし同時に，他方で，農業後継者や中堅的な専業農業従事者は上記の施設型経営に専念する結果，条件が劣悪で収益性の低い狭小棚田や急傾斜ミカン園を放棄させている実態もあり，農地利用の跛行性＝二重構造の進行が認められることを述べる。

第6章から本書の後半部の半農半漁構造論に入る。第6章では，半農半漁の実態分析に先立ち，日本における半農半漁の歴史的推移，階層性，地域性を統計的に概観する。ここでは従来，半農半漁それ自体の研究成果が極めて少なく，しかも半農半漁を直接的に示すデータも存在しないため，独自の統計把握方法によって半農半漁の全体像に迫る。その結果，今日たしかに半農半漁経営体数割合は激減したが，半農半漁の存在は地域性，階層性が著しいことを示し，今日日本一の半農半漁地区はどこか，また半農半漁経営の典型的階層や漁業種類は何かを見いだす。

第7章では，第6章で日本一の半農半漁地帯として析出された佐賀県の半農半漁の歴史的推

移や地域性を統計的に整理し，その結果，佐賀県の半農半漁経営体には異なった2類型が存在することを示し，第8章以下の実態分析の前置きとして位置づける。

　第8章では，半島地域に多い棚田地帯を背後地にもつ半農半漁集落を対象に，漁業を主としつつも比較的良好な棚田で稲作経営を行う，いわば「棚田を守る漁村」の実態を明らかにする。また，網元制度，歩合制度といった漁業独自の経営形態や企業形態の実態と問題点にも言及する。

　第9章では，畑地が従前どおり未整備のままにおかれた半農半漁集落において，畑地の大半が耕作放棄された実態を取り上げ，それが今日のわが国の条件不利地域における畑作放棄の典型事例を示すと同時に，第6章の統計でみた半農半漁の激減現象を具体的に示している事例でもあることを明らかにする。

　第10章では，田畑整備，新規導水を契機・要因とした葉タバコ作経営とイチゴ作経営の展開のみならず，半島の温暖気候を活かした甘夏ミカン栽培と肉用牛繁殖経営，さらには加工所・直売所開設による農水産物の直接販売に取り組む事例を取り上げ，耕地整備，温暖気候の利用，観光的視点の必要性を指摘する。

　そして最後に終章において，本書の全体を総括し，統計分析と実態分析の結果，半島地域の農業と漁業の現状と問題点を確認し，その中から今後の農漁業の研究課題の展望を試みる。その中心的な課題は，農業に関しては条件不利棚田の利用方向，畜産への集中と環境問題など，漁業に関しては漁場環境の悪化と漁業資源の減少への対応および漁業後継者育成などであり，またこれらの農業と漁業が世帯や地域の中で強く結びついていることから，両者の役割と意義をいかに認識して活かしていくかということであり，さらには，このような課題自体をいかに地域的・国民的課題に高めていくかということである。

註
1) 田代（1998）など。たとえば本書第1章で，条件不利地域である半島地域にも統計上「中山間地域」が存在しない地域もあることを指摘する。また橋口（2001）も勾配1／20以上地域立地水田（棚田）面積の割合が8割を超える山口県油谷町向津具地区が「平地農業地域」に分類されていることなどを指摘している。
2) 農村計画研究連絡会（1999）など。
3) 小室・深山（2000）でも1つの試みがなされているが，本格的なものとしては橋口（2001）が注目される。

引用文献
小室重雄・深山一弥（2000）『中山間資源活用の諸側面』養賢堂。
橋口卓也（2001）『水田の傾斜条件と潰廃問題』（日本の農業218），農政調査委員会。
農村計画研究連絡会（1999）『中山間地域研究の展開』養賢堂。
田代洋一（1998）『食料主権』日本経済評論社。

第Ⅰ部

半島地域農業の展開

第1章

半島農業前進の軌跡と要因
―― 統計分析 ――

畑台地に集中するカンショ栽培
（鹿児島県・薩摩半島，頴娃町，2000年末）

半島農業の前進を担った茶栽培
（鹿児島県・薩摩半島，頴娃町，2000年末，後ろの山は開聞岳）

要　約

　日本における半島地域は，今日，国土総面積の9.8％，総人口の3.8％を占める。また，第1次産業の割合が比較的高く，農漁業地域，農漁村という特徴をもつ。さらに，農業地域類型における半島の特徴として，「中間地域」の多さも指摘できる。もちろん，全国の半島を見渡すと，水田面積割合の高い「水田地帯」，畑地面積割合の高い「畑作地帯」，樹園地面積割合の高い「果樹地帯」が存在し，決して一様ではなく，地域類型論が求められる。しかし，全体としてみると，半島の農業は1970年以降前進傾向をみせ，農業粗生産額シェアを全国においては，7.9％（1968年）から，8.8％（78年），9.5％（88年），10.3％（2000年）へと拡大し，九州においても，同期間，19.5％から，23.0％，24.2％，25.8％へと着実に拡大し，農業の展開を図っている「農業前進地域」として位置づけられる。なお，シェア拡大寄与部門は，全国，九州ともに果実，工芸作物，畜産である。このように半島地域の農業前進が可能となった要因は，農産物市場条件の変化と農業生産基盤の整備であった。しかし，これはいわば農業近代化を目標とした農業基本法の帰結以外の何物でもない。その意味で半島農業は基本法農政の優等生といえる。しかし他方で，基本法農政のマイナス面として，半島農業は環境汚染や経営の不安定化という側面をも抱えることとなった。したがって今後は，このようなマイナス面を改善して資源循環型の農業の推進と安定的経営の構築を図り，また観光も含めた豊かな半島資源を保全しつつ有効利用する多様な方向が求められる。そして，これらの諸条件が整うことによって，半島農業の持続的発展が可能となると考えられる。

第1節　「中山間地域」と条件不利地域・半島地域

　序章で述べたように，「中山間地域」等の農業地域類型は農業地域の等質性を正確に現しているのかどうか，したがってそれを利用した農業地域分析に欠陥はないか，という疑問が提起されている。それは，「中山間地域」等の現在の農林統計上の農業地域類型区分には，条件不利性の主要な内容と考えられる農地の傾斜条件が正確に反映されていないためと考えられる。比較的狭い範囲での地域調査の際には，特にそのような感を強くする。

　このような農業地域類型の持つ欠陥に対し，本来的には，条件不利性が正確に反映されるような新しい地域類型区分法の試みが求められ，このような新たな試みも始められている。しかし，このような試みは容易ではない。本書は，このような試みの成果を考慮しつつ，さしあたり，条件不利地域農業論への1つのアプローチ法として，半島地域の農業の動向に共通する法則性が認められるかどうかを検討したものである。本書で半島地域を取り上げる理由は，条件不利地域振興5法の1つとして半島振興法が制定され事業が行われていることから，現実的に半島地域が条件不利地域の1つとして存在していることが一般的に認知されていると判断した

からである。なお，半島地域のみならず，上記5法にかかわる島嶼地域なども条件不利地域の具体的一形態として位置づけられているため，島嶼農業研究の推進も同様に期待されていると考える。

第2節 半島地域の統計的把握方法──半島振興法指定23地域374市町村の分析──

半島は，日本列島上に数多く存在し，地理的存在としては分かりやすいし，親しみやすい。ところが，直接的に半島に関するデータを示す統計数値は，残念ながら存在しない。そこで，本書では，半島を統計的に把握するための第1次的アプローチとして，半島振興法（1985年施行）で指定された地域を対象とするという方法を採用する。図1-1は，この法律によって1988年に指定された全国の23地域を示す。この23地域には2000年現在374市町村が含まれている。もちろん地理学的には，この地図に示されたもの以外にも少なからずの半島が存在することはいうまでもない。しかし，本書の目的は条件不利地域研究であるから，すべての半島ではなく条件不利な半島を対象とすればよい。もし条件良好な半島があったとしたら，当然そのような半島には条件不利地域問題は存在しないわけだから，このような半島は対象外となる。それに対し，これらの23地域の半島は実際何らかの条件不利性をかかえているために目下この法律の指定を受けているわけだから，このような指定地域こそまさに条件不利な半島地域にほかならないとみることができる。したがって，条件不利地域研究の1つとしての半島地域研究においては，これら23地域を対象とすることは極めて現実的妥当性を有するものと考えられる[1]。

ところで，地図からも分かるように，23地域の中には，江能倉橋島（広島県），室津大島（山口県），北松浦（佐賀県・長崎県），宇土天草（熊本県）のように，少なからずの島嶼が含まれている。この点は半島地域と島嶼地域は極めて共通した地域であり，地域問題としては半島問題と島嶼問題は共通する範疇の問題として，いわば半島・島嶼地域問題として論じられるべきであること，すなわち，半島地域研究のみならず島嶼地域研究があってはじめて類似地域研究の深化および普遍化が可能となること，換言すれば，半島地域問題の研究の次に島嶼地域問題の研究が位置づけられなければならないことを意味している（終章で再論）。

第3節 半島地域の位置と特徴──国土総面積の9.8％，総人口の3.8％──

1．半島の位置

表1-1によると，上記の半島地域は，国土総面積の9.8％，総人口の3.8％，第1次産業就業者総数の11％を占めており，これらの数字には近年そう大きな変化はみられない。一方，表1-2によると，全国的には第1次産業就業者比率が縮小し，2000年には5.0％にまで低下

付表　半島一覧

地図番号	半島地域名	所在道府県名	市町村数	面積(km²)
①	渡島	北海道	25	6,076
②	積丹	北海道	8	1,341
③	津軽	青森	17	1,398
④	下北	青森	12	2,083
⑤	男鹿	秋田	5	491
⑥	南房総	千葉	18	1,189
⑦	能登	石川・富山	25	2,403
⑧	伊豆中南部	静岡	12	984
⑨	紀伊	三重・奈良・和歌山	96	10,037
⑩	丹後	京都	11	840
⑪	島根	島根	6	326
⑫	江能倉橋島	広島	6	174
⑬	室津大島	山口	8	347
⑭	佐田岬	愛媛	6	269
⑮	幡多	高知	6	1,238
⑯	東松浦	佐賀	5	255
⑰	北松浦	長崎・佐賀	12	773
⑱	島原	長崎	18	482
⑲	西彼杵	長崎	7	371
⑳	宇土天草	熊本	17	1,006
㉑	国東	大分	11	877
㉒	大隅	鹿児島・宮崎	22	2,538
㉓	薩摩	鹿児島	21	1,400
計	23地域	22道府県	374	36,895

註：1995年データ。

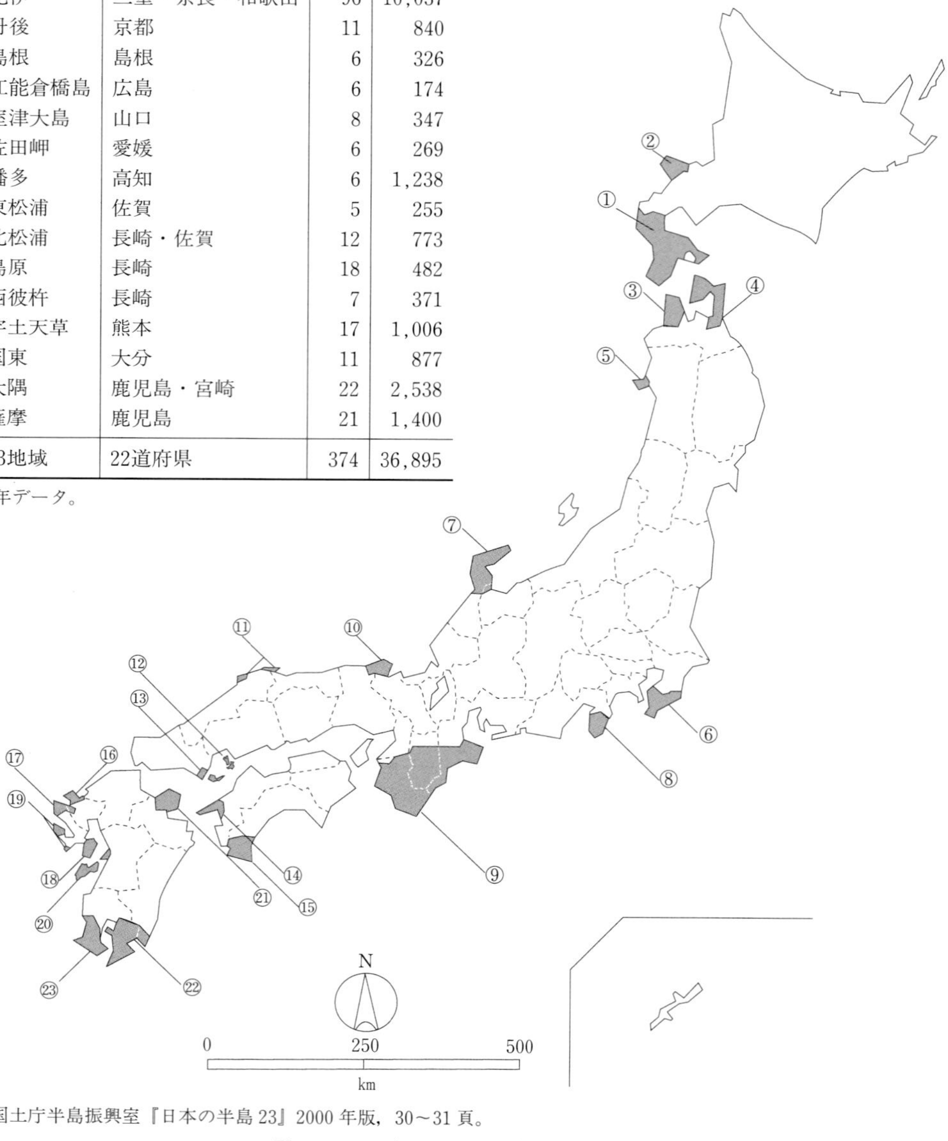

資料：国土庁半島振興室『日本の半島23』2000年版，30～31頁。

図1-1　日本における半島地域

したのに対し，半島地域では縮小傾向を示しながらも，同年でもまだ15.0％を保持しており，半島地域が国内において第1次産業の割合が比較的高い地域，すなわち農漁業の色彩の濃い地域であることが分かる。

2．半島農業の特徴

(1)「中間地域」（山麓農業地域）としての性格が強い半島地域

表1-3に農業地域類型別の経営面積の構成割合および経営面積の農業地域類型別のシェアを示した。ここから半島地域では経営面積計の49.9％，すなわち半数近くが中間地域に含まれることが分かる。その全国平均数値は28.7％であり，大きな隔たりがある。それに対し，都市的地域と平地農業地域における経営面積シェアは半島は40.3％と比較的低く，全国平均の61.5％を大きく下回る。一方，半島地域における山間地域の占める経営面積シェアは9.8％で全国平均の9.9％とほぼ等しい。こうして，経営面積の観点からみて，半島地域は都市的地域や平地農業地域が4割台（全国平均は6割）であるのに対し中間地域が約5割（全国平均は3割弱）を占め，一方山間地域は1割弱（全国平均も同水準）であり，半島地域は「中間地域」としての性格が強いことが特徴であることを指摘することができる。もし中間地域を山麓地域という性格が強い地域と理解するならば，半島地域の経営耕地の約半数は山麓地域に属し，その意味で山麓農業という性格が強い農業地域だとみることができよう[2]。

表1-1　半島地域の位置

	面積(km²) 1995	人　口（千人）			第1次産業就業者数（人）		
		1990	1995	2000	1960	1990	2000
全　　国　(A)	377,829	123,611	125,570	126,926	14,345,900	4,391,281	3,172,509
半　　島　(B)	36,895	4,915	4,824	4,719	1,533,702	487,299	343,318
半島の占める割合(B/A)(％)	9.8	4.0	3.8	3.7	10.7	11.1	10.8

資料：国土交通省都市・地域整備局特別地域振興課半島振興室資料。

表1-2　半島地域における第1次産業就業者数の割合の推移

	就業者総数 (A)	第1次産業就業者数 (B)	第1次産業就業者数の割合(B／A)(％)	全国の割合（比較）(％)
1960	2,773,000	1,533,702	55.3	32.8
85	2,445,014	597,805	24.4	9.3
90	2,397,725	487,299	20.3	7.1
95	2,408,217	420,663	17.5	6.2
2000	2,282,263	343,318	15.0	5.0

資料：国土交通省都市・地域整備局特別地域振興課半島振興室資料。

表1-3 農業地域類型別の経営耕地面積における半島地域の特徴（2000年） （単位：ha, %）

			全国				半島			
			経営耕地面積				経営耕地面積			
			計	田	畑	樹園地	計	田	畑	樹園地
実数	都市的地域	A	592,370	390,911	151,710	49,749	17,641	10,078	5,422	2,138
	平地農業地域	B	1,792,959	1,060,337	643,983	88,638	100,866	61,488	24,215	15,167
	中間農業地域	C	1,115,201	592,721	415,665	106,815	146,830	79,307	38,056	29,459
	山間農業地域	D	383,414	216,656	143,401	23,357	28,874	14,370	11,659	2,854
	中山間農業地域	E＝C＋D	1,498,615	809,377	559,066	130,172	175,704	93,677	49,715	32,313
	計	F＝A＋B＋C＋D	3,883,943	2,260,625	1,354,759	268,559	294,211	165,243	79,352	49,618
割合	都市的地域	A／F	15.3	17.3	11.2	18.5	6.0	6.1	6.8	4.3
	平地農業地域	B／F	46.2	46.9	47.5	33.0	34.3	37.2	30.5	30.6
	中間農業地域	C／F	28.7	26.2	30.7	39.8	**49.9**	**48.0**	**48.0**	**59.4**
	山間農業地域	D／F	9.9	9.6	10.6	8.7	9.8	8.7	**14.7**	5.8
	中山間農業地域	E／F	38.6	35.8	41.3	48.5	**59.7**	**56.7**	**62.7**	**65.1**

資料：農業センサス。
註1：総農家分。
註2：ゴチック体は比較して大きい注目数値。

(2) 果樹地帯としての性格が強い半島地域

次に表1-4で地目構成をみると，樹園地において半島は16.9％と全国平均の6.9％を10ポイント上回り，またシェアも18.5％と田や畑のシェアを大きく上回り，半島が樹園地・果樹地帯という性格を強く持っていることが特に注目される。しかも，1970～2000年において樹園地面積の減少率が全国平均に比べてかなり低かったことから，この間，このような性格がますます強まったことが確認される。

(3) 経営耕地にみられる半島地域の条件不利性

また一方で，半島は最近の2000年で日本の経営耕地面積の7.6％を占め，国土面積シェアの9.8％（1995年）を2ポイントほど下回り，経営耕地形成上の厳しさ，したがって耕地面での条件不利性を暗示している。耕作放棄地率が7.7％と全国平均の5.1％を上回っているのは，この耕地条件不利地域という性格の反映にほかならない。

(4) 多様な地目構成をもつ半島地域

一方，表1-5でそれぞれの半島地域の地目構成をみると，極めて多様であり，仮に経営耕地の中で田が8割を超える半島を水田地帯と呼ぶならば，津軽，男鹿，南房総，能登，丹後の半島がそれに入り，同様に畑が過半数を占める半島を畑地帯と呼ぶならば，それには渡島，下北，大隅の3半島が属し，さらに樹園地が過半数を占める半島を果樹地帯と呼ぶならば，それには紀伊和歌山，佐田岬，西彼杵の3半島が含まれる。以上の点から，半島農業論の深化のた

表1-4　半島地域における経営耕地および耕作放棄地の位置　　　　　　　　　　　　（単位：ha, %）

年次			経営耕地面積				耕作放棄地面積 D	耕作放棄地率 D/(C+D)
			田	畑	樹園地	計 C		
1970	実数	半島計A	231,250	131,757	67,983	430,966		
		全国B	3,048,217	1,639,443	468,674	5,156,336		
	構成比	半島計	53.7	30.6	**15.8**	100.0		
		全国	59.1	31.8	9.1	100.0		
	半島シェアA/B		7.6	8.0	14.5	8.4		
1980	実数	半島計A	211,576	100,463	72,329	384,361	11,339	2.9
		全国B	2,769,024	1,474,584	461,979	4,705,587	91,746	1.9
	構成比	半島計	55.0	26.1	**18.8**	100.0		
		全国	58.8	31.3	9.8	100.0		
	半島シェアA/B		7.6	6.8	**15.7**	8.2	12.4	
1990	実数	半島計A	189,928	91,286	57,211	338,419	20,487	5.7
		全国B	2,542,310	1,465,160	353,940	4,361,410	150,660	3.3
	構成比	半島計	56.1	27.0	**16.9**	100.0		
		全国	58.3	33.6	8.1	100.0		
	半島シェアA/B		7.5	6.2	**16.2**	7.8	13.6	
2000	実数	半島計A	165,243	79,352	49,618	294,211	24,692	7.7
		全国B	2,260,625	1,354,759	268,559	3,883,943	210,019	5.1
	構成比	半島計	56.2	27.0	**16.9**	100.0		
		全国	58.2	34.9	6.9	100.0		
	半島シェアA/B		7.3	5.9	**18.5**	7.6	11.9	
1970～2000年の減少面積	実数	半島計A	66,007	52,405	18,365	136,755		
		全国B	787,592	284,684	200,115	1,272,393		
	割合	半島計	28.5	**39.8**	27.0	**31.7**		
		全国	25.8	17.4	**42.7**	24.7		

資料：農業センサス。
註1：総農家分。
註2：ゴチック体は比較して大きい注目数値。

めには，半島の地域類型化が必要となるが，本書ではまだそのような方向での本格的な準備ができていないため，以下では，必要な限りで地域類型に触れるにとどめざるをえない。

第4節　半島農業前進の軌跡

1．全国

(1) 全体動向

以上のように，耕地の存在状況からみると，一般的に半島は農業生産条件不利地域と考えら

表1-5 各半島における経営耕地面積の構成（2000年）

半島地域名	実数（ha）				構成比（％）				地域類型
	田	畑	樹園地	計	田	畑	樹園地	計	
渡島	13,697	18,980	140	32,815	41.7	57.8	0.4	100.0	畑
積丹	3,856	2,942	1,555	8,355	46.2	35.2	18.6	100.0	
津軽	26,064	2,472	3,643	32,180	81.0	7.7	11.3	100.0	田
下北	3,112	8,038	14	11,162	27.9	72.0	0.1	100.0	畑
男鹿	16,083	918	126	17,126	93.9	5.4	0.7	100.0	田
南房総	9,858	1,854	472	12,189	80.9	15.2	3.9	100.0	田
能登	18,090	2,840	504	21,432	84.4	13.3	2.4	100.0	田
伊豆中南部	960	487	594	2,038	47.1	23.9	29.1	100.0	園
紀伊	21,497	3,023	20,956	45,471	47.3	6.6	46.1	100.0	園
（和歌山県分）	7,458	1,284	17,103	25,846	28.9	5.0	66.2	100.0	園
（その他の紀伊）	14,039	1,739	3,853	19,625	71.5	8.9	19.6	100.0	田
丹後	4,698	715	132	5,546	84.7	12.9	2.4	100.0	田
島根	2,036	466	296	2,796	72.8	16.7	10.6	100.0	田
江能倉橋島	139	228	319	684	20.3	33.3	46.6	100.0	園
室津大島	1,696	216	1,247	3,160	53.7	6.8	39.5	100.0	園
佐田岬	49	114	4,619	4,782	1.0	2.4	96.6	100.0	園
幡多	2,970	550	257	3,776	78.7	14.6	6.8	100.0	田
東松浦	2,670	1,443	521	4,634	57.6	31.1	11.2	100.0	
北松浦	6,442	1,349	919	8,712	73.9	15.5	10.5	100.0	田
島原	4,452	5,125	819	10,399	42.8	49.3	7.9	100.0	畑
西彼杵	677	548	1,240	2,466	27.5	22.2	50.3	100.0	園
宇土天草	4,903	1,138	2,641	8,685	56.5	13.1	30.4	100.0	園
国東	6,413	1,728	1,421	9,563	67.1	18.1	14.9	100.0	
大隅	10,318	16,526	2,796	29,638	34.8	55.8	9.4	100.0	畑
薩摩	4,563	7,652	4,387	16,602	27.5	46.1	26.4	100.0	畑
半島計	165,243	79,352	49,618	294,211	56.2	27.0	16.9	100.0	

資料：農業センサス。
註1：総農家分。
註2：地域類型は田では70％，畑では50％前後，樹園地では30％前後を基準とした。

れるわけだし，そのことはたしかに事実として存在しているが，しかし，そこから即，半島における農業展開は停滞あるいは衰退を余儀なくされるということは必ずしも言えない。それは，中長期的にみると，栽培技術や農業を取り巻く社会経済的条件は変化しうることを勘案しなければならないからである。

以上の点を考慮し，表1-6に全国の半島地域23地域374市町村，およびその中の九州の8地域，さらには佐賀県の東松浦半島の5市町における農業粗生産額とそのシェア等を算出・掲示した。

表から，1968年以降はいずれの半島地域も農業粗生産額シェアを傾向的に高めてきていることが確認される。図1-2はそれをグラフ化したものである。その結果，2000年では全国においては半島地域が農業粗生産額シェアを10.3％へと10％台に乗せ，九州は半島が多い「半

表1-6 農業粗生産額の伸びとシェアの推移 　　　　　　　　　　　　　　　　　　（単位：1,000万円，％）

		1960	1968	1978	1984	1988	1998	2000
全国	全体の農業粗生産額（実数）	184,596	426,789	1,036,702	1,165,373	1,046,356	986,800	925,740
	同　　　　　　　　（指数）	100.0	231.2	561.6	631.3	566.8	534.6	501.5
	半島の農業粗生産額（実数）	15,077	33,765	91,427	109,409	99,610	102,387	94,935
	同　　　　　　　　（指数）	100.0	224.0	606.4	725.7	660.7	679.1	629.7
	半島の農業粗生産額シェア	8.2	7.9	8.8	9.4	9.5	10.4	10.3
九州	全体の農業粗生産額（実数）	25,692	59,362	167,738	198,382	188,450	182,920	172,660
	同　　　　　　　　（指数）	100.0	231.1	652.9	772.2	733.5	712.0	672.0
	半島の農業粗生産額（実数）	5,331	11,552	38,529	48,844	45,616	47,306	44,512
	同　　　　　　　　（指数）	100.0	216.7	722.8	916.3	855.7	887.4	835.0
	半島の農業粗生産額シェア	20.7	19.5	23.0	24.6	24.2	25.9	25.8
佐賀県	全体の農業粗生産額（実数）	2,713	6,254	16,004	18,649	17,234	15,360	14,550
	同　　　　　　　　（指数）	100.0	230.5	590.0	687.4	635.3	566.2	536.3
	半島の農業粗生産額（実数）	242	618	1,745	2,106	1,965	2,212	2,201
	同　　　　　　　　（指数）	100.0	254.8	719.5	868.7	810.2	912.3	909.5
	半島の農業粗生産額シェア	8.9	9.9	10.9	11.3	11.4	14.4	15.1

資料：農林水産省『（生産）農業所得統計』。

註：1960年は米不足基調の時代，68年は米生産過剰が出現したがまだ米増産政策が継続されていた年，78年は米生産調整政策が開始されたが選択的拡大政策下で農業粗生産額が伸びていた時代，84年は全国の農業粗生産額がピークに達した年，2000年は最近年。

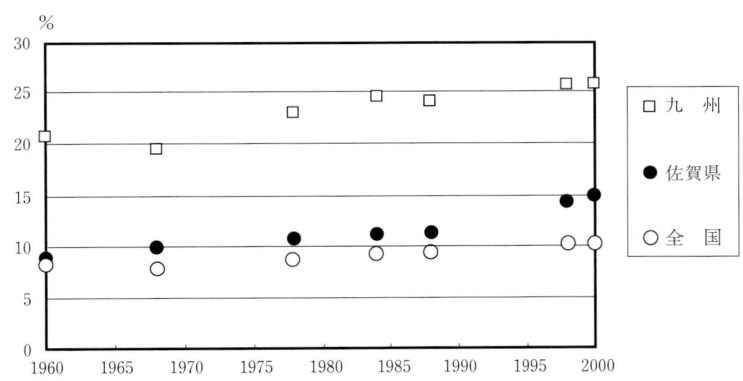

資料：農林水産省『（生産）農業所得統計』

図1-2 各地域における半島の農業粗生産額のシェアの推移

島王国」であるため，もともとそのシェアは高かったが，2000年には25.8％へと4分の1強を占め，佐賀県内では東松浦半島が同様にシェアを伸ばし，1割前後に達していることが分かる。

なお，1960～68年の間には全国，九州においてこのシェアが低下しているが，これは後述の表1-7等からも暗示されるように，この間，全国的には開田ブームによる水田面積の増加

と米増産運動によって米生産が強化されたわけだが，半島地域の水田は急傾斜地立地，面積狭隘，水不足等により，開田や米単収増が困難であったことによるものと推測される。

こうして，半島は1970年代以降，日本農業の展開の中でより前進的な地域を形成し，いわば農業発展地域というありかたを示しているということができよう。

(2) 作目別動向

では次に，表1-7に半島の農業前進を担った作目は何かを示した。ところで，日本の半島は北海道（積丹など）から鹿児島県（大隅など）に至るまで東西・南北に長く広く存在するため，気候風土や地目構成の多様な違いに規定されて，そこにおける農業の内容も多様なあり方を示している。したがって，これら多様な半島地域の農業の全体動向を一律的に把握・整理することは不可能であり，多方面からの多様な接近方法が求められるが，そのような体系的な考察は他日を期し，本書では全体に共通する下記のような一定の傾向を確認することにとどめざるをえない。

第1に，半島地域では農業粗生産額全体に占める米の割合（構成比）がかなり低い。1998年，2000年で2割を切っている（全国平均は25％前後）。これは半島地域はリアス式海岸等に象徴されるように丘陵地が多く比較的平坦な平野部の形成が限られているために，水田の面積が狭隘で，また棚田等が多く，立地条件が悪いからである。こうして半島地域は水田稲作の条件不利地域となり，その結果，全国における米生産シェアも7.3％（2000年）にすぎない。

第2に，それに対し，半島地域では，野菜，果実，花き，工芸作物の伸張が認められる。果実と花きはこの間全国的にも増加したが，半島地域のそれらは全国平均以上の伸びを示し，構成比とシェアを拡大した。また工芸作物は近年，とくに1988～2000年に全国的には減少したのに対し，半島地域では増加したため，構成比とシェア，とくにシェアの拡大が目立つ。半島地域の野菜の構成比は全国より低いが，全体的推移としては粗生産額を着実に伸ばし，構成比とシェア，とくにシェアの拡大が認められる。

第3に，畜産部門は，1984年以降は，全国的にも半島地域においても共に減少し，またその構成比も全国・半島地域とも若干縮小したが，半島地域の占めるシェアはむしろ増加傾向を示し，半島地域が畜産の立地における比較優位地域であることを暗示している。

以上，全国の多様な半島地域をひっくるめての概観ではあるが，全国的にも半島地域でも近年は農業粗生産額が伸び悩んでいる厳しい状況下で，半島地域では，それぞれの地域の多様な立地条件を活かしつつ，野菜，果実，花き，工芸作物を伸ばし，また畜産を維持しつつ，これらの部門の対全国シェアを伸ばしてきていることが確認される。

さて先の表1-6からもうかがえるが，農業粗生産額総額そのものは全国，九州，佐賀県とも1984年をピークにしてその後減少傾向を示している。また半島地域におけるそれも同様の傾向から免れていない。では，84年以降，全国的にも半島地域においても，農業粗生産額は実数（名目値）的には減少傾向を示しているが，物価の動向を勘案した実質においてはどう

表1-7　全国における半島地域の農業粗生産額の構成とシェアの推移　　　　　　　　　　（単位：1,000万円，％）

年次			計	米	いも類	野菜	果実	花き	工芸作物	小計	畜産				
											肉用牛	乳用牛	豚	鶏卵	ブロイラー
1960	実数	全国	184,596	88,520		15,344	10,624	750	8,179	26,866					
		半島	15,077	6,451		1,045	1,821	112	804	2,176					
	構成比	全国	100.0	48.0		8.3	5.8	0.4	4.4	14.6					
		半島	100.0	42.8		6.9	12.1	0.7	5.3	14.4					
	半島シェア		8.2	7.3		6.8	17.1	14.9	9.8	8.1					
1968	実数	全国	426,789	194,212	9,138	50,443	24,500	2,737	19,286	95,253	9,024	23,591	28,110	25,860	7,142
		半島	33,765	13,671	1,440	3,584	3,958	304	1,853	7,298	1,227	1,592	2,057	1,747	625
	構成比	全国	100.0	45.5	2.2	11.8	5.8	0.6	4.5	22.3	2.1	5.5	6.6	6.1	1.7
		半島	100.0	40.5	4.3	10.6	11.7	0.9	5.5	21.6	3.6	4.7	6.1	5.2	1.9
	半島シェア		7.9	7.0	15.8	7.1	16.2	11.1	9.6	7.7	13.6	6.7	7.3	6.8	8.7
1978	実数	全国	1,036,702	367,812	21,019	154,916	74,290	14,046	52,107	293,067	35,977	77,690	97,002	45,395	32,644
		半島	91,427	27,301	3,803	10,466	13,168	1,356	4,446	27,368	4,553	4,853	9,011	4,371	4,111
	構成比	全国	100.0	35.5	2.0	14.9	7.2	1.4	5.0	28.3	3.5	7.5	9.4	4.4	3.1
		半島	100.0	29.9	4.2	11.4	14.4	1.5	4.9	29.9	5.0	5.3	9.9	4.8	4.5
	半島シェア		8.8	7.4	18.1	6.8	17.7	9.7	8.5	9.3	12.7	6.2	9.3	9.6	12.6
1984	実数	全国	1,165,373	383,957	28,614	191,246	84,791	20,628	55,965	334,542	46,998	88,960	100,084	48,875	43,597
		半島	109,409	28,305	4,890	13,534	16,721	2,112	4,634	35,015	5,673	5,868	11,850	4,963	6,425
	構成比	全国	100.0	32.9	2.5	16.4	7.3	1.8	4.8	28.7	4.0	7.6	8.6	4.2	3.7
		半島	100.0	25.9	4.5	12.4	15.3	1.9	4.2	32.0	5.2	5.4	10.8	4.5	5.9
	半島シェア		9.4	7.4	17.1	7.1	19.7	10.2	8.3	10.5	12.1	6.6	11.8	10.2	14.7
1988	実数	全国	1,046,356	295,219	24,615	215,190	72,571	28,822	42,378	305,366	57,102	90,148	74,622	36,608	40,158
		半島	99,610	22,442	4,354	15,237	13,752	3,061	3,593	32,999	7,241	5,935	10,106	3,889	5,621
	構成比	全国	100.0	28.2	2.4	20.6	6.9	2.8	4.1	29.2	5.5	8.6	7.1	3.5	3.8
		半島	100.0	22.5	4.4	15.3	13.8	3.1	3.6	33.1	7.3	6.0	10.1	3.9	5.6
	半島シェア		9.5	7.6	17.7	7.1	18.9	10.6	8.5	10.8	12.7	6.6	13.5	10.6	14.0
1998	実数	全国	986,800	245,590	24,500	249,690	89,240	48,010	35,440	255,430	46,700	78,400	52,540	38,580	32,760
		半島	102,387	18,513	4,338	18,939	18,620	5,409	3,996	29,074	6,748	4,834	8,278	3,491	4,191
	構成比	全国	100.0	24.9	2.5	25.3	9.0	4.9	3.6	25.9	4.7	7.9	5.3	3.9	3.3
		半島	100.0	18.1	4.2	18.5	18.2	5.3	3.9	28.4	6.6	4.7	8.1	3.4	4.1
	半島シェア		10.4	7.5	17.7	7.6	20.9	11.3	11.3	11.4	14.4	6.2	15.8	9.0	12.8
2000	実数	全国	925,740	232,530	22,910	211,950	81,200	44,660	33,930	255,540	47,250	77,930	49,210	41,990	32,480
		半島	94,935	16,803	4,031	17,191	16,150	4,808	4,200	28,379	6,677	4,682	7,635	3,114	3,529
	構成比	全国	100.0	25.1	2.5	22.9	8.8	4.8	3.7	27.6	5.1	8.4	5.3	4.5	3.5
		半島	100.0	17.7	4.2	18.1	17.0	5.1	4.4	29.9	7.0	4.9	8.0	3.3	3.7
	半島シェア		10.3	7.3	17.6	8.1	19.9	10.8	12.4	11.1	14.1	6.0	15.5	7.4	10.9

資料：農林水産省『(生産)農業所得統計』。
註1：60年，68年には沖縄県が含まれていない。
註2：98, 2000年の畜産関係の秘匿データは相互の関係から可能な限り算出したが，それでも不明なものは0として計算した。
註3：ゴチック体は84年を上回った部門，および構成比・シェア拡大部門。

表1-8 全国における半島地域の1984～2000年の農業粗生産額の変化の検討（1984年を基準とした総合卸売物価指数で修正）

(単位：1,000万円，％)

年次			計	米	いも類	野菜	果実	花き	工芸作物	小計	肉用牛	乳用牛	豚	鶏卵	ブロイラー
1984	実数	全国	1,165,373	383,957	28,614	191,246	84,791	20,628	55,965	334,542	46,998	88,960	100,084	48,875	43,597
		半島	109,409	28,305	4,890	13,534	16,721	2,112	4,634	35,015	5,673	5,868	11,850	4,963	6,425
2000	実数	全国	925,740	232,530	22,910	211,950	81,200	44,660	33,930	255,540	47,250	77,930	49,210	41,990	32,480
		半島	94,935	16,803	4,031	17,191	16,150	4,808	4,200	28,379	6,677	4,682	7,635	3,114	3,529
2000	修正	全国	1,153,510	289,742	28,547	264,098	101,179	55,648	42,278	318,413	58,875	97,104	61,318	52,321	40,471
		半島	**118,293**	20,937	**5,023**	**21,421**	**20,124**	**5,991**	**5,233**	35,361	**8,320**	5,834	9,514	3,880	4,397
1984～2000 増減額		全国	△11,863	△94,215	△67	72,852	16,388	35,020	△13,687	△16,129	11,877	8,144	△38,766	3,446	△3,126
		半島	8,884	△7,368	133	7,887	3,403	3,879	599	346	2,647	△34	△2,336	△1,083	△2,028
1984～2000 増減率		全国	△1.0	△24.5	△0.2	38.1	19.3	169.8	△24.5	4.8	25.3	9.2	△38.7	7.1	△7.2
		半島	8.1	△26.0	2.7	58.3	20.4	183.7	12.9	1.0	46.7	△0.6	△19.7	△21.8	△31.6
半島の1984～2000 増減寄与率			100.0	△82.9	1.5	**88.8**	38.3	43.7	6.7	3.9	**29.8**	△0.4	26.3	△12.2	△22.8

資料：農林水産省『生産農業所得統計』，農林水産省『ポケット農林水産統計』。
註1：ゴチック体は農業粗生産額増加部門，および半島の増加率が全国以上の部門。△はマイナス。
註2：1984年を100とした場合の2000年の総合卸売物価指数は80.2542となる。

なっているのか，検討が求められる。そこで表1-8で，84～2000年の実数（名目値）を総合卸売物価指数で修正して比較してみた。

表から，全国の2000年の農業粗生産額の実質は1984年よりも1.0％減少，つまりこの16年間，実質的には減少ないし停滞していたことが分かる。それに対し，半島地域の農業粗生産額の実質は8.1％増加した。16年間の伸びとしては決して高くはないが，日本農業全体の停滞的伸び悩みの中で実質的には1割弱の伸びを示した点は注目に値しよう。

部門別にみると，この間，実質においては，全国的には，野菜，果実，花き，肉用牛，乳用牛，および鶏卵の各部門は増加を維持したが，半島地域においては乳用牛，豚，鶏卵，ブロイラーは減少したが，上記の野菜，果実，花き，肉用牛は全国平均以上の伸び率を示し，さらにいも類と工芸作物は全国的には減少したが半島地域では増加した。こうして半島地域は，いも類，野菜，果実，花き，工芸作物，および肉用牛の実質的な増加，しかも全国平均以上の増加率によって，この間にも農業生産の前進傾向を維持継続し，日本農業の中での位置を高めていることが確認される。

(3) 地域別動向

1984年に対し2000年の農業粗生産額は全国的にも半島地域全体でも減少しているが，各半島地域ではどうなっているのか。それを示したのが表1-9である。まず，その中でも名目値において増加を示した半島地域が3つだけ存在する。それは下北，東松浦，大隅の各半島地域である。その他の半島地域は名目値においては2000年は1984年を下回ったが，実質的にはどうなのかをみるために，総合卸売物価指数で修正してみた。それによると，12地域では実質

表1-9　1984～2000年における各半島地域の農業粗生産額の増減動向　　（単位：1,000万円，％）

半島地域名	実数 1984	実数 2000	修正値 2000	1984～2000年（修正値）の増減 増減額	増減率	寄与率	地域類型
渡島	5,434	4,934	6,148	714	13.1	8.0	畑
積丹	1,896	1,638	2,041	145	7.6	1.6	
津軽	7,250	4,985	6,212	△1,038	△14.3	△11.7	田
下北	2,316	**2,765**	3,445	1,129	48.7	12.7	畑
男鹿	3,535	2,725	3,395	△140	△4.0	△1.6	田
南房総	5,870	5,320	6,629	759	12.9	8.5	田
能登	6,673	4,214	5,251	△1,422	△21.3	△16.0	田
伊豆中南部	1,227	878	1,094	△133	△10.8	△1.5	園
紀伊	18,268	16,937	21,104	2,836	15.5	**31.9**	園
（和歌山県分）	11,151	10,839	13,506	2,355	21.1	26.5	園
（その他の紀伊）	7,116	6,098	7,598	482	6.8	5.4	田
丹後	1,357	1,143	1,424	67	4.9	0.8	田
島根	984	650	810	△174	△17.7	△2.0	田
江能倉橋島	539	340	424	△115	△21.3	△1.3	園
室津大島	1,266	642	800	△466	△36.8	△5.2	園
佐田岬	2,246	1,996	2,487	241	10.7	2.7	園
幡多	1,708	1,256	1,565	△143	△8.4	△1.6	田
東松浦	2,106	**2,201**	2,743	637	30.2	7.2	
北松浦	2,976	2,068	2,577	△399	△13.4	△4.5	田
島原	6,657	5,628	7,013	356	5.3	4.0	畑
西彼杵	1,762	1,374	1,712	△50	△2.8	△0.6	園
宇土天草	4,469	3,290	4,099	△370	△8.3	△4.2	園
国東	4,515	3,739	4,659	144	3.2	1.6	
大隅	16,247	**16,256**	20,256	4,009	24.7	**45.1**	畑
薩摩	10,111	9,956	12,406	2,295	22.7	**25.8**	畑
半島計	109,409	94,935	**118,293**	8,884	8.1	100.0	
全国	1,165,373	925,740	1,153,510	△11,863	△1.0		

資料：農林水産省『生産農業所得統計』。
註1：修正値は総合卸売物価指数での修正値。
註2：ゴチック体は2000年の農業粗生産額（実数）が1984年を上回ったもの，および注目値。
　　　△はマイナス。地域類型は表1-5を参照。

的には2000年は1984年を上回っている。他方，11地域では2000年が1984年を下回っているし，しかもこのような11地域の実質の減少率は全国平均を上回っている。すなわち，この間，全国の農業粗生産額の実質値が減少したのに対し，半島全体としては農業粗生産額を8％伸ばしているが，単純に半島数でみた場合は，実質値が増加した半島と減少した半島は相半ばしているのであり，半島の大半がそれを伸ばしているわけではないことに注意しなければならない。

さて，では，このような実質値を減少させた11の半島を一瞥すると，地域類型が田型の地域が6，樹園地型の地域が5となっており，田型半島と樹園地型半島での落ち込みが確認される。

表1-10 1984～2000年に農業粗生産額（実数）を増加させた半島地域の部門の動向 （単位：100万円,％）

半島地域名	年次	計	米	いも類	野菜	果実	花き	工芸作物	小計	肉用牛	乳用牛	豚	鶏卵	ブロイラー
下北	1984	23,156	6,133	665	5,060	34	6	444	10,288	1,799	6,277	804	1,155	74
	2000	27,650	1,800	**930**	**8,980**	0	**50**	110	**15,500**	x 810	5,580	x **3,130**	x	x
東松浦	1984	21,064	4,528	345	1,858	4,152	186	1,747	7,334	1,669	1,280	2,119	963	1,296
	2000	22,010	2,490	190	**4,510**	3,350	**440**	**2,060**	**8,710**	**4,940**	910	1,290	x 650	x 800
大隅	1984	162,474	18,084	13,415	15,693	4,695	1,150	8,386	97,095	20,490	3,635	34,901	8,188	29,714
	2000	162,560	10,120	12,700	**22,330**	4,510	**3,780**	**9,980**	95,010	**25,360**	**3,840**	**36,630**	x 5,440	x 19,520

資料：農林水産省『生産農業所得統計』。
註1：ゴチックは増加した部門（計は除く）。
註2：xは一部秘匿データを含むか，ほとんどが秘匿データ。なお秘匿データは0として計算した。

　他方，1984～2000年に増加率が高い半島地域は，上記の実数における増加地域の3地域であるが，これらの3地域の特徴は，2地域（下北，大隅）は明確な畑型の地目類型であり，東松浦は類型化が困難だが実際上は第2章でみるように畑型に近い類型に属する。こうして，農業粗生産額を伸ばした半島地域の多くは畑型の地目構成を持つ地域であるということができる。

　関連して次に，この間，実数においても農業粗生産額を増加させた3つの半島地域が，どのような部門において農業粗生産額を増加させたのか，その内容をみたのが，表1-10である。3地域に共通するのは野菜，花き，畜産部門の増加であるが，工芸作物は2地域で伸びている。他方，米と果実は3地域とも減少させている。その他部門に関する3地域の動向はまちまちであるが，野菜，花き，畜産部門の増加傾向を近年の半島地域での農業前進の象徴的動向とみることができそうである。

2．九州＝半島王国── 総土地面積の2割弱，総人口の1割強，農業粗生産額の25％──

　上記のように，全国の半島地域は多様な地域性をもつため，一律的な考察が不可能であることを述べたが，九州を対象とすれば，比較的地域性の共通性がみられるため，ここにおける動向を考察し，半島地域の農業の前進的傾向の普遍性にアプローチしたい。

　まず九州における半島地域の占める面積と人口の位置を再確認したのが表1-11である。九州は半島地域が総土地面積の2割弱，総人口の1割強と，ともに全国レベルより2～3倍高い割合を占めるため，「半島王国」と呼ぶことができよう。

　また表1-12に九州の半島地域における経営耕地の構成とシェアを示した。2000年において，九州では，半島地域の占める経営耕地面積シェアは，田が14.5％，畑が30.5％，樹園地が27.0％，合計が20.1％であり，半島王国＝九州を傍証している。

　また，耕作放棄地面積割合は，全国同様，九州においても半島地域は9.2％と全体の6.5％を上回り，耕作放棄がよりいっそう進行している。

　以上の前準備の上で，次に，九州の半島地域，すなわち半島振興法指定8地域の113市町村

(2000年)のデータを算出し表1-13に整理した。

表1-13は実数であるが，九州における半島地域の農業の動向は，上述の全国の場合と基本的に同様であることが確認される。まず，農業粗生産額シェアの動向であるが，1960～68年には，九州でも半島のシェアが20.7％から19.5％へと若干縮小している。その要因は上述の全国の場合と同様であると判断されるため，省略する。次いで，1970年代以降，九州でも半島の農業粗生産額シェアは，68年の19.5％から78年の23.0％，84年の24.6％へ，そして88年には24.2％へと若干減少したが，2000年には25.8％と拡大した。全体を通じて上昇率はむしろ全国より高い。こうして，九州においても半島の農業は確実に前進していることが確認できよう。

ところで，以上のような農業の前進を担った部門は，いも類，野菜，果実，花き，そして工芸作物である。この間，野菜と果実は，九州全体でも粗生産額を伸ばしたが，半島の伸びはそれを上回っていたため，半島でのそれらの構成比とシェアは高まった。花きは九州全体，半島ともに粗生産額が増加し，構成比もともに高まったが，1988～2000年の粗生産額増加のテンポは九州全体のほうが半島よりも高かったため，この10年間では半島地域のシェアは微減した。他方，工芸作物の粗生産額は九州全体ではかなり減少し構成比も微減したが，半島では1988～2000年に盛り返したため，この間は構成比は2ポイント増加し，シェアは10ポイント以上拡大した。10ポイント以上の拡大は部門内最高の値である。同様に，いも類も，88～98年は，九州全体では微減したのに対し，半島地域では微増した結果，そのシェアを60％台に高め，半島地域がいも類主産地となっている点を裏付けているが，しかしその後はシェアを若干減少させている。

もう1つ，畜産の動向であるが，九州でも全国と同様，1984年まで順調に増加してきた粗生産額は，88年，98年には全体，半島とも減少し，構成比も鶏卵以外の各畜種とも縮小したが，半島の占めるシェアは84年以降も各畜種とも概ね増加傾向を維持し，畜産不況の中でも，畜産の半島への立地集中傾向が続いているとみることができる。なかでも，とくに肉用牛，鶏卵への集中傾向が強い。

こうして今日，九州では，いも類の6割弱，工芸作物（葉タバコと茶）と畜産（肉用牛，豚，鶏卵）の3割強が半島地域で産出されている実態にある。

ところで，全国同様，九州においても農業粗生産額の実数のピークは1984年にあり，それ

表1-11 九州における半島地域の位置

半島地域名	土地面積(km²)	人口(千人)
東　松　浦	255	112
北　松　浦	773	173
島　　　原	482	172
西　彼　杵	371	69
宇　土　天　草	1,006	206
国　　　東	877	121
大　　　隅	2,538	322
薩　　　摩	1,400	290
半　島　計　A	7,702	1,465
九　州　計　B	39,893	13,452
対九州シェアA/B	19.3	10.9

資料：国土庁『日本の半島23』，「佐賀県統計年鑑（平成10年版）」。
原資料：「平成7年国勢調査」，建設省「平成9年全国都道府県市区町村別面積調」，総務庁「平成9年10月1日現在推計人口」。
註1：半島地域のデータは平成7年，九州計は平成9年。
註2：沖縄県は含まれていない。

表1-12 九州における半島地域の経営耕地および耕作放棄地の位置　　　　　（単位：ha，％）

年次			経営耕地面積				耕作放棄地面積 D	耕作放棄地率 D/(C+D)
			田	畑	樹園地	計 C		
1970	実数	半島計A	64,759	65,290	28,371	158,412		
		九州B	398,592	206,190	99,903	704,685		
	構成比	半島計	40.9	41.2	17.9	100.0		
		九州	56.6	29.3	14.2	100.0		
	半島シェアA/B		16.2	31.7	28.4	22.5		
1980	実数	半島計A	54,033	47,509	**28,959**	130,501	3,875	2.8
		九州B	351,352	152,101	**101,403**	604,856	11,925	1.9
	構成比	半島計	41.4	36.4	22.2	100.0		
		九州	58.1	25.1	16.8	100.0		
	半島シェアA/B		15.4	31.2	28.6	21.6	32.5	
1990	実数	半島計A	47,620	42,484	18,611	108,706	7,402	**6.4**
		九州B	318,720	136,920	70,570	526,210	23,650	4.3
	構成比	半島計	43.8	39.1	17.1	100.0		
		九州	60.6	26.0	13.4	100.0		
	半島シェアA/B		14.9	31.0	26.4	20.7	31.3	
2000	実数	半島計A	40,438	35,509	14,744	90,699	9,235	**9.2**
		九州B	279,698	116,333	54,540	450,571	31,152	6.5
	構成比	半島計	44.6	39.2	16.3	100.0		
		九州	62.1	25.8	12.1	100.0		
	半島シェアA/B		14.5	30.5	27.0	20.1	29.6	
1970〜2000年の減少面積	実数	半島計	24,321	29,781	13,627	67,713		
		九州	118,894	89,857	45,363	254,114		
	割合	半島計	**37.6**	45.6	48.0	**42.7**		
		九州	29.8	43.6	45.4	36.1		

資料：農業センサス。
註1：総農家分。沖縄県を除く。
註2：ゴチック体は増加，あるいは比較して大きい方を示す注目数値。

以降は減少傾向を示しており，2000年は九州全体，半島地域とも1984年を下回っている。では，実質においてはどうなのかが問題となる。そこで，総合卸売物価指数で実質化した数値を表1-14に示した。

　表から，実質（修正値）においては2000年の農業粗生産額は九州全体，半島地域とも1984年を上回っており，九州全体では実質8.4ポイントの増加，半島地域はそれ以上の13.6ポイントの増加となっている。この間の日本農業全体の停滞・縮小の中で九州農業は一定の前進をみせ，その中で半島地域の農業は九州全体の伸びをさらに上回る伸びをみせたといえる。しかし16年間での13.6ポイントの伸びを過大評価してはならない。

　部門的には，この間，いも類，野菜，花き，畜産小計，肉用牛，乳用牛の粗生産額（修正

第1章 半島農業前進の軌跡と要因

表1-13 九州における半島地域の農業粗生産額の構成とシェアの推移 (単位：1,000万円, %)

年		地域	計	米	いも類	野菜	果実	花き	工芸作物	小計	畜産 肉用牛	乳用牛	豚	鶏卵	ブロイラー
1960	実数	九州	25,692	11,328		1,712	1,208	71	1,741	4,020					
		半島	5,331	1,744		320	249	12	525	1,029					
	構成比	九州	100.0	44.1		6.7	4.7	0.3	6.8	15.6					
		半島	100.0	32.7		6.0	4.7	0.2	9.8	19.3					
	半島シェア		20.7	15.4		18.7	20.6	17.1	30.2	25.6					
1968	実数	九州	59,362	23,920	2,343	5,752	4,175	262	4,872	13,418	3,211	1,892	3,454	3,607	1,169
		半島	11,552	3,319	1,036	1,064	944	48	1,280	3,155	956	402	990	574	210
	構成比	九州	100.0	40.3	4.0	9.7	7.0	0.4	8.2	22.6	5.4	3.2	5.8	6.1	2.0
		半島	100.0	28.7	9.0	9.2	8.2	0.4	11.1	27.3	8.3	3.5	8.6	5.0	1.8
	半島シェア		19.5	13.9	44.2	18.5	22.6	18.1	26.3	23.5	29.8	21.2	28.7	15.9	18.0
1978	実数	九州	167,738	44,996	4,734	20,564	13,961	1,898	13,922	57,159	12,277	6,974	18,813	7,674	11,156
		半島	38,529	6,592	2,895	4,131	3,652	308	3,235	15,981	3,636	1,226	6,055	2,229	2,789
	構成比	九州	100.0	26.8	2.8	12.3	8.3	1.1	8.3	34.1	7.3	4.2	11.2	4.6	6.7
		半島	100.0	17.1	7.5	10.7	9.5	0.8	8.4	41.5	9.4	3.2	15.7	5.8	7.2
	半島シェア		23.0	14.6	61.1	20.1	26.2	16.2	23.2	28.0	29.6	17.6	32.2	29.0	25.0
1984	実数	九州	198,382	45,393	6,572	26,118	17,704	2,871	13,522	71,425	15,093	8,393	22,002	8,390	17,199
		半島	48,844	6,966	3,736	5,399	5,258	638	3,407	21,421	4,470	1,468	8,026	2,464	4,901
	構成比	九州	100.0	22.9	3.3	13.2	8.9	1.4	6.8	36.0	7.6	4.2	11.1	4.2	8.7
		半島	100.0	14.3	7.6	11.1	10.8	1.3	7.0	43.9	9.2	3.0	16.4	15.1	5.0
	半島シェア		24.6	15.3	56.8	20.7	29.7	22.2	25.2	30.0	29.6	17.5	36.5	29.4	28.5
1988	実数	九州	183,450	37,223	5,667	**32,921**	13,550	**4,375**	12,045	70,601	**19,027**	**9,215**	17,941	6,629	**17,403**
		半島	45,616	5,688	3,311	**6,309**	3,694	**1,066**	2,673	20,898	**5,786**	**1,622**	6,997	1,909	4,488
	構成比	九州	100.0	19.8	3.0	17.5	7.2	2.3	6.4	37.5	10.1	4.9	9.5	3.5	9.2
		半島	100.0	12.5	7.3	13.8	8.1	2.3	5.9	45.8	12.7	3.6	15.3	4.2	9.8
	半島シェア		24.2	15.3	**58.4**	19.2	27.3	24.4	22.2	**29.6**	**30.4**	17.6	**39.0**	28.8	25.8
1998	実数	九州	182,920	29,140	5,570	**43,490**	16,820	**8,790**	10,800	60,590	**17,450**	8,080	15,550	6,480	12,680
		半島	47,306	4,416	3,357	**8,962**	4,679	**1,979**	3,248	19,140	**5,696**	1,448	6,199	2,222	3,524
	構成比	九州	100.0	15.9	3.0	23.8	9.2	4.8	5.9	33.1	9.5	4.4	8.5	3.5	6.9
		半島	100.0	9.3	7.1	**18.9**	9.9	4.2	6.9	40.5	12.0	3.1	13.1	4.6	7.4
	半島シェア		25.9	15.2	**60.3**	20.6	27.8	**22.5**	**30.1**	**31.6**	**32.6**	17.9	**39.9**	**34.3**	27.8
2000	実数	九州	172,660	26,000	5,540	**38,030**	14,480	**8,270**	10,660	60,300	**17,850**	8,120	14,890	6,650	12,290
		半島	44,512	3,974	3,100	**8,016**	3,954	**1,785**	3,503	18,684	**5,659**	1,439	5,800	1,993	2,932
	構成比	九州	100.0	15.1	3.2	22.0	8.4	4.8	6.2	34.9	10.3	4.7	8.6	3.9	7.1
		半島	100.0	8.9	7.0	**18.0**	8.9	4.0	7.9	42.0	12.7	3.2	13.0	4.5	6.6
	半島シェア		25.8	15.3	56.0	**21.1**	27.3	21.6	**32.9**	**31.0**	**31.7**	17.7	**39.0**	**30.0**	23.9

資料：農林水産省『(生産)農業所得統計』。
註1：沖縄県を除く。
註2：ゴチック体は農業粗生産額が1984年を上回った部門、および半島シェア拡大部門。

表1-14 九州における半島地域の1984～2000年の農業粗生産額の変化の検討（1984年を基準とした総合卸売物価指数で修正）

(単位：1,000万円，%)

			計	米	いも類	野菜	果実	花き	工芸作物	小計	畜産				
											肉用牛	乳用牛	豚	鶏卵	ブロイラー
1984	実数	九州	198,382	45,393	6,572	26,118	17,704	2,871	13,522	71,425	15,093	8,393	22,002	8,390	17,199
		半島	48,844	6,966	3,736	5,399	5,258	638	3,407	21,421	4,470	1,468	8,026	2,464	4,901
2000	実数	九州	172,660	26,000	5,540	38,030	14,480	8,270	10,660	60,300	17,850	8,120	14,890	6,650	12,290
		半島	44,512	3,974	3,100	8,016	3,954	1,785	3,503	18,684	5,659	1,439	5,800	1,993	2,932
2000	修正	九州	215,141	32,397	6,903	47,387	18,043	10,305	13,283	75,136	22,242	10,118	18,554	8,286	15,314
		半島	55,464	4,952	3,863	9,988	4,927	2,224	4,365	23,281	7,051	1,793	7,227	2,483	3,653
1984～2000 増減額		九州	16,759	△12,996	331	21,269	339	7,434	△239	3,711	7,149	1,725	△3,448	△104	△1,885
		半島	6,620	△2,014	127	4,589	△331	1,586	958	1,860	2,581	325	△799	19	△1,248
1984～2000 増減率		九州	8.4	△28.6	5.0	81.4	1.9	258.9	△1.8	5.2	47.4	20.6	△15.7	△1.2	△11.0
		半島	13.6	△28.9	3.4	85.0	△6.3	248.6	28.1	8.7	57.7	22.1	△10.0	0.8	△25.5
半島の1984～2000の増減寄与率			100.0	△30.4	1.9	69.3	△5.0	24.0	14.5	28.1	39.0	4.9	△12.1	0.3	△18.9

資料：農林水産省『生産農業所得統計』。
註：ゴチック体は農業粗生産額増加部門，および半島の増加率が九州以上の部門。△はマイナス。

値）は九州全体，半島地域とも増加したが，それらのうち，いも類，花き以外は半島地域での伸びが九州全体の伸びを上回った。また，九州全体では減少した工芸作物，鶏卵の粗生産額も半島地域では逆に増加をみせた。こうして，この間の九州の半島地域の農業前進を担った部門は，野菜，工芸作物，畜産，特に肉用牛，乳用牛，鶏卵であったということができる。

第5節　半島農業前進の要因

1．1970年代以降の農産物市場構造の変化

　1960～68年の米増産期に農業粗生産額シェアが低下したように，半島地域は概して水田面積が少なく，かつ棚田等の悪条件水田が多く，米生産条件不利地域であったためであるが，その後そのシェアが拡大したのは，70年以降の米生産調整政策の実施と野菜・果実・畜産物の需要の増加傾向のもとで，半島地域がこれらの農畜産物の生産において，平坦地に劣らない条件を有するに至ったからである。換言すれば，70年代以降の半島地域の農業粗生産額シェアの拡大は，米生産過剰によって半島地域では元来生産条件が不利な米の需要が低下し，逆に高度経済成長の影響で半島地域の方が平坦地域よりもむしろ生産が得意な野菜・果実・畜産物の需要が増加したため，半島地域でこれらの産物が増産されたからである。こうして，市場条件の変化に伴い，産地の優劣条件が大きく変化したのである。

2. 半島地域における畑地開発・農業水利事業の推進

基本的に米不足時代だった1960年代半ばまでは，わが国の土地改良投資は水田優先で行われてきており，水田＝優等地，畑地＝劣等地という性格が刻印されていた。しかし1960年代後半からの米余りとそれに対する1970年からの米生産調整政策の開始以降，土地改良投資の内容構成が転換し始めた。そのことを土地改良事業関係予算額の内容構成からみると，1969年までは水田関係のそれが畑関係のそれを超える伸び率で推移し，したがってそのシェアを拡大してきており，1969年では水田関係のそれのシェアは68％にまで高まった。しかし，1970年以降は畑関係の伸び率が急増して水田関係の伸び率を上回るようになり，したがって畑関係のそれのシェアも漸増傾向を示し，1976年には水田関係の土地改良投資額シェアが51％に下がったのに対し，畑関係は47％に高まり，両者はほぼ肩を並べるまでに至った[3]。

こうして，半島地域は全体としては畑作面積割合が相対的に高い畑作地帯であるため，1970年代以降は土地改良投資の比重が水田から畑地へシフトしてくる結果，漸次，そこにおける畑地の生産基盤の整備改善が図られるようになったのである。

以上のことが，1970年以降の半島地域における畑作営農進展の物的条件であったとみることができる。

第6節　総括と展望

以上の考察から，20世紀最後の四半期において，総じて，わが国の半島における農業は着実に前進し，農業粗生産額シェアを高めてきたことが確認された。ここには，条件不利地域とはいえ，半島では多様で豊富な資源を活かした農業展開の存在が暗示され，したがって農業展開において半島地域は将来への発展の可能性を秘めた地域として注目に値することが判明し

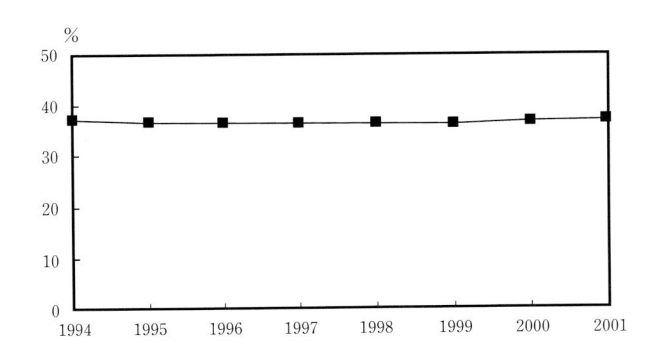

資料：『中山間地域の振興に向けた取組』(財)都市農山漁村交流活性化機構，2002年（5頁），2003年（6頁）。

図1-3　中山間地域の農業粗生産額シェアの推移（全国）

た。

　なお図1-3は，近年における全国の「中山間地域」の農業粗生産額のシェアの推移を示したものである。7年間という短期間での推移ではあるが，この間にそのシェアにほとんど変化はみられない点に注目したい。すなわち，日本の「中山間地域」の農業粗生産額は日本全体の中でその割合を縮小させてきているわけではなく，依然として日本農業の4割弱の水準を維持し続けているのである。この意味することは何かを本書で全面的に明らかにすることはできないが，序章で述べたように，1つには，橋口（2001）のいうように，統計上の「中山間地域」には実際は条件良好な地域も少なからず含まれ，また他方で「平地農業地域」や「都市的地域」にも実際は条件不利地域が少なからず含まれているために，耕作放棄等による条件不利地域の農業の縮小が「中山間地域」と「都市的地域」の両地域で進行したため，「中山間地域」での農業縮小傾向としては現れなかったという統計に起因するものとも考えられる。また2つには，本書が示すように，一方では「中山間地域」であってもそれが即農業衰退地域ばかりとは限らず，農業前進地域も含まれており，他方で非「中山間地域」であっても都市的地域などの中には農業衰退地域も少なくないという相異なるプラスとマイナスのベクトルの相殺結果とも考えられる。

註
1）23地域のなかで紀伊地域には和歌山市を除いた和歌山県全域が含まれるなど，他の地域との相違がみられ，たしかに紀伊地域だけ特別に「広すぎる」とも考えられるが，ほかに指定を受けていない半島も存在することを考慮すると全国的にはプラス・マイナスの結果，現実的妥当性を持つとも考えられる。
2）山麓地域は「里山」とみることが可能だが，半島地域は三方を海に囲まれており，その周辺地域は「臨海部の里山」という性格を持つことから，本書では瀬戸山（2003）を援用して，半島地域の特徴として「里海」というキーワードを提起したい。なお瀬戸山（2003）は「里海」を「海辺の生態系と人間の営みとが分かちがたく結ばれ，バランス良く風土を醸す関係」（5頁），あるいは「渚とヒトとの結び目を果たす……沿岸の共生装置」（5～6頁），さらには「海辺の循環型社会＝里海」（40頁）と性格づけている。
3）永田（1977），304頁。

引用文献
永田恵十郎（1977）「戦後農業技術の進歩と土地改良」今村奈良臣ら編著『土地改良百年史』平凡社。
瀬戸山玄（2003）『里海に暮らす』岩波書店。
橋口卓也（2001）『水田の傾斜条件と潰廃問題』（日本の農業218），農政調査委員会。

第2章

佐賀県における東松浦半島の農業の到達点
―― 統計分析 ――

東松浦半島の農業前進を担った葉タバコ栽培
（佐賀県唐津市，2000年春）

東松浦半島の農業前進を担った肉用牛肥育部門
（佐賀県鎮西町，1997年春）

要　約

　佐賀県における東松浦半島地域は，面積で10.5％，経営耕地面積で9.3％を占める。農林統計上の「中山間地域」は存在しないが，多くの地域振興立法で指定されている条件不利地域にほかならない。東松浦半島も，全国，九州の半島と同様，農業粗生産額シェアを9.9％（1968年）から，10.9％（78年），11.4％（88年），14.4％（98年），そして15.1％（2000年）へと着実に拡大し，佐賀平坦農業にキャッチアップしている。シェア拡大寄与部門は，野菜，果実，工芸作物，畜産である。面積・農業内容において，佐賀県における東松浦半島の位置や動向は，全国，九州の半島の縮図的存在とみなされる。

第1節　「中山間地域」と半島地域
――東松浦半島には農林統計上の「中山間地域」は存在しない――

　表2-1は，農林水産省が1994年に修正し現在使用されている農業地域類型の基準指標である。
　また図2-1は，それに基づき，佐賀県の農業地域類型を市町村単位に示してみたものである。福岡県境の県北部一帯と長崎県境の県西部一帯に山間農業地域や中間農業地域が存在する

表2-1　農業地域類型

農業地域類型	基　準　指　標（第　1　次　分　類）
都市的地域	・可住地に占めるDID面積が5％以上で，人口密度500人以上又はDID2万人以上の市町村 ・可住地に占める住宅地等が60％以上で，人口密度500人以上の市町村。ただし，林野率80％以上のものは除く。
平地農業地域	・耕地率20％以上かつ林野率50％未満の市町村。ただし，傾斜20分の1以上の田と傾斜8度以上の畑の合計面積の割合が90％以上のものを除く。 ・耕地率20％以上かつ林野率50％以上で，傾斜20分の1以上の田と傾斜8度以上の畑の合計面積の割合が10％未満の市町村
中間農業地域	・耕地率が20％未満で，「都市的地域」及び「山間農業地域」以外の市町村 ・耕地率が20％以上で，「都市的地域」及び「平地農業地域」以外の市町村
山間農業地域	・林野率80％以上かつ耕地率10％未満の市町村

資料：農林水産省統計情報部『農林統計区分に用いる地域区分（平成7年9月）』7頁より。
註1：決定順位：都市的地域→山間農業地域→平地農業地域・山間農業地域
註2：DID［人口集中地区］とは，人口密度約4,000人／km²以上の国勢調査地区がいくつか隣接し，合わせて人口5,000人以上を有する地区をいう。
註3：傾斜は，1筆ごとの耕作面の傾斜ではなく，団地としての地形上の主傾斜をいう。

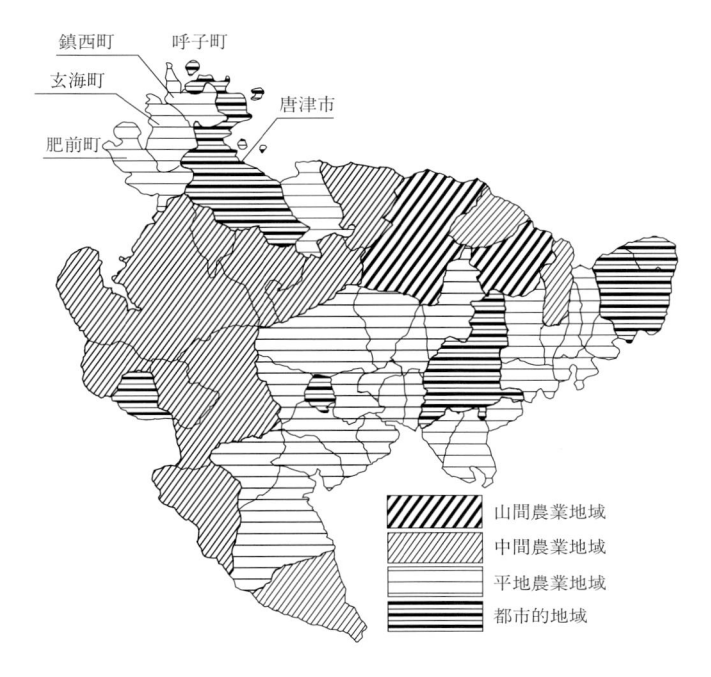

図2−1　佐賀県における市町村別の農業地域類型

が，東松浦半島5市町（唐津市，呼子町，鎮西町，玄海町，肥前町）には中間地域も山間地域も，すなわち「中山間地域」は存在しない。以上のかぎりでは，佐賀県東松浦半島の5市町は統計上，平地農業地域や都市的地域に属し，佐賀市を中心とする佐賀平野の各市町村と違いがなく，「東松浦半島は佐賀平野同様に中山間地域ではない」と判断されてしまいそうである。

しかし，農林統計上の「中山間地域」を条件不利地域とみなして，「東松浦半島は条件不利地域ではない」と言うとするならば，東松浦半島の実態を知る者は，驚かざるを得ない。東松浦半島は，第3章以下で具体的に取り上げるように，半島周辺部には「里海」的な臨海漁村や臨海農村が形成され，また「内陸」部には，丘陵地の中に多くの小高い山があり，また，その反対に多くの小さな谷が刻まれており，谷筋ごとに多様な集落が形成されている。こうして，実際は東松浦半島の農漁村の大半は，農林統計とは異なり，「中間地域」としての実態を有している。のみならず，「山間地域」とみられるような谷間の集落も少なくない。それに対して，農林統計が東松浦半島を「平地農業地域」と規定するのは，東松浦半島が「上場台地」と呼ばれるように，全体的にはテーブルランド状を呈しており，まさに序章扉写真のように，半島外の少し離れた場所からは「平地農業地域」のように見えるからかもしれない。

その理由はともかく，この点こそ，序章で述べたように，条件不利地域の把握において，「中山間農業地域」という現在の農林統計上の概念には欠陥があることの1つの証左にほかならない。

第2節　中山間地域等直接支払制度にみる東松浦半島地域の位置づけ

　さて一方，1999年制定の「食料・農業・農村基本法」に基づき，2000年度から開始された中山間地域等への直接支払制度において対象とされる地域基準としては，今みたセンサス等の農林統計による「中山間地域」といった農業地域類型区分ではなく，これまでの条件不利地域振興政策の根拠となっている条件不利地域関係8法による指定地域が採用されている[1]。

　図2-2は，そのうち佐賀県に関係する5法による指定地域を示したものである。図から，佐賀市周辺から佐賀県東部にかけての佐賀平野を除く広い地域が5法指定地域となっていることが分かる。なかでも県北部一帯に複数の法指定地域が多く存在していることが注目される。そして，ここで重要なことは，そのなかに東松浦半島5市町が含まれていることである。今みたように東松浦半島にはセンサス等の農林統計による「中山間地域」は1つも存在しないが，条件不利地域振興立法指定市町として実際上は条件不利地域振興策が実施されているのである。そして，このことこそ，東松浦半島が実際上，条件不利地域であることを示すものにほかならない。

　関連して，図2-3は，佐賀県の各市町村において2000年度に指定された直接支払対象水田

資料：ふるさと情報センター『中山間地域等直接支払制度の手引』2000年。
註：2000年4月1日現在。

図2-2　地域振興立法5法指定状況

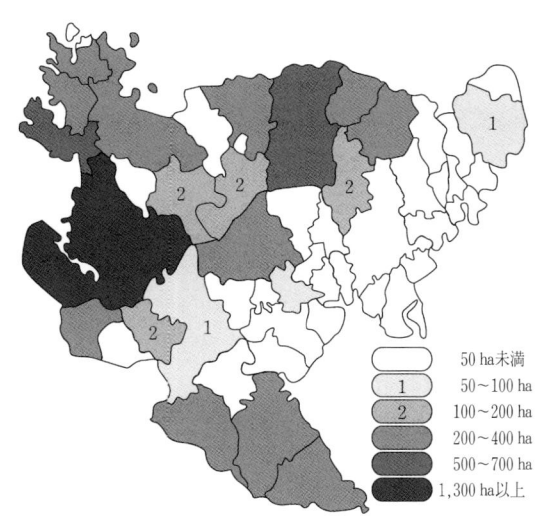

第2章　佐賀県における東松浦半島の農業の到達点

資料：佐賀県農林部資料より算出。
図2-3　直接支払対象水田面積（2000年度）

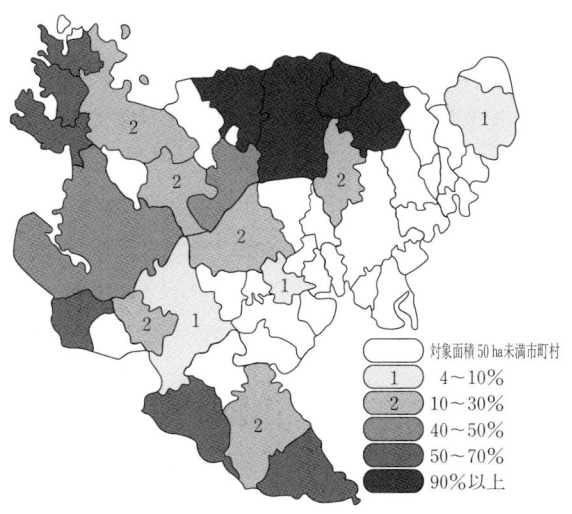

凡例：
- 50 ha未満
- 50〜100 ha
- 100〜200 ha
- 200〜400 ha
- 500〜700 ha
- 1,300 ha以上

資料：図2-3に同じ。
図2-4　直接支払対象水田面積割合（2000年度）

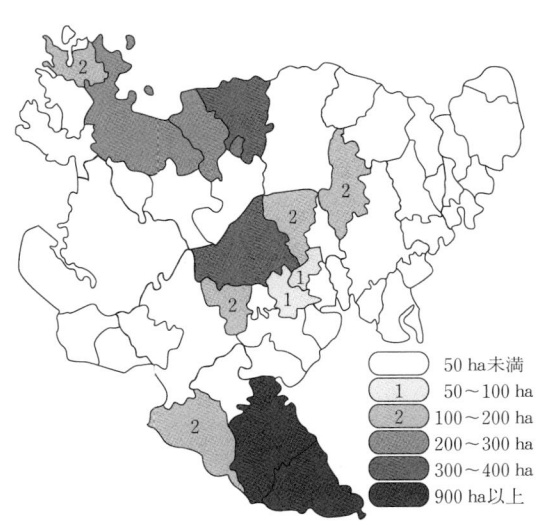

凡例：
- 対象面積50 ha未満市町村
- 4〜10%
- 10〜30%
- 40〜50%
- 50〜70%
- 90%以上

資料：図2-3に同じ。
図2-5　直接支払対象畑面積（2000年度）

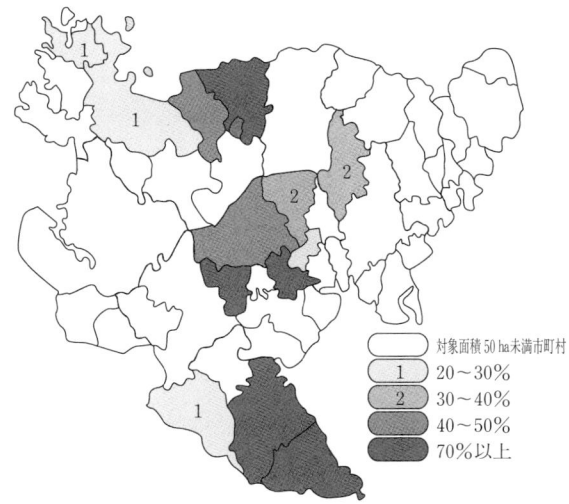

凡例：
- 50 ha未満
- 50〜100 ha
- 100〜200 ha
- 200〜300 ha
- 300〜400 ha
- 900 ha以上

資料：図2-3に同じ。
図2-6　直接支払対象畑面積割合（2000年度）

凡例：
- 対象面積50 ha未満市町村
- 20〜30%
- 30〜40%
- 40〜50%
- 70%以上

面積である。対象面積とは，いわば各市町村の行政担当者が直接支払の対象とすべきものと判断した水田であるから，条件不利水田以外の何物でもない。

　図から，東松浦半島の5市町のうち3市町（唐津市・鎮西町・玄海町）には200～400 haの，また肥前町には500～700 haというかなりの対象水田面積，すなわち条件不利傾斜地立地水田が存在することが分かる。

　また図2-4は，図2-3の対象水田面積の水田総面積に対する割合を示したものである。この図から，東松浦半島5市町のなかで，鎮西町・玄海町・肥前町においては水田総面積の半数以上が対象水田面積（条件不利傾斜地立地水田）であることが分かる。なお，唐津市のそれは10～30％と比較的低いが，これは唐津市の西半分（唐津市上場）には棚田等の傾斜地立地水田が多いが，東半分（唐津市下場）には低平地平坦水田が多いためである。関連して図2-5と図2-6は，同様のことを畑について示したものである。この実態は傾斜果樹園の存在を示すものにほかならず，県北の七山村・浜玉町および唐津市・鎮西町（東松浦半島）と，県中部の多久市と小城町とその周辺町村，県南部の太良町，鹿島市，嬉野町の大きく3箇所にミカン作地帯が形成されていることが確認される。また，東松浦半島においても傾斜畑（果樹園）が少なくないことに注目されたい。

第3節　東松浦半島地域の面積的位置
―― 県内総面積の10.5％，県内総耕地面積の9.3％ ――

　表2-2は，農林統計上の農業地域類型で分けた東松浦半島5市町の土地面積を示したものである。東松浦半島内には統計上の「中山間地域」が存在しないことは上述のとおりだが，5市町の県内における面積割合は10.5％であることが分かる。全国の場合が9.8％である（表1-1）ことから，佐賀県の数値は全国平均に比較的近似しており，佐賀県内における東松浦半島の占める位置は全国の縮図的存在であるとみることが許されよう。

　次いで，表2-3に東松浦半島の経営耕地面積の位置を示した。半島の田は面積減少率が県平均より高いため県内シェアは微減し2000年で6.6％になったが，一方，半島内の田の割合は逆に微増傾向を示し，1970年の50％が2000年には58％になった。これは後述のように，樹園地の減少があまりにも激しかったからである。畑は面積減少が少なかったため，面積割合は70年の25％が2000年には31％に拡大し，また県内におけるシェアも70年の33％から2000年には41％に増加し，県内における「畑作地帯」という性格を強めている。一方，樹園地面積は70年には半島内で畑面積割合と同じく25％を誇っていたが，その後の30年間で3分の1以下に激減したため，2000年では構成比を11％に低め，県平均の13％とほとんど差がなく，かつての果樹地帯という性格を失った。また半島地域では耕作放棄地面積とその割合が急増していることが確認されるが，その主要な内容は樹園地の放棄である。

第2章 佐賀県における東松浦半島の農業の到達点

表2-2 東松浦半島5市町の農業地域類型別土地面積 （単位：ha，％）

	都市的地域	平地農業地域	中間農業地域	山間農業地域	計
唐津市	12,742	―	―	―	12,742
肥前町	―	4,664	―	―	4,664
玄海町	―	3,597	―	―	3,597
鎮西町	―	3,786	―	―	3,786
呼子町	721	―	―	―	721
半島計A	13,463	12,047	―	―	25,510
県計B	29,629	92,825	105,711	13,984	242,149
A／B	45.4	13.0	―	―	10.5

資料：農業センサス。

表2-3 佐賀県における東松浦半島の経営耕地および耕作放棄地の位置 （単位：ha，％）

年次			経営耕地				耕作放棄地 D	耕作放棄地率 D／(C+D)
			田	畑	樹園地	計C		
1970	実数	半島計A	3,575	1,815	1,755	7,145		
		県計B	49,239	5,440	14,213	68,892		
	構成比	半島計	50.0	25.4	24.6	100.0		
		県計	71.5	7.9	20.6	100.0		
	半島シェアA／B		7.3	33.4	12.3	10.4		
1985	実数	半島計A	3,099	1,579	1,363	6,043	72	1.2
		県計B	45,608	4,035	12,144	61,787	618	1.0
	構成比	半島計	51.3	**26.1**	22.6	100.0		
		県計	73.8	6.5	19.7	100.0		
	半島シェアA／B		6.8	**39.1**	11.2	9.8	11.7	
2000	実数	半島計A	2,670	1,443	521	4,634	**490**	**9.6**
		県計B	40,723	3,521	6,527	50,771	**2,562**	**4.8**
	構成比	半島計	57.6	**31.1**	11.2	100.0		
		県計	80.2	6.9	12.9	100.0		
	半島シェアA／B		6.6	**41.0**	8.0	9.1	**19.1**	
1970～2000年の減少面積	実数	半島計	905	372	**1,234**	2,511		
		県計	**8,516**	1,919	7,686	18,121		
	割合	半島計	**25.3**	20.5	**70.3**	**35.1**		
		県計	17.3	**35.3**	54.1	26.3		

資料：農業センサス。
註1：総農家分。
註2：ゴチック体は増加，あるいは比較して大きい方を示す注目数値。

表2-4 佐賀県における東松浦半島地域（5市町）の農業粗生産額の構成とシェアの推移

(単位：1,000万円, %)

			計	米	いも類	野菜	果実	花き	工芸作物	畜産 小計	肉用牛	乳用牛	豚	鶏卵	ブロイラー
1960	実数	県計	2,713	1,634		137	169	2	79	231					
		半島	242	99		34	17	1	18	28					
	構成比	県計	100.0	60.2		5.0	6.2	0.1	2.9	8.5					
		半島	100.0	40.9		13.8	7.0	0.4	7.2	11.4					
	半島シェア		8.9	6.1		24.5	10.0	39.4	22.4	12.0					
1968	実数	県計	6,254	3,570	67	496	723	8	100	850	83	185	180	286	115
		半島	618	209	19	89	70	4	33	173	19	26	34	49	45
	構成比	県計	100.0	57.1	1.1	7.9	11.6	0.1	1.6	13.6	1.3	3.0	2.9	4.6	1.8
		半島	100.0	33.7	3.1	14.3	11.3	0.6	5.4	28.0	3.0	4.2	5.5	8.0	7.3
	半島シェア		9.9	5.8	28.3	17.9	9.7	44.0	33.4	20.4	22.4	14.1	18.7	17.3	39.2
1978	実数	県計	16,004	6,596	129	1,750	2,348	52	384	3,175	492	598	627	525	893
		半島	1,745	376	51	221	279	13	127	641	86	98	122	122	212
	構成比	県計	100.0	41.2	0.8	10.9	14.7	0.3	2.4	19.8	3.1	3.7	3.9	3.3	5.6
		半島	100.0	21.6	2.9	12.6	16.0	0.8	7.3	36.8	4.9	5.6	7.0	7.0	12.2
	半島シェア		10.9	5.7	39.7	12.6	11.9	25.6	33.2	20.2	17.4	16.3	19.4	23.2	23.8
1984	実数	県計	18,649	6,911	115	2,104	2,763	77	408	3,517	716	660	731	462	926
		半島	2,106	453	35	186	415	19	175	733	167	128	212	96	130
	構成比	県計	100.0	37.1	0.6	11.3	14.8	0.4	2.2	18.9	3.8	3.5	3.9	2.5	5.0
		半島	100.0	21.5	1.6	8.8	19.7	0.9	8.3	34.8	7.9	6.1	10.1	4.6	6.2
	半島シェア		11.3	6.6	30.0	8.8	15.1	24.1	42.9	20.9	23.3	19.4	29.0	20.8	14.0
1988	実数	県計	17,234	5,866	105	**2,929**	2,072	**236**	345	3,596	**1,024**	662	584	406	902
		半島	1,965	362	47	**323**	284	**57**	126	687	**251**	**135**	157	77	66
	構成比	県計	100.0	34.0	0.6	17.0	12.0	1.4	2.0	20.9	5.9	3.8	3.4	2.4	5.2
		半島	100.0	18.4	2.4	16.5	14.5	2.9	6.4	34.9	12.8	6.9	8.0	3.9	3.4
	半島シェア		**11.4**	6.2	44.5	11.0	13.7	24.2	36.6	19.1	24.6	20.4	26.9	18.9	7.3
1998	実数	県計	15,360	4,750	50	**3,440**	2,180	**360**	310	3,280	**1,360**	400	410	260	810
		半島	**2,212**	272	18	**360**	341	**50**	162	**978**	**571**	108	132	84	82
	構成比	県計	100.0	30.9	0.3	22.4	14.2	2.3	2.0	21.4	8.9	2.6	2.7	1.7	5.3
		半島	100.0	12.3	0.8	16.3	**15.4**	2.3	7.3	**44.2**	**25.8**	4.9	6.0	3.8	3.7
	半島シェア		**14.4**	5.7	36.0	10.5	**15.6**	13.9	**52.3**	29.8	**42.0**	27.0	32.2	32.3	10.1
2000	実数	県計	14,550	3,960	50	**3,080**	1,960	**370**	370	2,940	**1,160**	370	370	240	760
		半島	**2,201**	249	19	**451**	335	**44**	**206**	871	**494**	91	129	65	80
	構成比	県計	100.0	27.2	0.3	21.2	13.5	2.6	2.6	20.2	8.0	2.5	2.6	1.6	5.2
		半島	100.0	11.3	0.9	20.5	15.2	2.0	**9.4**	39.6	22.4	4.1	5.9	3.0	3.6
	半島シェア		**15.1**	6.3	38.0	**14.6**	**17.1**	11.9	**55.7**	29.6	**42.6**	24.6	**34.9**	27.1	10.5

資料：農林水産省『(生産)農業所得統計』。
註1：総農家分。
註2：ゴチック体は増加を示す注目数値。

表2-5 佐賀県における東松浦半島の1984〜2000年の農業粗生産額の変化の検討（1984年を基準とした総合卸売物価指数で修正）　　　　　　　　　　　　　　　　　　　　（単位：1,000万円，％）

			計	米	いも類	野菜	果実	花き	工芸作物	小計	畜　　　産				
											肉用牛	乳用牛	豚	鶏卵	ブロイラー
1984	実数	県計	18,649	6,911	115	2,104	2,763	77	408	3,517	716	660	731	462	926
		半島	2,106	453	35	186	415	19	175	733	167	128	212	96	130
2000	実数	県計	14,550	3,960	50	3,080	1,960	370	370	2,940	1,160	370	370	240	760
		半島	2,201	249	19	451	335	44	206	871	494	91	129	65	80
2000	修正	県計	18,130	4,934	62	3,838	2,442	461	461	3,663	1,445	461	461	299	947
		半島	2,743	310	24	562	417	55	257	1,085	616	113	161	81	100
1984〜2000増減額		県計	△ 519	△1,977	△ 53	1,734	△ 321	384	53	146	729	△ 199	△ 270	△ 163	21
		半島	637	△ 143	△ 11	376	2	36	82	352	449	△ 15	△ 51	△ 15	△ 30
1984〜2000増減率		県計	△ 2.8	△ 28.6	△46.1	82.4	△11.6	498.7	13.0	4.2	101.8	△30.2	△36.9	△35.3	2.3
		半島	30.2	△ 31.6	△31.4	202.2	0.5	189.5	46.9	48.0	268.9	△11.7	△24.1	△15.6	△23.1
半島の1984〜2000の増減寄与率			100.0	△ 22.4	△ 1.7	59.0	0.3	5.7	12.9	55.3	70.5	△ 2.4	△ 8.0	△ 2.4	△ 4.7

資料：農林水産省『生産農業所得統計』。
註：ゴチック体は農業粗生産額増加部門，および半島の増加率が佐賀県平均以上の部門。△はマイナス。

表2-6 佐賀県東松浦半島内の5市町の1984〜2000年の農業粗生産額（実数）の変化　　（単位：100万円，％）

市町名	年次	計	米	いも類	野菜	果実	花き	工芸作物	小計	畜　　　産				
										肉用牛	乳用牛	豚	鶏卵	ブロイラー
唐津市	1984	10,174	2,125	96	1,251	2,288	145	660	3,120	476	460	765	518	898
	2000	9,510	1,130	60	2,590	1,580	320	780	2,840	1,020	310	380	470	670
肥前町	1984	4,717	981	84	190	535	3	411	2,356	567	287	1,093	62	347
	2000	4,820	580	30	610	430	20	500	2,640	1,620	210	810	—	—
玄海町	1984	3,060	864	57	227	685	—	96	982	412	152	245	131	40
	2000	4,280	440	30	730	990	—	130	1,940	1,500	200	100	x	x
鎮西町	1984	2,703	512	86	135	613	11	467	781	200	361	—	209	11
	2000	2,900	310	60	450	300	10	520	1,230	750	180	—	180	130
呼子町	1984	410	46	22	55	31	27	113	95	14	20	16	43	—
	2000	500	30	10	130	50	90	130	60	50	10	—	—	—
1984〜2000年の増減額	唐津市	△ 664	△ 995	△ 36	1,339	△ 708	175	120	△ 280	544	△ 150	△ 385	△ 48	△ 228
	肥前町	108	△ 401	△ 54	420	△ 105	17	89	284	1,053	△ 77	△ 283	△ 62	△ 347
	玄海町	1,220	△ 424	△ 27	503	305	—	34	958	1,088	48	△ 145		
	鎮西町	197	△ 202	△ 26	315	△ 313	△ 1	53	449	550	△ 181	—	△ 29	119
	呼子町	90	△ 16	△ 12	75	19	63	17	△ 35	36	△ 10	△ 16	△ 43	—
1984〜2000年の増減率	唐津市	△ 6.5	△46.8	△37.5	107.0	△30.9	120.7	18.2	△ 9.0	114.3	△32.6	50.3	△ 9.3	△ 25.4
	肥前町	2.2	△40.9	△64.3	221.1	△19.6	566.7	21.7	12.1	185.7	△26.8	25.9	△100.0	△100.0
	玄海町	39.9	△49.1	△47.4	221.6	44.5		35.4	97.6	264.1	31.6	△59.2		
	鎮西町	7.3	△39.5	△30.2	233.3	△51.1	△ 9.1	11.3	57.5	275.0	△50.1		△ 13.9	1,081.8
	呼子町	22.0	△34.8	△54.5	136.4	61.3	233.3	15.0	△36.8	257.1	△50.0	△100.0	△100.0	

資料：農林水産省『生産農業所得統計』。
註：ゴチック体は2000年が1984年を上回った部門，および10億円以上の増加部門。xは秘匿データ。△はマイナス。

第4節　東松浦半島地域における農業の前進 ── 農業粗生産額の14％ ──

　次に，佐賀県および東松浦半島内5市町の農業粗生産額の構成とシェアの推移を表2-4に示す。佐賀県においても農業粗生産額総額がピークに達したのは1984年だった。そして，佐賀県ではその後，農業粗生産額はかなりの減少傾向を示し，2000年は84年の78％に低下した。一方，東松浦半島の農業粗生産額は88年にはたしかに84年以下になったが，98年，2000年にはデフレ下でも実数で84年を上回っている。

　では，このような粗生産額シェアの拡大を担った部門は何か。その代表は肉用牛であり，特に88～98年には粗生産額が2倍以上に増加し，構成比も12.8％から25.8％へと倍加し，さらにシェアも2割台から4割台に拡大したのは驚異的である。また野菜と花きも84年以降も概して増加傾向が認められる。ただ肉用牛と野菜は最近年の98～2000年は微減した。しかしこの間，肉用牛の構成比は減少したもののシェアはむしろ微増したし，野菜に至っては構成比もシェアも増加した。

　次いで，農業粗生産額最大年の1984年以降の実質的動向をみるために，総合卸売物価指数で除した修正値を表2-5に示した。これによると，佐賀県の農業粗生産額は実質値でみても，84年以降微減傾向にあることが分かる。一方，その中でも東松浦半島の農業粗生産額は84～2000年に30％増加し，前進傾向を示したことが注目される。この伸び率は全国の半島（8.1％）や九州の半島（13.6％）よりも高い（表1-8，表1-14を参照）。

　部門的には，肉用牛，野菜の寄与率が高い。次いで工芸作物の寄与率も少なくない。また花きと果実の寄与率もプラスを示しているが，果実のそれは微弱である。

　最後に，東松浦半島の5市町における1984～2000年の農業粗生産額の実数値の推移とその部門別内訳を表2-6に示した。この間，唐津市のみが減少し，他の4町は増加した。部門別にみると，野菜と工芸作物と肉用牛は唐津市も含め5市町ともに増加した。花きは唐津市と肥前町と呼子町の3市町で増加した。果実は玄海町と呼子町の2町で増加した。乳用牛は玄海町だけ，ブロイラーは鎮西町だけで増加した。その他の部門は5市町で減少した。

　これらの具体的な実態を第3章以下でみていきたい。

註
1) その他，中山間地域等直接支払制度の骨子は以下のようになっている（『食料・農業・農村白書』平成12年度，246頁などを参照）。
　① 対象地域および対象農用地
　　a）対象地域
　　　特定農山村法，山村振興法，過疎法，半島振興法，離島振興法の5法，および沖縄諸島，奄美諸島，小笠原諸島関係特別法の指定地域，ならびに都道府県知事が指定する地域
　　b）対象農用地
　　　a）の地域内で，急傾斜であるなどの要件を満たす，「農業振興地域の整備に関する法律」に基づく

農業振興地域内の農用地区域にある1ha以上の一団の農用地

② 対象者

交付金の使用方法等を定めた集落協定等に基づき，5年以上継続して行われる以下のような農業生産活動を行う農業者等

付表1

	分類	活動区分	具体的な取り組み行為（例）
必須事項	農業生産活動等	耕作放棄の防止等の活動	・適正な農業生産活動や農用地の管理を通じた耕作放棄の防止 ・耕作放棄地の復旧や林地化 ・高齢農家・離農者の農地の賃借権設定　等
		水路，農道などの管理活動	・泥上げ，草刈り　等
選択的必須事項	多面的機能を増進する活動	国土保全機能を高める取り組み	・農地と一体となった周辺林地の管理　等
		保健休養機能を高める取り組み	・景観作物の作付け ・市民農園・体験農園の設置　等
		自然生態系の保全に資する取り組み	・魚類・昆虫類の保護 ・土づくりによる化学肥料や農薬使用の減少　等

③ 単価

付表2

地目	区分	10a当たり単価
水田	傾斜1／20以上 傾斜1／100～1／20	21,000円 8,000円
畑	傾斜15度以上 傾斜8～15度	11,500円 3,500円
草地	傾斜15度以上 傾斜8～15度 草地率70％以上	10,500円 3,000円 1,500円
採草放牧地	傾斜15度以上 傾斜8～15度	1,000円 300円

④ 実施期間

2000年度から2004年度までの5年間。

第 3 章

臨海棚田地区における農業の展開
―― 佐賀県 E 市 M 集落 G 地区事例分析 ――

キャベツの契約栽培(佐賀県 E 市 G 地区,1998 年 1 月)

要　約

　本章は半島地域沿岸部に位置する臨海棚田地区の事例として，佐賀県東松浦半島のE市M集落G地区を取り上げ，そこにおける農業・農家の現局面を把握し，条件不利地域の問題点と将来展望を探ったものである。調査および考察の結果，一方での傾斜地の棚田を中心とした劣悪な耕地条件，そこにおける耕作放棄水田の急増，他方での農業経営の発展的側面（集約的展開）という二重構造などの特徴点が浮かび上がってくる。また，臨海地域は一般的に風光明媚な観光地でもあり，また複雑地形という地域特性を逆に有効利用した展開方向へのチャレンジも開始されている。そして，この点に条件不利地域と言われながらも臨海棚田地区の新たな可能性が存在することを確認する。

第1節　E市M集落G地区の概況

　E市は，地形的に見ると，西半分が佐賀県北西部の通称「上場（うわば）」地帯と呼ばれる台地状の東松浦半島の東端部を占め，東半分がその台地から東側に降り立った通称「下場（したば）」と呼ばれる低平地における比較的平坦な水田地帯の2つの異なる地区からなる。その中で，本章の対象地域は，「上場」地帯と呼ばれる台地の縁辺部に位置する農村集落である。そこでまず，対象地域のE市G地区の農家と耕地の存在状況を概念的に図3-1に示してみた。

　G地区はE市のM集落の中の1つの農家地区（班）である。G地区を含むM集落は3つの農家地区と1つの漁家地区からなる農漁家数100戸を超える大集落（住居地区）である。その中で本章は3つの農家地区の中で農家数最大のG地区を取り上げることとする。

　M集落（G地区も同様）は，図のように，海辺の平坦部に集落（住居）が形成され，集落に連なるその背後地に水田の一部が作られている。そして，ここまでは比較的平坦な耕地（水田）が形成されている。しかし，このような平坦な耕地の面積は狭く，その先にはすぐ小高い山（丘）が迫っており，そこの傾斜地には棚田や段々畑が作られている。またその傾斜地には

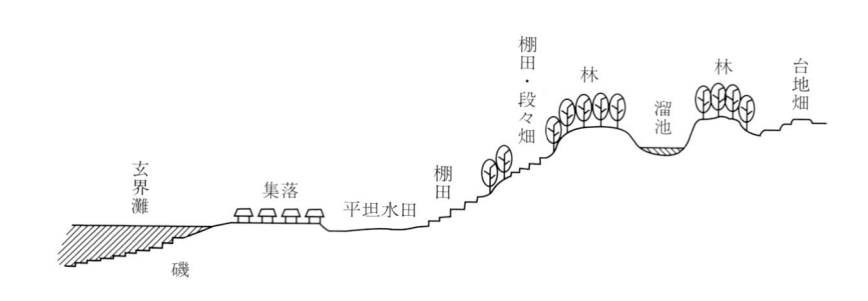

図3-1　G地区の集落と耕地等の存在状況（模式図）

林地も多く，棚田・段々畑と林地がモザイク状に混在している。傾斜地を登ったその先は台地状となっているが，その台地は平坦ではなく，「丘あり，谷あり」の「波丘地」状を呈しており，また林地も多く混在している。この波丘地における耕地は，大半は畑であるが，樹園地も少なくない。さらに，そこには溜池もあり，その水が傾斜面を流れ落ちて棚田の稲作を支えている。こうしてG地区（M集落）は海辺の里山，あるいは里海という空間を醸し出している。

第2節　G地区の農業展開の概観——農業センサス集落カードから——

　農家の実態分析に入る前に，まず農業センサス集落カードによって，G地区の農家・農業の歴史的推移を概観しておきたい（表3-1）。

　農家数は1975年の46戸から20年後の95年には33戸に，28％減少した。専業農家数は常に10余戸を数え，95年でも11戸（33.3％）を維持している。他方，第Ⅱ種兼業農家は14戸（42％）にとどまっている（佐賀県平均65％，E市上場地区平均58％）。こうして，G地区の農家が農業的色彩を強く保持していることが分かる。

　耕地構成は，以前から水田割合が高く，1975年で52％，95年で63％を占める。耕地面積は，各地目とも減少傾向を示し，なかでも樹園地の減少率が著しく，20年間で5分の1にまで縮小しているが，これはミカン不況によるミカン園の伐採によるものである。

　主要な作物としては，最大のものはいうまでもなく稲であるが，近年，果樹（ミカン）と野菜類の収穫面積が減少している一方で，いも類と工芸農作物（葉タバコ）の面積が増加ないし維持され，また施設園芸の面積が増加傾向を示している点が注目される。施設園芸は面積だけでなく，それを販売額第1位とする農家の数も増加傾向をみせている。

　農産物販売額においては，500万円を超える農家数が増加しており，1995年には，そのなかで1,000万円を超える農家が3戸出現した点が注目される。このような農家は上記の施設園芸農家および工芸農作物農家と考えられる。

　経営耕地面積規模別農家数の推移では，1975年にみられた3ha以上農家が80年以降90年までは消滅していたが，95年に再び現れている。70年当時の上層農家はミカン農家であり，その後それが消滅したのは，ミカン不況の影響とみられる。それに対し，95年以降の上層農家は工芸農作物（葉タバコ）経営の規模拡大と考えられる。以上の点は次節の農家調査結果分析によって確認したい。

　次に借地面積と借地農家数の増加がめだつ。また，関連して，米乾燥・調製作業を請け負わせた稲作面積がG地区の稲作総面積の91％，その農家数がG地区の農家総数の85％と，地区の大半に及んでおり，零細稲作農家の秋作業の委託と，そのような農家の水田の貸付が一般化している様子が想像される。

　さらに，関連して，耕作放棄地の面積と関係農家数の増加が認められる。これは，上記の稲作農業の担い手の脆弱化傾向の最先端の状況を示すものと推測される。

表3-1　G地区の農業の推移　　　　　　　　　　　　　　　　　　　　　　　　　　　　　　（単位：戸，a，人）

		1975	1980	1985	1990	1995
農家数	専業（男子生産年齢人口がいる専業）	10(9)	16(15)	13(13)	12(12)	11(11)
	第Ⅰ種兼業	25	13	14	10	8
	第Ⅱ種兼業	11	12	12	12	14
経営耕地面積	水田	3,614	3,433	3,644	3,473	3,336
	畑	1,653	1,638	1,578	1,679	1,580
	樹園地	1,722	1,069	810	335	367
作物種類別収穫面積	稲	3,094	2,842	3,064	3,061	2,809
	いも類	98	103	80	186	177
	果樹	1,722	1,069	810	335	367
	工芸農作物	777	810	818	576	581
	野菜類	1,030	669	875	1,154	429
施設園芸	農家数（面積）	13(73)	13(156)	13(188)	12(244)	12(260)
農産物販売額第1位の部門別農家数	稲作	23	21	20	17	14
	露地野菜	—	2	3	3	1
	工芸農作物	8	6	6	4	4
	果樹	6	3	1	—	—
	施設園芸	3	9	8	10	11
農業経営組織別農家数	単一経営 稲作		8	6	9	9
	単一経営 露地野菜		—	—	1	—
	単一経営 工芸農作物		—	5	—	—
	単一経営 果樹		2	1	—	—
	単一経営 施設園芸		1	—	2	3
	複合経営（うち準単一複合）		30(17)	26(13)	22(16)	19(14)
農産物販売金額別農家数	100万円未満	15	11	7	5	8
	100～300万円	21	16	10	15	6
	300～500万円	5	6	11	4	1
	500～1,000万円	—	5	9	10	13
	1,000万円以上（うち1,500万円以上）	—(—)	—(—)	1(—)	—(—)	3(—)
経営耕地規模別農家数	0.5 ha未満	7	4	4	3	4
	0.5～1.0 ha	8	10	9	6	6
	1.0～2.0 ha	20	14	13	12	11
	2.0～3.0 ha	8	12	13	12	9
	3.0 ha以上（うち5 ha以上）	3(—)	1(—)	—(—)	1(—)	3(—)
借入耕地のある農家数・面積	農家数	25	16	13	17	21
	面積	1,021	516	510	686	1,149
貸付耕地のある農家数・面積	農家数	16	2	3	9	11
	面積	364	91	82	336	270
米乾燥・調製作業を請け負わせた農家数とその面積	農家数				28	28
	面積				2,739	2,569
耕作放棄	農家数		4	2	10	14
	面積		95	11	156	328
農家人口（うち65歳以上）	男	136(13)	117(13)	114(16)	98(13)	94(14)
	女	129(14)	108(17)	104(20)	98(21)	102(25)
農業従事者数	男	74	69	74	62	70
	女	66	56	54	55	72
農業就業人口（うち65歳以上）	男	54(7)	58(9)	61(9)	43(8)	42
	女	62(4)	53(7)	50(7)	45(6)	55
基幹的農業従事者数	男	49	51	56	39	30
	女	48	28	39	32	31
農業専従者（うち65歳以上）	男	41(3)	44(1)	44(4)	36	29
	女	36(—)	33(1)	31(1)	33	28
農業専従者がいる農家数		35	31	30	29	25

資料：農業センサス集落カードおよび農業集落別一覧表。
註1：1985年までは総農家，1990年からは販売農家。
註2：—は該当なし。空欄は項目なし，ないし不明。

以上のような推測を含めた統計的考察を，以下の節で実証的に検討してみたい。

第3節　G地区の農業経営・農家の構図――4類型――

本節では，海浜（臨海）棚田地区に立地するG地区の農家および農業経営の類型とその性格を析出する。

前節でみたような統計的概観を実証的に確認するために，G地区の農家の悉皆調査を実施した。表3-2と表3-3はG地区の農家の性格と農業経営の特徴を示したものである。結論から先に述べると，G地区には下記のような大きくいって4つの類型の農家・農業経営が存在することが分かった。

① 葉タバコ作経営（専業的農業経営農家）
② 野菜作経営（専業的農業経営農家）
③ イチゴ作経営（専業的農業経営農家）
④ 稲作農家（兼業農家）

そこで，以下で，これら4類型の農家・農業経営の特徴を述べてみたい。

1．葉タバコ作専業的農業経営

国営上場農業水利事業の一環として，G地区を含むE市M集落では，1989年にM団地において畑地の造成事業が行われたが，G地区での受益者は11名，受益面積は365aであった。そこで，この畑地造成を技術的な契機として，葉タバコ作農家の借地拡大がみられた。葉タバコ作の借地拡大は，地区内や集落に限らず，市町村域を越える形でかなり広域的に行われている。しかも葉タバコ作付面積は借地畑の方が自作畑よりも多く，葉タバコ作経営は本節4で後述する稲作と異なり，まさに「借地型」[1]展開を示している。

G地区には葉タバコ作農家が4戸おり，その経営面積はそれぞれ390a，370a，325aおよび275aで，平均は340aとなる。また，そのなかで葉タバコ作付面積は，それぞれ175a，158a，150aおよび153aで，平均は159aである。第4章の肥前町D集落の葉タバコ作農家7戸の平均経営耕地面積403a，平均葉タバコ作面積236aと比較すると，規模が一回り小さいが，これらをおしなべて見渡すならば，経営面積をみると，上場地域で3ha以上の経営面積をもつ経営の代表的な経営類型として葉タバコ作経営を位置づけることができる。そして，このように葉タバコ作経営が上場台地において経営面積で最大規模を誇る大きな要因として，上述の国営畑地造成事業の実施を挙げることができる。すなわち葉タバコ作経営は土地利用型農業の1つとして比較的大規模面積を必要とするが，国営畑地造成事業による畑地面積の増加と畑地整備がそれを技術的に可能とさせたからである。それによって，借地移動を通じて葉タバコ生産の規模拡大が積極的になされたのである。

労働力面では，本地区の葉タバコ作農家の経営主は年齢的には，ちょうど30歳代，40歳

表3-2 G地区の農家の直系世帯員の就業の実態

(単位:歳、日)

経営類型	農家記号	直系世帯員年齢（1998年）					年間自家農業従事日数（1997年度）					年間雇のべ人日	農外就業状況（1998年1月現在）				農家の性格
		世帯主・妻	父・母	あとつぎ・妻			世帯主	妻	父	母	あとつぎ・妻		世帯主	世帯主妻	あとつぎ	あとつぎ妻	
葉タバコ作	A	39・38	75・64				270	150	130	220				保育師120日	3人娘		Ⅰ兼
	B	44・41	63・63				250	250	120	200					建設業・市内・日雇200日 福祉施設・市内・常勤	薬局・市内・常勤	専業的 Ⅰ兼
	C	62・60	86	32・32			250	250			100	60	(父：酒造会社・120日)				Ⅰ兼
	D	50・44	70	24			250	250		200	30				自動車解体会社・市内・常勤		専業的
野菜作経営	E	58・51	78	30			250	250									専業
	F	43・37	69・67				250	200	150	150							専業
イチゴ作経営	G	44・39	65・64				300	250	250	250							専業
	H	42・34	68・63				300	300	200	100							専業
	I	43・39	69				300	300									専業
	J	36・36	63・55				300	300	300	300							専業
	K	52・50	72・72				250	250	150	100		20					専業的
	L	49・48	68				250	250		100		30					専業
	M	45・40	77				250	250				40					専業
	N	49・47	82・76	30			300	300							1人娘 (他出・農業大学校2年生)		専業的
	O	59・54		30			250	250							(他出・船会社・北九州・常勤)		専業
	P	38・36	78				300	300							看板業・市内・常勤		専業的
	Q	57・56		29・29			250	250			30				農協・常勤	-	専業的
稲作複合経営 中規模	R	44	74・66				180						酒造会社・市内120日				Ⅱ兼
借り足し	S	53・50	77				200	250		100			土木関係・冬季日雇90日		(他出・福岡市・独身・常勤)		Ⅰ兼
	T	56・56					100	100							(他出・電力会社・市内・常勤)		専業
稲作 小規模複合経営	U	44・42	70・67				8	4				50	建設業(大工)・隣町・常勤	(病弱で農業従事なし)			Ⅰ兼
	V	60・60	81・77					200					(大工)・市役所・常勤	児童館・常勤	(他出・市内他所・常勤)		妻専業
	W	42・na	64・62					30	50	120			農協・隣町・農業従事 父も建設業常勤	建設会社補助	(他出・大学1年生)		Ⅱ兼
	X	46・41	63・60					30	20	200			検疫所・福岡市・臨時120日	左官補助			Ⅱ兼
	Y	66・61	83	25			100	30			30		酒造会社・市内180日	食品加工・常	建設業・市内・常勤	(他出・市内他所)	Ⅱ兼
	Z	70・69					50	10			50						Ⅱ兼
零細規模販売経営なし	b	51	20				15	15				30	建設業自営		建設業(大工見習い)		Ⅱ兼
	c	60・56	29・29				30	29					建築会社・隣町・常勤	水産加工・常	無職	家事	Ⅱ兼
	d	50・49	75・82				5	5					鉄工所自営	同左			自営業
	e	41・44	64					10					建設会社・市内・常勤	保育師・常勤			Ⅱ兼

資料：1997年12月および98年1月実施集落農家経営調査。
註1：1997年度とは1996年夏～1997年秋。
註2：後継者の( )は他出者。
註3：「0」または( )は就農なし、空欄は該当なし。
註4：農家記号は経営耕地規模順序列を示す。A農家が最大規模、e農家が最小規模。

第3章 臨海棚田地区における農業の展開

表3-3 G地区の農家の農業経営の実態

経営類型	農家記号	経営耕地面積（a）							貸付耕地面積（a）		耕作放棄地面積（a）			作物作付面積（a）									部門別販売金額割合					直売所出荷農家	将来計画等
		自作地			借地			計	田	畑	田	畑	樹園地	稲(うちアイガモ栽培面積)	葉タバコ	露地キャベツ	タマネギ	ハクサイ	ホウレンソウ	ネギ	シュンギク	その他	イチゴ	米	葉タバコ	野菜類	露地ミカン	ハウスイチゴ		
		田	畑	樹園地	田	畑	樹園地																							
葉タバコ作経営	A	75	129			64	122	390				31		119	175	25					5	7		na	na	na				タバコを170aまで拡大の計画
	B	110	120		20	120		370			20	20		110	158	20					17			12	85	3			○	キャベツをタバコに切り替える
	C	40	75		60	150		325		30	25		5	60	150	10								3	95	1			○	タバコ面積拡大傾向、稲作も拡大
	D	100	70		20	85		275		60	25			120(10)	153	3								11	88				○	タバコ面積拡大傾向、稲作も拡大
野菜作経営	E	35	20			200		255			50		40	35		200								8		92			○	キャベツ一本でいく
	F	124	12			35		171			10		60	100		15	2	17	2	2	17	na		18		82			○	多品目の露地主体→少品目ハウス主体
イチゴ作経営	G	130	70		32	10		242			25			120				70					23	11	5	7		82	○	イチゴをあと10aくらい拡大したい
	H	70	39	88	30			227		30				82									27	5			2	93	○	
	I	185	35		35			255		60	25	10		110									23	13			4	87	○	米もイチゴも現状維持
	J	142	22	45	8			217				2	7	100			3					10	18	9		2	2	84	○	
	K	120	44	30	9			203				6	20	120									20	14		3		80	○	
	L	150			16			166	26		50	13		150									35	10				90	○	条件の悪い水田は放棄
	M	75	20		22	25		142	3	7	13			55									27	5				95	○	
	N	85	14		30			129		24	10			85									30	9			2	91	○	
	O	80	8			30		118				10	20	80									22	12				88	○	
	P	100			10			110		50	30			90									20	7		2		93	○	
	Q	85			8			93		43	8		20	65									24	6		3		94	○	
複合経営 中規模借り足し	R	60	35		100			195		20	40	20		160(50)		10			2	2				90		10				
	S	104	10		70			184		2	5	2		130										85		15				
	T	33			70			103	17					103										100						
稲作経営 小規模	U	33	29	33	10			105		10	5	25	11	43			10							36			64			稲しばらくは維持、将来は貸すかも
	V	120	150					270		30	5		100	120		15		20		5				80		20				中古機械を購入し、棚田以外で稲作継続
	W	94	13	5	3			112	30		6	6		70(30)										60		40				後継者は兼業稲作維持
	X	55	15					70			10	10	30	55		15	5							75		25				
	Y	40			20			60		7		50		60										100						あとつぎは兼業稲作はしない
	Z	35		20				55		5	40	12	10	35										100						
	a	30						30						30			na							100						
零細規模販売なし	b	20	20			5		45			5			20										販売なし						
	c	30		5				30		10	8			20										販売なし						
	d	20						20			20	50		20										販売なし						機械持たず、母が作業委託で稲作維持
	e	17						17	8		10	17		17																
計		2,397	915	226	667	747		4,952	54	326	448	312	537	2,494(90)	636								269							

資料：表3-2に同じ。

註1：作物作付面積及び販売金額は1997年度（1996年秋～1997年秋）、それ以外は1998年1月現在。
註2：経営耕地には耕作放棄地は含めていない。

代，50歳代，60歳代とばらつきが大きいが，あとつぎは農外就業に傾斜しているようである。その要因の1つは，上記のように葉タバコの栽培面積規模の不十分さに求められる。しかし，この点はまだ流動的で断言はできないが，葉タバコ作経営の後継者問題が決して安定的でないことは，その栽培面積が一定規模に達しているとみられる第4章の肥前町D集落でも同様である。今後の動向を見守りたい。

2．野菜作専業的農業経営

E農家はキャベツ単一の露地野菜作経営，F農家は施設（トマト・キュウリ・メロン）と露地（キャベツ・カンショなど）を組み合わせた多様な野菜を栽培する野菜作専門経営である。E農家は，キャベツという単一作物の規模拡大を志向しているため，自作地面積を大幅に超える200aの畑借地を行っている。200aの畑借地というのは，G地区では最大の畑借地面積である。そして，この畑借地の拡大が，上述の国営畑地造成事業の実施を契機としていることはいうまでもない。こうして，E農家の経営展開は，土地利用面では上述の葉タバコ作経営と共通する点をもっている。なお，E農家のような事例はG地区には1事例しか見られないが，実は，これは例外的事例では決してなく，第5節の3で後述するように，E農家がG地区周辺の4戸の農家と生産・出荷組織を形成し，外食産業への契約出荷を通じて，このようなキャベツ栽培を行っている点が注目される。したがって，このような新しい動向をどのように評価するかが重要となるため，この点に関しては，改めて第5節で言及したい。

一方，F農家のような施設と露地を組み合わせた「多品目・少量生産」型の野菜作専門経営が出現してきている点も注目される。それは，1つは，このような臨海棚田地区では全体的に土地面積の規模拡大が大きく制約されているためである。そして，F農家自身，今後は施設部門での多品目野菜生産に力を入れたいとしている。2つは，このような多品目の野菜を第5節の1で後述する直売所等を含めた地場市場で多元的販売することをめざしているからである。さらには，このような生産・販売方法は，これまでとは異なる1つの新たな模索と考えられるからである。ただしかし，F農家のような事例はG地区周辺ではまだ極めて少ない。

3．イチゴ作専業的農業経営

G地区にはイチゴ作経営が11戸形成されている。つまりG地区の農家の3分の1が実はイチゴ作経営なのである。前節のセンサスにみられた農産物販売金額第1位部門が施設園芸である農家数の増加とは，実はこれらの多くのイチゴ作経営の形成を意味しており，また専業農家率の高さ（これも3分の1）の最大の要因もこの点にあったのである。

こうしてイチゴ作経営は，G地区の農家の農業を代表する部門であるということができる。またG地区のイチゴ作経営の特徴は30歳代，40歳代，50歳代という比較的若い世帯主夫婦の専従的な経営であるということである。このように世帯主夫婦の年齢が比較的若いこともあって，あとつぎ予定者はまだ学齢期にある者が多いため，あとつぎ予定者の農業専従は調査当時

表3-4 イチゴ作農家の共同作業の実態

構成農家	戸数	共同作業内容
G，H，z（M集落N地区），y（M集落N地区）	4戸	定植，ビニール被覆
J，P，x（M集落H地区），w（M集落N地区）	4戸	定植，ビニール被覆
I，L，v（M集落N地区），u（他集落K地区）	4戸	定植，ビニール被覆
K，M，O	3戸	定植，ビニール被覆
N，Q	2戸	定植

（1998年1月）はまだ見られなかった。しかしその後1998年3月にL農家の後継者（20歳）が農業大学校を卒業して自家就農している。こうして彼は現在，G地区で最も若い農業者であり，今後の取り組みに注目したい（後述）。

　さてここで，G地区のイチゴ作経営の特徴の1つは，労働力がほとんど家族労働力によってまかなわれており，雇用は極めて少ないことである。その1つの重要な要因として，関係農家間において主要作業の共同化が行われていることを指摘しておきたい。そこでまず，その共同作業の実態を表3-4に示す。

　このように，G地区の11戸のすべてのイチゴ作農家がそれぞれ2〜4戸の共同作業組織を編成して，定植とビニール被覆の2作業において共同作業を実施している。それは，この両作業において労働の集中的な実施や多人数協業が必要となるからである。すなわち，定植は1週間くらいの短い適期の間に集中的に実施する必要があるため，共同作業（協業）が効率アップをもたらすからである。また近年，連棟型の大型ハウスの出現によりビニール被覆に6〜8名の共同作業（協業）が必要となってきたからでもある。

　さてここで注目したいのは，このような共同作業が形成された背景である。それは，G地区における農家労働力の農外流出による農業労働力の枯渇に求められる。E市周辺農村はかつての「出稼ぎ地帯」[2]であり，古くから農家労働力の流出がみられた。そのなごりは，現在でも，例えばS農家の冬場の出稼ぎ，B，R，a農家の酒造会社への出稼ぎという形で残存している。そして現在では，「出稼ぎ」形態ではなく，通勤形態で農家の中高年女性やあとつぎ世代までもが農外就業を主とする就業のあり方が一般化してきている。その結果，農村地帯でありながら農業への一時的雇用が困難な状況になってきているのである。そのために，一時的に多くの農業労働需要を必要とするイチゴ作農家が，まさに「自己防衛策として」（O農家の世帯主の言），せめて自分たち関係農家内での労働力を集団的・組織的に最大限に有効利用した形態が，このような共同作業（協業）にほかならないと理解することができる。

　一方，土地利用においては，イチゴ作農家はハウスを建てる適地を探して，数10a規模の水田の借地を活発に行っている。図3-1で見たように，臨海棚田地帯では平坦部の水田が少ないため，イチゴ作農家は適地を求めてお互いに借地競争を強めている。その結果イチゴ作借地水田の10a当たり地代は米6俵と吊り上がっている。

　イチゴ作農家は，こうしてハウス用の適地水田を求め，そこを集約的に管理する一方で，畑

はむしろ貸し出す傾向を示している。その需要先は上で述べた葉タバコ作農家や野菜作農家である。

こうした土地利用の相互浸透的な複雑性を次頁の図3-2にも示したので参照されたい。

4．稲作兼業農家

G地区は耕地面積の6割が水田であることから，地区の農家の全戸においてそれぞれ稲作が行われ，うち稲作栽培面積が1 haを超える農家も13戸と少なくない。

さてG地区には稲作を農業の中心とする農家が14戸存在する。しかし彼らの稲作面積は多くても160 aであり，ほとんどが兼業農家であり，稲作で経済的自立が図れる農家は皆無である。この点は東松浦半島＝上場（うわば）地域に共通する特徴であり，佐賀平野の稲作農業とはかなり異なる点である。

なお稲作を農業の主体とする農家も，さらによくみると，4つのタイプが存在する。すなわち，1つは，1 ha前後の水田借地を行う，稲作に熱心な第I種兼業的な農家である。ただ，R，T農家は確かに借地水田面積の方が自作水田面積よりも大きいが，稲作規模拡大を志向しているわけではなく，またそうする可能性もないため，このような借地のあり方は上述の葉タバコ作農家の性格とは異なり，「借地型」では決してなく基本的に「借り足し型」[3]である点に留意する必要がある。なお，このタイプの中には，第5節で述べるアイガモ農法に取り組む農家も含まれている。2つは，G地区はかつてミカンの多かった地区であるため（表3-1を参照），現在でも露地ミカンと稲作を複合的に経営する農家が1戸ではあるが見られる。しかし，この農家は世帯主夫婦が農外専従の第II種兼業農家である。3つは，50 a前後の自給を基調とする小規模稲作を維持している第II種兼業農家の一群である。他方，畑は手が回らず貸しに出されている。親戚間で稲作機械の共同利用を行う事例も少なくないが，大半の農家ではすべての機械セットを自己完結的に装備した小規模稲作が続けられている。彼らが今後，この稲作をどうするかが，地域の稲作の動向を大きく決定する。いつまでも小規模稲作を自己完結的に維持していくことは困難であろう。小規模稲作を放棄せず，どのように再編・合理化していくかが，いま問われている。4つは，それ以下（20〜30 a）の零細な稲作を行っているが，それはすべて自家飯米か親戚・子供等に提供しているため，「農産物販売額のない」自給的稲作農家である。この農家も畑は貸しに出している。もちろん，このような農家の大半は第II種兼業農家である。この農家の動向も，前述の小規模稲作農家の動向とともに，地域の稲作の将来方向を左右する重要な存在であることに注意しなければならない。

なお図3-2は，本節で述べた農家類型の概要を整理した総括図である。

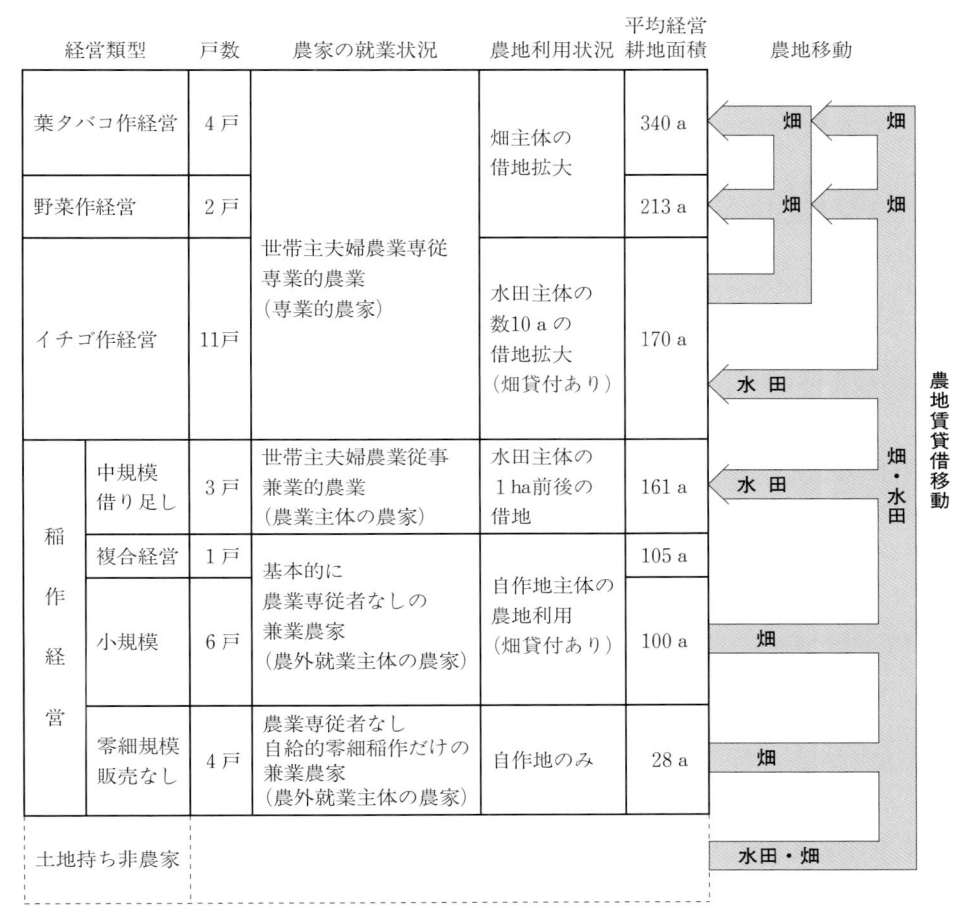

第3章　臨海棚田地区における農業の展開　　　　　　　53

経営類型		戸数	農家の就業状況	農地利用状況	平均経営耕地面積	農地移動
葉タバコ作経営		4戸	世帯主夫婦農業専従 専業的農業 （専業的農家）	畑主体の借地拡大	340 a	畑 ← 畑 ← 畑
野菜作経営		2戸			213 a	畑 ← 畑
イチゴ作経営		11戸		水田主体の数10 aの借地拡大（畑貸付あり）	170 a	水田 ←
稲作経営	中規模借り足し	3戸	世帯主夫婦農業従事 兼業的農業 （農業主体の農家）	水田主体の1 ha前後の借地	161 a	水田 ←
	複合経営	1戸	基本的に農業専従者なしの兼業農家 （農外就業主体の農家）	自作地主体の農地利用（畑貸付あり）	105 a	
	小規模	6戸			100 a	畑
	零細規模販売なし	4戸	農業専従者なし 自給的零細稲作だけの兼業農家 （農外就業主体の農家）	自作地のみ	28 a	畑
土地持ち非農家						水田・畑

（農地賃貸借移動：畑・水田）

図3-2　G地区における農家と農業経営の類型及び農地移動関係

第4節　G地区の農業の問題点
―― 臨海棚田地区＝条件不利地域の農業に共通する問題点 ――

1．臨海棚田地区＝条件不利地域の厳しさ

　臨海棚田地区の特徴として，まず農業の基盤である耕地の条件の厳しさを指摘せざるをえない。第3節の1で述べたようにM団地での国営畑地造成事業のほかに，1988年には県営畑地帯総合土地改良事業によってG地区の22戸の農家が572 aの畑地整備を行っているため，後の表3-5でも分かるように，G地区の農家の経営畑1,687 aのうち1,210 a（72％）は整備済みだが，水田のほうは大半が棚田であるため，整備が困難であり，水田整備率は30％に満たない状況にある。つまり，G地区の耕地は，2,098 aの未整備水田と477 aの未整備畑の合

計2,575 aが経営耕地総面積4,952 aの52％を占めるという厳しい状況にある。樹園地もほとんどが未整備の従前地であるから，これも考慮に入れると，未整備耕地の割合は57％に達する。

ところで，未整備田の多くは棚田であると考えられる。こうして，G地区は，棚田を主体とした未整備の劣悪な耕地が過半数を占める生産基盤（耕地）条件不利地域であるということができる。

2．農業後継者の減少

しかし，G地区では，以上のような劣悪な耕地条件下にありながらも，上述のように，イチゴ作経営に代表されるような専業的な農業経営を数多く展開させ，またこのような経営の担い手も比較的若い世代であるという農業の前進的側面をみせている。そして，その限りでは，まだ経営主の世代交替時期に至っていない農家が多いことも事実である。しかし，それでもなおG地区には若手の後継者数が少ないと言わざるをえない。表3-2に見られたように，1998年1月の調査時点で，G地区で最も若い農業専従者はJ農家の36歳の世帯主であり，彼より若い男子農業青年は見あたらなかった。一般的に農業青年とは30～35歳ころまでの農業専従者と考えられるが[4]，その意味ではG集落には農業青年は一人もいなかったのである。ただしかし，上述のように，1998年3月に農業大学校を修了したL農家の20歳の後継者が自家農業（イチゴ作）に参加した。J農家の経営主の農業就業から実に16年の歳月が流れたことになる。

3．耕作放棄地の増加──「機械搬入困難」，「狭小」，「危険」の3K要因──

第4章で肥前町D集落での棚田の耕作放棄の状況を，第5章ではA町B集落でのミカン園の管理放棄の実態を指摘するが，本章のG地区では，これら2集落での状況を上回る耕作放棄が進んでいる。表3-5にその実態を掲載した。1995年センサスではG地区の耕作放棄地面積は328 aで関係農家数は14戸とあるが（表3-1），われわれの実態調査によると耕作放棄地のない農家は3戸だけで，ほとんどの農家（27戸）が大なり小なり何らかの耕作放棄を行っており，その面積も総計13 haに及んでいた。耕作放棄地面積を経営耕地面積との合計で割る（耕作放棄地面積割合）と21％にも達する。

では，その要因であるが，それは表3-5に示したように，1番多かったのは，取り付け道路が狭く，トラクター等の中型機械が入れられないという理由であった。10戸を超える農家がこのような理由を挙げている。2番目に多いのは，面積が狭い等の物理的条件の悪さである。「面積が狭い」（D，J農家ほか），「地滑り，地盤沈下」（M，Q，S農家ほか），「水害」（W農家）等々である。そして3番目は，以上のことと関連するが，機械操作が危険性を伴うという理由である。また，その他，以上のような物理的劣悪性から作業効率が悪いこと，手が掛かることなども要因として挙げられている。

第3章 臨海棚田地区における農業の展開

表3-5 G地区の農家の経営耕地の整備状況と耕作放棄状況

(単位：a, 枚, 年)

農家記号	経営耕地 田 整備	経営耕地 田 未整備	経営耕地 畑 整備	経営耕地 畑 未整備	経営耕地 樹園地	耕作放棄地 田 面積	耕作放棄地 田 枚数	耕作放棄地 畑 面積	耕作放棄地 畑 枚数	耕作放棄地 樹園地 面積	耕作放棄地 樹園地 枚数	耕作放棄年	耕作放棄地の現況	耕作放棄の理由・契機
A	44	95	216	35				31	2			1992	荒れ地化	石が多い、土が良くない。
B	90	40	180	60				20	10			1977	荒れている。周囲も同様	機械を入れる道路がない。
C	70	30	25	200		20	4					1970	木や竹が生い茂っている	最初の減反で2～3年作付しなかったら木や竹が生えてきて耕作できなくなった。
D	15	105	99	56		25	10	5	1			田1992畑1990	田：草やススキ、畑：竹林化	田：水がない、道路不便、畑：面積狭く、遠距離なのでタバコ作に向かない。
E	12	23	200	20		50	30	40	10	200	20	田90/畑91園77	田：雑木・原野化、園：杉を植林	田：地滑り、トラクターの上り下り危険、園：段々畑、トラクターが入らない。
F	65	59	39	8		10	3			60	3	田1996園1995	田：草・灌木、園：草が繁茂	田：山の中腹の棚田、道が狭く機械が入れにくい、園：収量低く、労力不足
G	50	80	70	10		25	8					1993	地が開き耕作不能	地滑り地区で、漏水し耕作不能となった。
H	25	65	39											
I	42	178			88									
J	51	99	22	45		2	2	10	2			田畑1977	田：ススキ野化、園：竹山化	田：狭い、機械を入れる道がない、畑：段々畑、トラクターを入れる道がない。
K	14	112	44	30		6	4	7	2			田1977～87	田・畑：原野、畑：竹山化	田：機械が入らない、地滑り、畑：機械を入れる道がない。
L	55	111				50	12	20	2			田1992畑1987	田：ススキが生えている	田：コンバインが入らない、機械作業が危険である、畑：傾斜地である。
M	8	89	32	13		13	12	13	3			田95/畑87		田：地滑り、畑：機械を入れる道路がない、危険である、傾斜地である。
N	49	66		14						80	25	1990	荒地	ミカン不振
O	40	70	8			10	5	10	6	20	2	田/畑1990園77	田・畑：ススキ・灌木、園：松桧	田：減反面積の増加、耕転機は入るが、コンバインを入れるのは危険
P	60	50				30	20					1982～	灌木等生えてヤブになっている	耕転機は入るがトラクターが入らない。
Q		92				8	4	20	4	20	4	田88/畑87園82	na	田：地滑り、機械を入れる道路なし、畑：労力不足、小面積、車道なし。
R	160	174		30		40	25	20	4			田畑1993	原野化	田：水不足、機械を入れる道路がない、畑：機械を入れる道がない。
S		103	10			5	3	2	1			田1977/畑1982	田・畑：原野	田：地滑り、危険、耕作不能、畑：機械を入れる道がない。
T								10	1			1992	荒地	na
U	17	26		29	33	5	1	25	4	11	1	田95/畑97園89	田：竹が生えてきた	田：地盤落下、畑：手不足で放棄、園：転換事業後、その先に行けない
V	30	90	180							100	10	1989	大部分は杉を植林、一部に梅を植林	タバコ作に移ったため
W		97	11	2	5	6	na			6	2	田96	草が生えてきた、園：竹山化	田：水害で石が落ちてきたので、その先に行かない。
X		55	15			10	5			30	3	田87～95/畑72	田：杉植林、畑：竹藪化	田：機械を入れる道がない。
Y		60			20	50	na	12	6	10	1	田88/畑92園88	田：竹林化、畑：原野化	田：棚田で狭く採算合わず、畑：兼業化で労力不足、園：イチゴに転換したため
Z	18	17												
a		30			5	40	55			4 a柿植栽、36 a原野化		1970～		棚田でしか耕転機しか入らない、機械操作が危険である。
b		20	20		5	5	2					1985	ミカン植栽	棚田で上から土が崩れてきて水が通らなくなった。
c	5	25				8	6					na	草や萱が生えている	棚田で耕転作業ができない。
d		20				20	8	50	3			na		
e		17				10	na	17	na			na	na	
計	920	2,098	1,210	477	226	448	219	312	61	537	71			

資料：表3-2に同じ。
註1：耕作放棄地は経営耕地に含まれない。
註2：naは不明、計算する場合naは0とみなした。

第5節　新たな挑戦——多様な農業のあり方を模索——

　G地区の農家は地道ではあるがいくつかの新たな模索を試みている。そこで，本節ではそれらを紹介し，コメントしてみたい。

1．直売所の開設

　1993年4月にM集落の100名近くの会員によって直売所が集落内の国道沿いにオープンした。商品は野菜・いも類が主体だが，漬け物・味噌等の加工品やヒジキ・カジメ・サザエ等の海産物もある。M集落の人は入会金なしで誰でも出品できるというシステムになっているが，M集落周辺の農家からの出品もある。自分の名前の入ったシールを貼って出品すること，価格設定が自由であること，売れ残った商品は出品者が夕方引き取ること等，一般に見受けられる直売所の運営方法と共通している。また，店は盆・正月以外は毎日開けている。

　会員は中高年の婦人が中心であり，運営も彼女らが担っている。表3-3に示したように，G地区では11名（戸）が会員となり，野菜・いも類・イチゴ等を出品している。専業的農業経営を営む農家の婦人が直売所の主要な担い手となっている。

　会員数は当初から大きな変化はない。販売額は1994年，95年と急増し，会員の意欲が増したという。目下，味噌・菓子・漬け物・ジャム等を製造する加工所を併設し，そこでの生産物をこの直売所を中心に販売する計画が立てられている。こうして，直売所の取り組みはいわば第2階梯にさしかかろうとしている[5]。

2．アイガモ稲作による高付加価値・環境保全型農業の開始

　M集落を中心として現在（1997年産米）11名（戸）の農家がアイガモ稲作を試みている。95年にR農家が始めたのを皮切りに，96年には2名（戸），97年に現在の11名（戸）のメンバーに拡大した。11名のメンバーの構成は，G地区では表3-3のように3名（戸），G地区を含んだM集落では8名（戸），そしてその周辺の農家が3名という構成になっている。11名ともすべてE市内の農家である。

　表3-3で見たように，アイガモ稲作はその農家の稲作面積の一部で行われている。11名のメンバーのアイガモ栽培総面積は約4haだと言われている。

　アイガモ稲作を行う農家の主要部門は，イチゴ作，キャベツ等の野菜作，葉タバコ作，酪農等多様であり，また年齢も30歳代から60歳代と幅広く，特定の農家が取り組んでいるわけではない。

　開始してまだ数年しか経過していないため（97年調査当時），雛の獣害，アイガモ肉の加工・販売方法等において未解決の問題も多く残されている。しかし，アイガモ農法は条件不利地域・耕地規模狭小地域での高付加価値農業として位置付けられるものである。また，それは環

境調和型の農業としても注目されるものである。その証拠に，アイガモ農法はM集落周辺だけでなく，唐津市枝去木集落でも集団的に約3haで取り組まれており[6]，東松浦半島＝上場台地においても一定の広がりを見せている。

今後の動向を見定めると同時に，コスト，米とアイガモ肉の販売価格，流通経路等の検討も必要となるため，このような点を含め，アイガモ農法に関するさらなる検討は他日を期したい。

3．契約取引によるキャベツの産地化と耕作放棄畑対策

1994年度から全農・E市農協を仲介として2つの外食企業との間でキャベツの契約取引が開始された。生産者組織はM集落とその周辺の計5戸の農家で組織され，現在年間200トンの出荷目標を設定して生産・販売活動が取り組まれている。5戸とはE農家（世帯主年齢58歳），M集落N地区のf農家（同52歳），同K地区のg農家（同50歳），M集落の隣接集落のh農家（同45歳），同i農家（同43歳，以上は1998年現在の年齢）であり，キャベツ栽培面積はそれぞれ2ha前後であり，5戸合計で約10haに達する。

本章扉の写真のように，本地区の台地畑では古くからキャベツ栽培が盛んであり，良質キャベツとして福岡市等への出荷がみられたが，このような経緯が評価され，契約取引が成立した。

E農家とf農家は，キャベツは価格変動が著しいため，契約取引では価格および収入の安定が得られることから，メリットのほうが大きい点を評価している。また，E農家がG地区最大面積の2haの畑借地を行っているように，キャベツ作農家も葉タバコ作農家同様，「借地型」経営として，この地区一帯の畑借地拡大の代表的経営のあり方を示しており，それは上述のような畑地の耕作放棄傾向を押しとどめる役割をも演じている。

こうして，キャベツ作付けの拡大が，地域条件にあった作物の定着のためにも，また畑地の耕作放棄傾向の防止のためにも，大きな役割を果たしている点に注目したい。

4．観光農園の開始

M集落には「明日望会」（5名）という町おこしグループが存在する。このグループの会員でもある上記のG地区最年少「農業青年」Jさん（36歳）は，1997年秋から自分のイチゴハウスで観光農園（イチゴ狩り）を始めた。ハウスは1棟7a。観光園名は「ガハハハウス」。もぎ取りをさせるイチゴ品種はアイベリー。アイベリーは赤みと香りの強い大粒の新品種で，E市は45戸のイチゴ作農家が350トンを生産する日本一の産地。しかし，そのほとんどが東京市場出荷のため，地元での知名度はむしろ低い。そこで，新品種の特産地化，多元市場販売，知名度アップ等を目的に，上記町おこしグループの支援のもと，観光農園化を図ったのである。

東松浦半島は風光明媚な有数の観光地であるにもかかわらず，そこでの観光農園の取り組み

は少なく，Jさんの事例のほかは，現在では，本書第10章で取り上げるQ町S集落のイチゴ狩り農園（品種：豊の香）[7]や玄海町でのトウモロコシ農園[8]が見られるくらいである。

さて，Jさんのこの取り組みは，北部九州臨海棚田地区の温暖な気候と観光資源を結びつけた前進的な取り組みである。また，チャレンジ精神旺盛な最年少「農業青年」の取り組みであるという点が特に注目される。そして，臨海棚田地区という不利な生産等の条件を逆手にとって，地域資源をフルに活用すれば可能性が開けるという実践例の1つとしても評価することができる。

第6節　臨海棚田地区の農業の到達点と今後の課題

佐賀県北西部に位置する東松浦半島は，全体的に小高い波状台地をなしており，台地を取り巻く海浜（臨海）一帯には棚田が広く帯状に形成され，この一帯は，棚田の面積，棚田率，さらには棚田の耕地条件の厳しさ等において，わが国有数の棚田地域である[9]。しかし，このような棚田地域での農業の実態と問題点に関する研究はこれまでほとんど行われてこなかった。

そこで，このような臨海棚田地区における具体的な農業・農家の姿と動態を確認するために，その1つの典型事例と考えられるE市G地区の実態調査を実施した。

その結果，この地帯は，水田の大半が未整備の棚田からなる条件不利地域であることが判明した。そして，そこでは，耕作道狭小による機械導入の困難性，機械作業の危険性，効率性の悪さ等を理由に，少なからずの棚田が耕作放棄される傾向が強まっている。しかし他方で，同時にイチゴ栽培等の集約的な農業展開によって，比較的多くの専業的農業経営が形成され，農業的色彩の濃い農村地帯ともなっている。また，中高年・女性等による直売所開設，キャベツの契約出荷，アイガモ稲作，観光農園などの新しい多様な取り組みが模索されている。そして，これらの取り組みは，多様で豊富な地域資源を有効利用した前進的試みであると評価することができる。

しかし，依然として，零細稲作の放棄と結び付いた棚田の耕作放棄等が急速に進んでいる実態は見逃せない。棚田での零細規模の稲作をいかに再編・合理化していくのか。棚田の利用の将来方向をどうするのか。そして，これらの問題を，個別経営と地域農業の両面でどう調整していくのか。いま，このような問題が問われようとしている。

註
1) 後藤（1977）の各所に出てくる。自作地面積を上回る形で積極的に借地を行い，規模拡大をめざす行動様式をこう呼ぶ。
2) 本書の第8～10章で取り上げる事例集落も同様である。ちなみに表8-1，表9-1，表10-1の出稼ぎ者数の欄を参照されたい。
3) 「借地型」に対し，自作地を主体に若干の借地を追加するような行動様式をこう呼ぶ。これも後藤（1977）を参照。
4) 塩見（2000）では社会心理学や法律解釈を勘案して農業青年をおおむね30歳未満の者としている（19

頁）。
5) 山下（2004）第4章はその後の様子を伝えている。
6) 麓ら（2003）を参照。
7) 唐津新聞（1998），佐賀新聞（1998），西日本新聞（2004）を参照。
8) 西日本新聞（1998）を参照。
9) 第5章の註2にその根拠となる棚田関係のデータを載せている。

引用文献

唐津新聞1998年1月22日付。
後藤光蔵（1977）「稲作経営受委託の構造」東京大学社会科学研究所『社会科学研究』第28巻第6号。
佐賀新聞1998年1月29日付。
塩見定美（2000）『青年農業者形成論』農林統計協会。
西日本新聞1998年5月16日付，同2004年5月13日付。
麓誘市郎・権藤幸憲・小林恒夫（2003）「中山間地域における合鴨稲作の現状と課題」佐賀大学海浜台地生物環境研究センター研究報告『Coastal Bioenvironment』Vol. 1.
山下惣一（2004）『ザマミロ！　農は永遠なりだ』家の光協会。

第 4 章

臨海畑作地区における農業の展開
―― 佐賀県肥前町 D 集落事例分析 ――

契約栽培で伸びるタカナ栽培（佐賀県肥前町 D 集落，1997 年末）

要　約

　佐賀県北西部の東松浦半島（上場台地）の中で，畑地面積割合の高い「畑作集落」（肥前町D集落）の農家悉皆調査によって，本半島地域の畑作地区における農業経営の展開構造を窺うことができる。それは，国営上場農業水利事業および県営畑地帯総合土地改良事業による農地の造成・整備を契機に，一方の極に借地拡大による土地利用型の専業的農業経営（その代表は葉タバコ作経営）と施設型の専業的農業経営（その代表はイチゴ作経営）が形成され，同時に他方の極に，これらの専業的農業経営に農地を貸し出す零細稲作兼業農家が形成されてきているという，いわば二極分解構造の形成である。しかし，同時にまた，これら2つの農民層の中間に，露地野菜作の導入・模索を図っている第Ⅰ種兼業農家的な農民層が存在している実態にも注目しなければならない。それは，この中間的な農民層が，野菜の輸入量増加・価格低迷という近年の動向を体現した存在であり，現代の日本農業問題の一局面を集中的に表現している象徴的存在にほかならないからである。

第1節　本章の位置づけ

　佐賀県北西部の東松浦半島（上場台地）は，後で見る表4-2のように，全体としては田畑混在地域という特徴をもつが，しかし，その具体的存在形態は各市町および各集落によって極めて多様である。このような多様な集落が存在するなかで，先の第3章では，臨海地域の棚田地区に形成された集落を取り上げたわけだが，引き続き本章では，そのような棚田を中心とした耕地構成を持つ集落とは対照的な集落，すなわち畑地面積割合の高い「畑作地区」と呼べるような集落を取り上げたい。その理由は，このような集落においては「畑作営農」を中心とした地域農業の実態の把握とその性格づけが可能となるからである。

第2節　肥前町の農業概況

　上記の位置づけにそって，本章は佐賀県東松浦半島の肥前町D集落を選定し，農家悉皆調査を実施した。そこで，D集落の具体的な実態に入る前に，まずD集落を含む肥前町の農業の概観に触れることにしたい。

1．農家構成

　表4-1に佐賀県北西部の東松浦半島（上場台地）に立地する5市町の農家構成を示した。上場台地の農業は，全体として，専業農家，その中の男子生産年齢人口がいる農家および主業農家の割合が佐賀県平均より高く，佐賀県の中で積極的展開をみせているという評価を与える

第4章　臨海畑作地区における農業の展開

表4-1　東松浦半島（上場台地）5市町の農家構成（2000年）

	実　数（戸）				構　成　比（％）				実　数（戸）			構　成　比（％）		
	専業農家	男子生産年齢人口がいる	第Ⅰ種兼業農家	第Ⅱ種兼業農家	専業農家	男子生産年齢人口がいる	第Ⅰ種兼業農家	第Ⅱ種兼業農家	主業農家	準主業農家	副業的農家	主業農家	準主業農家	副業的農家
呼子町	24	15	25	76	19.2	12.0	20.0	60.8	41	54	30	32.8	43.2	24.0
鎮西町	83	59	131	240	18.3	13.0	28.9	52.9	189	121	144	41.6	26.7	31.7
玄海町	94	77	133	320	17.2	14.1	24.3	58.5	210	151	186	38.4	27.6	34.0
肥前町	123	86	152	456	16.8	11.8	20.8	62.4	238	209	284	32.6	28.6	38.9
唐津市上場	202	151	233	468	22.4	16.7	25.8	51.8	376	240	287	41.6	26.6	31.8
5市町計	526	388	674	1,560	19.1	14.1	24.4	56.5	1,054	775	931	38.2	28.1	33.7
佐賀県	5,758	3,331	6,907	22,533	16.4	9.5	19.6	64.0	9,066	9,140	16,992	25.8	26.0	48.3

資料：農業センサス。
註1：唐津市上場とは，平坦地区に属する旧鏡村と旧久里村を除いた唐津市内の上場台地地区。
註2：農家は販売農家である。

表4-2　東松浦半島（上場台地）5市町の耕地構成（2000年）

	実　数（ha）			構　成　比（％）		
	田	畑	樹園地	田	畑	樹園地
呼子町	22	70	15	20.6	65.4	14.0
鎮西町	310	309	83	44.2	44.0	11.8
玄海町	486	239	102	58.8	28.9	12.3
肥前町	588	419	76	54.3	38.7	7.0
唐津市上場	829	378	128	62.1	28.3	9.6
5市町計	2,235	1,415	404	55.1	34.9	10.0
佐賀県	41,109	3,581	6,604	80.1	7.0	12.9

資料：農業センサス。
註1：唐津市上場とは，平坦地区に属する旧鏡村と旧久里村を除いた唐津市内の上場台地地区。
註2：総農家と農家以外の農業事業体の合計である。

ことができる。では，上場台地の中で肥前町の位置づけはどうか。肥前町は，上場台地5市町の中では，専業農家および主業農家割合が最も低く，逆に第Ⅱ種兼業農家および副業的農家の割合が最も高い状況となっている。これは，1戸当たり経営耕地面積の少なさや農地条件の劣悪性などによるものと思われる。

2．耕地構成──田畑混在地域──

　肥前町は佐賀県北西部の臨海台地状の東松浦半島（上場台地）西端部に位置する（終章の扉写真を参照）。地形は，台地上に畑，谷間に水田，その中間の傾斜地に樹園地が形成されているというように，上場台地に共通する一般的形状を呈している。

　町の耕地構成は，表4-2に示したように，水田が54％，畑地が39％で，上場台地5市町の中では呼子町，鎮西町に次いで畑地の割合が高く，全体として見れば，田畑混在地域という

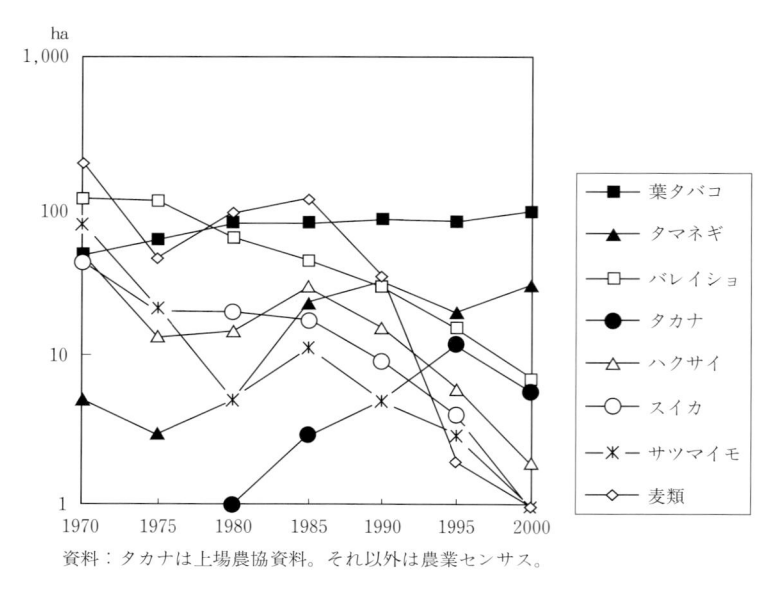

図4-1 肥前町における主要畑作物の収穫面積の推移

資料：タカナは上場農協資料。それ以外は農業センサス。

3．作物構成の推移──野菜生産の増加と停滞──

いま東松浦半島（上場台地）の農業に課された課題は，新規造成ならびに基盤整備された農地・農道条件下で，新規導入用水をいかに有効かつ効率的に使って地域農業の新展開を図るか，ということにある。

図4-1は，肥前町における主要な畑作物の収穫面積の推移を示したものである。1970年以降30年間における全体的動向として，麦類，バレイショ，サツマイモ，ハクサイ，スイカ等が減少傾向にあるのに対して，葉タバコは確実に伸びているようだが，タマネギとタカナは増加しつつも近年は伸び悩みや減少傾向がみられる。

こうして，畑作物構成において，新旧作物の交替が認められるが，同時に，これまで増加してきていた新作物も近年は伸び悩み傾向を示していることが気になる。このようなことを念頭におきながら，以下，D集落の実態をみていきたい。

第3節　D集落の農業展開の特徴──農業センサス集落カードからみた概観──

表4-3は，農業センサス集落カードによって調査対象のD集落の農家と農業の展開を概観したものである。その特徴を，以下列挙してみたい。

第 4 章　臨海畑作地区における農業の展開

1．農業的色彩の濃い集落

2000 年において，男子生産年齢人口のいる専業農家は 6 戸（24％）あり，一方，第Ⅱ種兼業農家は 8 戸（32％）にとどまっており，第Ⅰ種兼業農家と専業農家の合計が 7 割近くを占めており，まさに農業的色彩の濃い集落といえる。

2．畑地面積の増加による「畑作集落」の形成

D 集落の特徴の 1 つとして，1975 年以降の畑地面積の増加を指摘することができる。すなわち畑地面積は 75 年の 21 ha から 2000 年には 37 ha へと 16 ha も増加し，この間，水田と樹園地の面積が減少したこととも相まって，畑地面積の割合は 57％から 76％へと高まった。その具体的要因については第 4 節で後述する。こうしてD集落は「畑作集落」としての性格をますます強め，今回の調査対象集落（畑作集落）としての条件を十分に満たしているということができる。

3．工芸農作物（葉タバコ），施設園芸（イチゴ），露地野菜および肉用牛を主体とする単一経営の形成

作物収穫面積，畜産部門，農産物販売額 1 位部門および経営組織の相互関連から，D 集落の農業の展開を以下のように理解することができよう。すなわち，1970 年代および 80 年代半ばころまでは，工芸農作物（葉タバコ）と露地野菜類の収穫面積の増加がみられたが，まだこの時期までは，「葉タバコ＋零細稲作」ないし「露地野菜＋零細稲作」といった複合経営農家が集落の農家の大半を占めていた。しかし，その後，野菜類の収穫面積は 95 年には若干減少したが，工芸農作物のそれは今日に至るまで増加傾向を示し，また野菜類のそれも 2000 年にはかなり拡大した。さらに，施設園芸（イチゴ）が開始され，他方，稲作減反の強化等によって稲作の比重がさらに縮小した結果，工芸農作物（葉タバコ），施設園芸および露地野菜類を主体とする単一的な経営がD集落の農家の大半を占めるに至った。なお，D 集落に現在では果樹農家は存在しないが，肉用牛を経営の主体とする農家が 3 戸存在することも忘れてはならない。こうしてD集落の農家は多様な農業部門を営んでいることが分かる。なお，このような農業経営形態の多様性は，複雑地形を特徴とする東松浦半島＝上場台地に共通する事柄である。

4．専業的農業経営の形成

以上のような過程を経て，D集落には単一経営が支配的となるが，その中で土地利用部門では葉タバコ作経営，施設部門ではイチゴ作経営と肉用牛（子取り）経営の 3 つの経営類型において基本的に農業で経済的自立を果たしうる専業的農業経営が形成されてきている。2000 年において農産物販売金額が 1,000 万円を超える経営が 8 戸形成され，しかもその半数が 1,500 万円以上販売農家である点に，そのことが反映されている。

表4-3　D集落の農家・農業の推移　　　　　　　　　　　　　　　　　　　　　　（単位：戸, a, 頭, 人）

		1960	1970	1975	1980	1985	1990	1995	2000
農家数	専業（男子生産年齢人口がいる専業）	22	11	1(1)	6(6)	8(8)	6(5)	6(6)	7(6)
	第Ⅰ種兼業	6	16	19	17	8	8	11	10
	第Ⅱ種兼業	8	9	14	12	19	16	12	8
経営耕地面積	水田	1,320	1,580	1,358	1,584	1,578	1,565	1,180	1,171
	畑	2,020	2,380	2,123	3,025	3,123	3,362	3,385	**3,688**
	樹園地	140	350	246	215	105		2	
作物種類別収穫面積	稲	1,320	1,440	1,231	1,238	1,217	1,096	1,085	595
	麦類	1,560	693	316	593	502	120	60	—
	工芸農作物	420	460	704	1,045	1,037	1,255	1,460	**1,785**
	野菜類	340	1,280	632	1,029	1,582	1,251	877	**1,401**
	飼料用作物	0	20	129	234	463	722	1,000	…
施設園芸	農家数（面積）				2(22)		4(77)	4(77)	4(**84**)
肉用牛	飼養農家数（頭数）	32(39)	26(31)	17(30)	13(40)	12(72)	7(70)	5(123)	4(**127**)
農産物販売額第1位の部門別農家数	稲作		20	10	9	13	7	6	1
	露地野菜		2	8	4	5	6	6	7
	工芸農作物		9	8	8	7	7	7	7
	果樹		1	2	2	2	—	—	—
	施設園芸		—	—	1		4	4	4
	肉用牛		…	…	4	3	4	2	2
農業経営組織別農家数	単一経営　稲作				—		3	6	1
	露地野菜				—	2	2	3	4
	工芸農作物				2	7	5	7	6
	施設園芸				—		3	3	4
	肉用牛				—		3	1	2
	複合経営（うち準単一複合）				29(13)	25(19)	12(11)	5(4)	4(3)
農産物販売金額別農家数	100万円未満		31	25	14	15	7	8	7
	100～300万円		3	7	6	11	6	3	4
	300～500万円				6	1	3	2	2
	500～1,000万円		—	—	5	4	10	3	4
	1,000万円以上（うち1,500万円以上）				—	3(—)	2(—)	**9(1)**	**8(4)**
経営耕地規模別農家数	0.5ha未満	5	5	5	4	5	5	8	5
	0.5～1.0ha	12	9	11	8	9	6	4	5
	1.0～2.0ha	19	18	15	14	11	8	7	5
	2.0～3.0ha	—	4	3	9	9	6	3	2
	3.0ha以上（うち5ha以上）	—	—	—	1(—)	**5(—)**	**6(—)**	**8(1)**	
借入耕地のある農家数・面積	農家数		11	8	17	13	15	12	16
	面積		229	259	966	925	871	1,432	2,121
貸付耕地のある農家数・面積	農家数			7	7	8	14	10	12
	面積			230	226	253	624	326	482
米乾燥・調製作業を請け負わせた農家数とその面積	農家数						8	1	13
	面積						410	66	…
耕作放棄地	農家数			3	4	1	21	7	15
	面積			34	43	30	313	120	281
農家人口（うち15～29歳）	男	115	85(21)	86(23)	81(17)	87(12)	73(9)	66(9)	59(**12**)
	女	126	94(15)	91(19)	90(11)	89(15)	77(14)	70(10)	66(7)
農業従事者数	男	64	58	51	54	56	43	47	46
	女	71	57	42	48	58	44	42	40
農業就業人口（うち15～29歳）	男	52	40(11)	34(10)	34(6)	32(4)	26(1)	**30(3)**	**35(7)**
	女	71	55(13)	35(5)	41(2)	50(4)	33(2)	30(2)	31(1)
基幹的農業従事者数	男		37	32	33	28	25	25	30
	女		49	27	34	36	26	21	21
農業専従者数（うち15～29歳）	男		34(8)	25(7)	31(5)	22(3)	20(—)	20(—)	**28(4)**
	女		48(12)	19(5)	32(2)	26(2)	20(1)	19(—)	20(—)
兼業農家の出稼ぎ者数（うち女性）			7(—)	1(—)	—(—)	—(—)	—(—)	5(2)	—(—)
農業専従者がいる農家数			33	23	30	23	21	17	19

資料：1960年は『1960年世界農林業センサス結果報告〔2〕農家調査集落編』佐賀県，それ以外は農業センサスの集落カードおよび農業集落別一覧表。
註1：1985年までは総農家，1990年からは販売農家。
註2：—は該当なし，空欄および…は項目なし。
註3：ゴチック体は増加した注目数値。

表4-4　D集落の農家の経営耕地面積規模別階層間移動の推計

	農外	0.5ha未満	0.5〜1.0	1.0〜2.0	2.0〜3.0	3.0〜5.0	5.0ha以上
1960年		5	12	19			
70		5	9	18	4		
75		5	11	15	3		
80		4	8	14	9	1	
85		5	9	11	9	1	
90		5	6	8	6	5	
95		8	4	7	3	6	
2000		5	5	5	2	7	1

資料：農業センサス集落カード。
註1：階層間移動は隣接階層間で行われ，離農や新規参入は最下層から行われると仮定し，最上層から順次計算した[1]。
註2：〇内の数字は移動農家数。

　また，土地利用型経営の典型である葉タバコ作経営を中心に，積極的な借地拡大が行われた結果，経営面積が3haを超える経営数が増加し，2000年で8戸を数え，しかもその中の1戸（後述のA農家と推測される）は5haを超えるに至っている。表4-4は，同じことであるが，経営耕地面積規模別農家構成の移動過程を推計したものである。見られるように，1975〜90年には1〜2haを基軸とした農民層分解が，そして90年以降は2〜3haを基軸とした農民層分解の進展が認められる。なお2000年には分解基軸が再び1〜2ha層に戻ったようにも見られるが，5ha規模経営も形成され，上昇展開は衰えていない。

5．青年農業者の増加

　1995〜2000年において15〜29歳男子農業従事者数および同年齢男子農業専従者数の増加が窺える。これこそ上述の経済的に自立化が可能となった専業的農業経営において，あとつぎが本格的に農業後継者として自家農業に就くようになったことの反映と推測されるが，その具体的な実態については，第5節の農業経営の展開において指摘することにしたい。

6．耕作放棄地（水田）の増加

しかし，同時に他方で1985年以降，耕作放棄農家数・面積が増加してきている点も見逃せない。第1章でみたように，耕作放棄問題は条件不利地域である半島地域に共通する重要問題であるため，本章でもその実態と要因について，改めて第6節で考察することとしたい。

第4節　D集落における農地の造成・整備と農業用水の通水

上記のような畑地面積の増加，施設園芸の導入といったD集落の農業展開にみられた注目すべき動向は，国営上場農業水利事業と県営畑地帯総合土地改良事業を契機・要因としている。すなわち，国営上場農業水利事業の一環としての畑地造成事業がD集落内で5箇所（入野第3換地区46団地1976年完工，入野第2換地区47団地12-イC，同11団地，同47団地81年完工，入野第4換地区12-ニ北85年完工），および県営畑地帯総合土地改良事業が2箇所（柳田換地区84年，七ツ江換地区87年）で実施された。なお，このうち柳田換地区のみ水田基盤整備であり，他はすべて畑地関係の事業である。

以上の結果，農地整備状況は，農家実態調査結果によると，属人的ではあるが，D集落の全農家27戸の経営耕地面積中，畑地で2,492ａ（65％），水田で575ａ（43％）となっている。畑地に比べ水田の基盤整備が遅れており，これが上記の耕作放棄の一因となっている。

また，もう1つ重要なことは，国営上場農業水利事業によって松浦川から導水した新しい農業用水の利用が1994年から基本的に可能となったことである。そして，この新規用水が主に施設園芸，露地野菜および水田稲作で使用開始されることとなった。

第5節　D集落における農業経営・農家の類型とその性格

D集落は畑地面積割合が76％（表4-3，後述の表4-6では73％）を占める「畑作集落」であるため，農家の農業経営内容も，後述のように畑作経営を主体とするものとなっている。周知のように畑作経営は水田稲作経営よりも作物の周年的作付の可能性が高く，したがって専業的経営としての性格も稲作よりも強いため，世帯員の就業構造，したがって全体としての農家経済の内容もこのような畑作経営の基本的性格に規定されたものとなる。

表4-5，表4-6のようにD集落の全農家を経営類型別に整理してみると，経営類型と農家の性格が明確に対応していることが確認される。そこで，その関連を模式化して後に図4-2に示した。経営類型が5つ，そして，それらにそれぞれ対応する農家経済の類型が3つ析出できる。そこで，以下，これらの経営類型と農家経済の関係および諸類型の内容と性格についてそれぞれコメントしていきたい。

1．葉タバコ作専業的経営（7戸）

　D集落の代表的な経営類型であり，また同様に代表的な農家類型でもある。D集落における葉タバコ栽培の歴史は古いが，上記の国営上場農業水利事業の一環としての農地造成事業による畑地の面積増加および県営畑地帯土地改良事業による畑地の整備を契機に葉タバコ栽培の条件が一段と改善されたため，D集落における葉タバコ栽培面積は増加の一途を辿っている（表4-3）。

　また，この葉タバコ栽培面積の増加が，借地を伴って推進されていることはいうまでもない。D集落には葉タバコ作経営農家が現在7戸存在するが，借地拡大によって，いずれの経営も経営面積が3 haを超えるに至っている（表4-6）。

　D集落の特徴として，先に農産物販売金額が1,000万円を超える経営および経営耕地面積が3 haを超える比較的大規模経営の出現といった事柄を指摘したが，これは実は主としてこのような葉タバコ専業的経営の形成が反映されたものである。

　労働力構成は，経営主夫婦（家族労働力）のみならず，本圃植え付け作業などに延べ30人日くらいの季節的な雇用を入れたものとなっている。

　この経営類型の7戸の顔ぶれは10年以上固定しており，その意味では経営的に比較的安定した内容をもっているものという評価を与えることができる。しかし，このタイプの最大の問題は，後継者の定着率が良くないということである。「いえ」のあとつぎはすべて同居しているが，農業専従者は7戸中2名のみで，常勤の農外就業者が多い。

　こうして，葉タバコ作経営は，畑作集落たるD集落の農業経営を代表し，規模拡大の優良事例として比較的安定的な経営内容を確保しているが，後継者確保の点で問題を残し，その面で将来的には不安定要因をかかえているということができる。

2．イチゴ作専業的経営（4戸）

　D集落の農家がイチゴ栽培を開始した技術的条件の1つとして，上述の水田基盤整備と「上場用水」の利用開始を挙げることができる。つまり，1984年に柳田地区の水田が整備されたのを1つの重要な要因として，その一角に87年にD集落の農家4戸が補助事業を利用して共同でイチゴ用ハウス団地を設置したのがD集落でのイチゴ栽培の始まりであったからである。上述の葉タバコ作経営がD集落における古くからの経営類型であるのに対し，このイチゴ作経営はまだ10年来の新しい経営類型である。

　施設型であるため，4戸とも土地利用は自作地中心だが，ハウス団地形成に伴う水田借地も若干存在する。また，イチゴは労働集約的であるため，イチゴ以外の分野は「手抜き」される傾向にある。そのことは，イチゴにあまり関係しない水田や畑が貸し出されたり，稲作を行わない農家が見られる点に現れている。この類型からの農地の貸し付けは多くはないが，上記の葉タバコ作経営ないし下記の肉用牛経営の借地拡大への農地供給の重要な一翼を担ってい

表4-5 D集落の農家の直系世帯員の就業の実態 (単位:歳、日)

経営類型	農家記号	直系世帯員年齢(1997年)			年間自家農業従事日数(1996年度)					年間雇用のべ人日	農外就業状況(1997年3月現在)				
		世帯主－妻	あとつぎ－妻	父・母	世帯主	その妻	あとつぎ	その妻	父	母		世帯主	世帯主妻	あとつぎ	あとつぎ妻
葉タバコ経営	A	61-55	34-33	84	200	200	200	—	—	—	85	—	—	—	—
	B	59-49	29-31	88	300	300	300	30	—	—	120	—	—	自動車整備工(唐津市・常勤)	—
	C	44-41	20	63	250	200	200	10	—	—	30	—	—	電話会社(唐津市・常勤・130日)	—
	D	52-53	25-24	85	250	300	180	—	—	—	45	(農協理事)	JT職員(臨時・50日)	JA職員(福岡市・常勤・営業)(高校3年生)	—
	E	43-43	18	73-65	250	250	30	—	200	30	46	—	—	福岡市役所(福岡市・常勤)	—
イモ作経営	F	51-50	36-27		300	300	10	100	—	250	44	—	—	臨時職・90日	—
	G	49-49	25	77	300	300	200	—	250	—	33	—	—	—	—
チーズ経営	H	67-67	40-32	91	250	250	250	—	—	—	35	—	—	—	—
	I	58-55			300	300	—	—	—	—	24	—	—	—	—
ゴボウ経営	J	51-44	18	81	280	280	—	—	—	—	—	—	—	(農業大学校1年生)	—
	K	62-57	37-33		250	270	—	—	—	—	115	—	—	自動車販売会社(唐津市、常勤)	中学校教員
露地野菜作経営	L	43-38	73-73		150	150	300	—	120	—	—	町嘱託職員(隣町、常勤)	同左職員(同)	—	—
	M	67-66	37		—	—	—	—	—	—	—	建設会社(自営、常勤)	—	—	—
	N	46-41	73-71		100	30	30	—	150	150	—	建設大工(自営、250日)	縫製工場常勤	—	—
	O	57-51			150	300	—	—	—	—	8	建設会社(日雇、120日)	—	—	—
	P	53-57	78		250	250	—	—	—	—	—	運送会社(町内、常勤)	—	—	—
	Q	40-38	80-76		30	250	—	—	—	—	—	—	—	—	—
	R	63-59			250	250	—	—	—	—	—	—	—	—	—
肉用牛経営	S	49-48	25	75-70	300	300	300	—	100	100	—	—	—	建設会社(唐津市、常勤)	—
	T	65	42		250	250	100	—	—	—	—	—	—	建設業(町内、常勤)	—
	U	69-67	43-35		250	200	30	—	—	—	—	—	—	—	縫製工場
零兼業	V	61-60	30		100	30	—	—	—	—	—	リストラで失業中	土木作業員	—	—
	W	57-54	27-27		50	50	5	—	—	—	—	建設会社(隣町、日雇200日)	縫製工場日雇常勤	自動車整備工(唐津市、常勤)	—
細経稲経作経営	X	43-38		63	30	30	—	—	—	—	—	建設会社(唐津市、常勤)	—	—	—
	Y	53-54			40	20	—	—	—	—	—	建設会社(唐津市、常勤)	—	—	—
	Z	72-70			30	30	—	—	—	—	—	—	食品会社常勤	—	—
	a	46-39		79	50	25	—	—	—	—	—	町役場職員(常勤)	—	—	—

資料:1997年7月実施集落農家悉皆調査およびその後の補完調査。
註:―は「0」または「就業なし」、空欄は該当なし。

第4章　臨海畑作地区における農業の展開

表4-6　D集落の農家の農業経営の実態

経営類型	農家記号	経営耕地面積(a) 自 田	自 畑	自 樹園地	自 牧草専用地	借 田	借 畑	計	貸付耕地面積(a) 田	畑	牧草専用地	耕作放棄地面積 樹園地	稲	作物作付面積(a) 葉タバコ	露地野菜 カボチャ	ハクサイ	ダイコン	キャベツ	イチゴ	ベニバナ	牧草延べ面積	肉用牛子取雌牛頭数	部門別販売額(%) 米	葉タバコ	野菜類	イチゴ	ベニバナ	肉用牛	経営組織	将来計画等
葉タバコ作経営	A	45	200				300	545				15	30	245	10	10							2	96	2				タバコ単一的	97台募落。カボチャはタバコと競合、野菜中止
	B	80	270			50	100	500				20	80	200	10	20	60						8	82	10				タバコ単一的	現状維持。高齢化したら花・軟弱野菜を計画
	C	80	350					430	8			7	80	300							10		2	96	2				タバコ単一的	97年からカボチャをキャベツ20aに転換
	D	20	130				250	400				4	16	263	10	60		20					94	6				タバコ単一的	現状維持
	E	40	80				210	330				10	40	252		20							1	95	4				タバコ単一的	人手不足でタバコの規模縮小
	F	75	180				60	315				25	50	180		10							3	95	2				タバコ単一的	タバコ栽培面積拡大計画(97年度は235a へ)
	G	40	100				160	300				10	40	215		10							4	94	2				タバコ単一的	
イチゴ作経営	H	80	100	20				200		50		40	80						24				6		2	81			イチゴ単一的	イチゴは97年拡大した。畜産は廃止
	I	45	35				48	128	15			20	45						23		60		4		2	94		13	イチゴ単一的	現状維持
	J	20	25			20		65	10	18			—						18							100			イチゴ単一的	後継者なしにつき規模縮小
	K	50	10					60	35			3	30						19				1			99			イチゴ単一的	
露地野菜作経営	L	60	120			10	30	220				15	50		60	100					90	8	5		56			39	野菜主体複合	現状維持
	M	40	60			10	85	195	30				50		60	70							7		93				野菜単一的	カボチャ、タカナの拡大計画中
	N	35	85			35	30	185	30			10	70		45		20						20		80				野菜単一的	現状維持だが、タマネギ拡大、馬鈴薯縮小
	O	60	100					160				3	60		60	12	30	20					16		84				野菜単一的	後継者なく、5〜6年後は離農のつもり
	P	30	50			30	30	140				10	60		50	70	50	20					20		80				野菜単一的	新規露地野菜を導入したい
	Q	40	60					100	50			1	40		50	30		20					8		92				野菜単一的	現状維持
	R	15	70					85	17				15		40		30						7		93				野菜単一的	あとつぎ他出につき規模縮小
肉用牛経営	S	75	150		40	5	250	480	50		30	11	80				65				300	62	4		10			86	肉牛単一	一貫経営をめざす。子牛販売50万円程度。8月には子馬分予定
	T	40	40					80	30			14	10									30	3					100	肉牛単一	肉牛繁殖を廃止、稲作だけ維持する
	U	30	40					70					30									3	15					85	肉牛単一	
零細兼業	V	50	10					60	40			10	50										100						稲作単一	米販売10俵程度、野菜を導入したい
	W	40	10					50	30														100						稲作単一	米販売14俵程度、稲作は維持
細業	X	25		20				45	30			3	25										販売なし						稲作単一	機械が壊れたら離農
稲経	Y	30	10					40	35			3	30										100						稲作単一	米販売13俵程度、稲作は維持
作営	Z	32						32	34				32										100						稲作単一	米販売6俵程度
	a	18	10					28	120			3	18										販売なし						稲作単一	稲作は維持
計		1,195	2,025	20	60	160	1,783	5,238	539	30	247	20	1,151	1,655	405	162	410	140	20	84	400	78								

資料：表4-5に同じ。
註1：作物作付面積および販売金額は1996年度、それ以外は1997年7月現在。
註2：経営耕地面積には耕作放棄地面積は含めていない。

労働力構成は，葉タバコ作経営と同様，経営主のみならず，定植・収穫等の作業において一定数の臨時的雇用を必要としている。ところで，4戸とも経営主夫婦農業専従を核とする「農業専業的経営」である点では，農家の基本的性格は上記の葉タバコ作経営と共通している。

後継者問題についても，農業専従者も農外専従者も両方みられ，またJ農家の後継予定者の農業大学校生は「模様眺め」というように，不安定要因を残している点でも，葉タバコ作経営と基本的に共通している。これは，この類型がまだ10年来の新しいタイプであるからという点だけでなく，農業情勢全般の反映とみることができよう。

3．露地野菜作経営（7戸）

D集落では1996年度に，カボチャとタカナがそれぞれ約4ha，ハクサイとタマネギがそれぞれ1.5ha前後栽培された。うちハクサイは葉タバコ作農家が冬場の農閑期に葉タバコの裏作として畑地に若干面積を作付けしているが，その他の野菜類は野菜を経営の主体とする「露地野菜作経営」によって作付けされているものである。

露地野菜の種類の組み合わせとしては，カボチャ（夏）＋タカナ（冬），あるいはカボチャ（夏）＋タカナ・タマネギ（冬）といった作付方式をとる農家が多い。若干の畑地の借地もみられ，各農家の野菜の作付面積は延べ1ha前後から1.5ha前後となっている。

なおタカナ（本章扉写真参照）は1967年から農協（全農）の仲介・斡旋で県内N町のR食品工業（有）と契約栽培を行ってきており，販路と価格の保証があるため，安定的生産が確保され，上掲図4-1（本書64頁参照）のように，栽培面積が増加傾向にあった。D集落でも，L農家のように1ha作付けする農家も現れ，数少ない有力作物となっている点が注目される。そして，1997年12月調査時点で，上場台地に23名，約12haのタカナの栽培農家と栽培面積があり，また表4-6のように，うち7戸，4ha強をD集落が占めており，D集落は，当初から今日までこの契約栽培の中心的な役割を果たしている。

さて，その後，2003年度になると，肥前町内全体ではタカナ栽培農家数は13名に激減し，また栽培面積も図4-1のように6ha弱に半減したが，しかしD集落では栽培農家数・栽培面積ともに基本的に維持された。すなわち，M農家がタカナ栽培を中止し，またB農家が60aを30aに減らしたが，他方では，A農家が新たに25aの作付けを始め，O農家は30aを40aに，P農家は70aを75aに，Q農家も50aを70aに，さらにR農家も30aを80aに拡大した。なおL農家は両年とも100aで変わりなかった。こうして，G集落のタカナ栽培は，1996年度は7名，410aだったが，2003年度は7名，420aとなり，この限りでは集落全体では変化がなかったようにみえるが，しかし内容的には，プラス・マイナスの一定の変化があったのである。以上の結果，肥前町内での契約によるタカナ栽培は，人数で5割強，面積で7割強がG集落に集中するに至った[2]。どうしてそうなったのか，そして今後どうなるのか，さらなる掘り下げが求められる。

労働力構成は，世帯主夫婦主体で行われ，雇用はほとんどなく，いわば小農的な「家族労作経営」の典型的なあり方をとっている。このような露地野菜が展開している条件として，上記の畑地の造成と整備および農業用水の利用開始を挙げることができる。

以上の検討結果から，D集落の露地野菜作経営は，一方では，たしかに経営主夫婦が文字通り「農業専従」する専業的農業を営む農家も形成されているが，他方では農外就業との兼業によって野菜作経営を併せ行う農家も少なくない。すなわち，少なくともD集落の場合には，露地野菜作経営の中で，経済的に農業で自立化を図っている経営はまだ半数程度とみられる。換言すれば，D集落の野菜作経営はまだ一般的に経済的自立化を達成できないで呻吟している状態にある。

このことを世帯員の就業の側面からみると，野菜作農家の労働力は農外就業との間で相互に流動し，いわば労働力面で農業と農外とをつないでいる状態にある。

4．肉用牛経営の二極分化──専業的経営（1戸）と零細兼業経営（2戸）──

D集落には肉用牛経営が5戸存在するが，一方では頭数と借地の拡大によって専業的な経営をめざしている1戸の大規模経営（S農家）の存在が認められる。この経営は1994年に若い後継者の新規就農を契機に頭数拡大を図るなどして，今日では子取り用母牛62頭を抱える大規模肉用牛経営となり，将来は肥育部門も取り入れた一貫経営をめざしたいと語っている。

しかし他方で，3戸の肉用牛経営は従来の少数頭数規模を維持したままで推移し，なかには経営の中心を肉用牛部門からイチゴ部門にシフトさせたりする経営（H農家）もみられるが，他の3戸は経営主のリタイアとともに肉用牛部門を廃止する意向を示している。肉用牛廃止後どうするかは，世帯員の労働力構成と農業への意向に規定されるが，露地野菜作へのシフト，稲作単一兼業農家へのシフト，あるいは離農という方向が考えられる。そして，その過程で，これらの農家は農地の貸し付け層となっていくものと予想される。

このような二極分化の要因および行き着く方向性についてさらなる掘り下げが求められる。

5．零細稲作兼業経営（6戸）

上述の3の最後のところで述べた労働力流動経路を通じて農家労働力がほとんど農外に出てしまい，零細な稲作のみが農業内に残された農家の類型が，この零細稲作兼業農家である。この類型は，D集落で6戸確認される。この類型にも，さらに3つの異なったタイプがある。1つは，V農家にみられるような，世帯員が農外部門の不安定就業分野に勤めている「多就業農家」である。2つは，経営主が町役場等の農外の安定的な就業分野に勤めている「安定的農外就業」農家であり，X農家，Y農家，a農家がこのタイプに属する。W農家は経営主夫婦が不安定就業で，あとつぎが常勤的勤務であり，これら2つのタイプの中間に属する。3つは，あとつぎが他出している「高齢専業農家」であり，Z農家がそれにあたる。

労働力構成は，世帯員のみで，雇用は全くない。

農地については，一方では，基盤整備された水田を中心に，主要機械を2〜3戸の親戚間で共有することによって経費節減を図りながら，また土曜・日曜の休日農業でもって，零細ではあるが稲作経営を継続している。しかし，稲作面積は多くても50a程度であり，自家消費のみの20a前後の農家も存在する。他方，「手のかかる」畑は自家菜園的な10a程度を残して，それ以外は貸し出しており，これが葉タバコおよび肉用牛経営の借地拡大への最大の畑地供給経路となっている。

第6節　耕作放棄の実態と要因

聞き取りで得られた耕地の整備状況と水田の耕作放棄の実態と要因・契機を表4-7にまとめた。畑の方は上記の畑地造成事業によって増反整備がなされたため，整備率は65％と高まっているのに対し，水田の方は区画整理事業が一部しか行われなかった（物理的・経済的な困難性から）ため整備率は4割強にしか達しておらず，劣悪条件の棚田が多いことから，80枚を超える249aの水田が放棄されたという結果を得た。

そして放棄された結果として現在の状況は，すでに多くは竹藪化しているとみられる。

放棄の契機としては，1970年からの稲作減反政策を挙げているケースが少なくない。また，その水田が放棄された直接的要因としては，通作道路の狭さによる機械化対応の困難性，湧水依存による水不足，林地に囲まれているための日照不足，湿田条件といった立地条件の悪さ，さらに間接的要因として，周辺での耕作放棄による道路の悪化等の悪影響があるとみられる。さらに，米価低迷や米反収の低さによる低収益性，さらにはイチゴ等の基幹部門への集中や労力不足等による経営的要因が挙げられている。

以上のことから，水田の耕作放棄が，政策的，地形的，経済的，経営的な契機や要因によって多様で輻輳する関係の中で生じてきていることが分かる。したがって，水田の放棄問題の将来方向を考えていく場合，多様な視点からみていかなければならない。

第7節　農業経営・農家の類型の構図と今後の課題──まとめに代えて──

図4-2がいわば本章を総括したものである。図に見られるように，D集落には，一方の極に，葉タバコ作，イチゴ作，肉用牛（子取り）飼養の各経営類型を含む「経営主夫婦農業専従・専業的農業」類型が形成され，他方の極に，「農業専従者なし・稲作のみの兼業農業」類型が形成され，この両者が農地の需要・供給を通じて相互に結びついている実態が析出された。また，これら2つの類型の中間に，露地野菜作と農外就業を兼務する第I種兼業農家的な「経営主夫婦農業専従的ないし農業専従者1人・兼業的農業（農業主体の兼業農家）」類型が存在する。

このことは，換言すれば，国営上場農業水利事業および県営畑地帯土地改良事業の実施を背

第4章 臨海畑作地区における農業の展開

表4-7 D集落の水田の整備状況と耕作放棄状況

経営類型	農家記号	経営水田面積（a）計	整備水田	未整備水田	耕作放棄水田 枚数	面積	耕作放棄年	耕作放棄地の現況	耕作放棄の理由・契機	（参考）経営畑地面積（a）計	整備畑地	未整備畑地
葉タバコ経営	A	45	9	36	5	15	1970, 92	竹が生えている	勾配が急くトラクターが入らず、湿水依存で水不足、手間がかかり引き合わない。	500	50	450
	B	130	70	60	12	20	1992		車が入らず、労力不足、減反強化を契機に放棄。	370	270	100
	C	80	8	72	1	7	1987		道が狭い、天水依存で不足。	350	350	—
	D	20	—	20	1	4	1991		周りで放耕地が増え、道も荒れて、米価低下で引き合わない。	380	370	10
コ作経営	E	40	30	10	3	10	1991, 91, 93	竹が生えている	道がなく、機械が入らないため、徐々に放棄してきた。	290	280	10
	F	75	16	59	na	25	1987		米を作っても割に合わないため。	240	120	120
	G	40	—	40	na	10	1995	草が生えている	道がなく、水不足のため。	260	240	20
イ作経営	H	80	60	20	13	40	1970, 75, 96	竹が生えている(1970年, 75年分)	減反強化。天水依存で水不足、ハウスイチゴが多忙のため。	100	30	70
	I	45	18	27	7	20	1970～92	竹が生えている		83	53	30
手経営	J	40	20	20	—	—				25	—	25
ゴ経営	K	50	20	30	1	3	1993	竹が生えている	道が狭くトラクターが入らないため。	10	10	—
露地野菜作経営	L	70	—	70	15	15	1992		湿田で機械が入らないため。	150	60	90
	M	50	20	30	—	—				145	60	85
	N	70	70	—	4	10	1970, 97	雑木になり、茅も生えている(1970年分)	傾斜がきつく、労力不足、山の中で条件悪い。	115	36	79
	O	60	60	—	1	3	1970	竹が生えている	減反強化を契機に。	100	70	30
	P	60	—	60	12	10	1987		水がかからないため。	80	52	28
	Q	40	10	30	1	1	1997			60	42	18
	R	15	—	15	—	—				70	30	40
肉用牛経営	S	80	80	—	2	11	1995	竹が入り込んでいる	道が悪くトラクターが入らず、手間がかかる。周りが荒れてきたので、しかたなく。	400	290	110
	T	40	25	15	2	10	1970, 87	藪になっている	道がないので。	—	—	—
	U	30	—	30	13	14	1995		炭窯跡地で凸凹あり、水不足のため。	40	40	—
零細兼業経営	V	50	50	—	3	10	1989	灌木が自生した	作りづらかった。減反割り当てができたので、しかたなく。山中で日当たりが悪い。	10	—	10
	W	40	40	—	1	3	1985	杉を植林した		10	4	6
稲作経営	X	25	25	—	—	—				—	—	—
	Y	30	30	—	—	—				10	10	—
	Z	32	20	12	2	5	1970, 87	周りから竹が入り込んできている	湿田のため(1970)、周りの杉が伸び、日が差さなくなったため。	—	—	—
	a	18	10	8	1	3	na	草が生えている		10	—	10
計		1,355	576	779	249	85				3,808	2,467	1,341

資料：表4-5に同じ。
注1：経営水田面積には耕作放棄水田面積は含まれていない。
注2：naは不明。計においてnaは0として計算した。

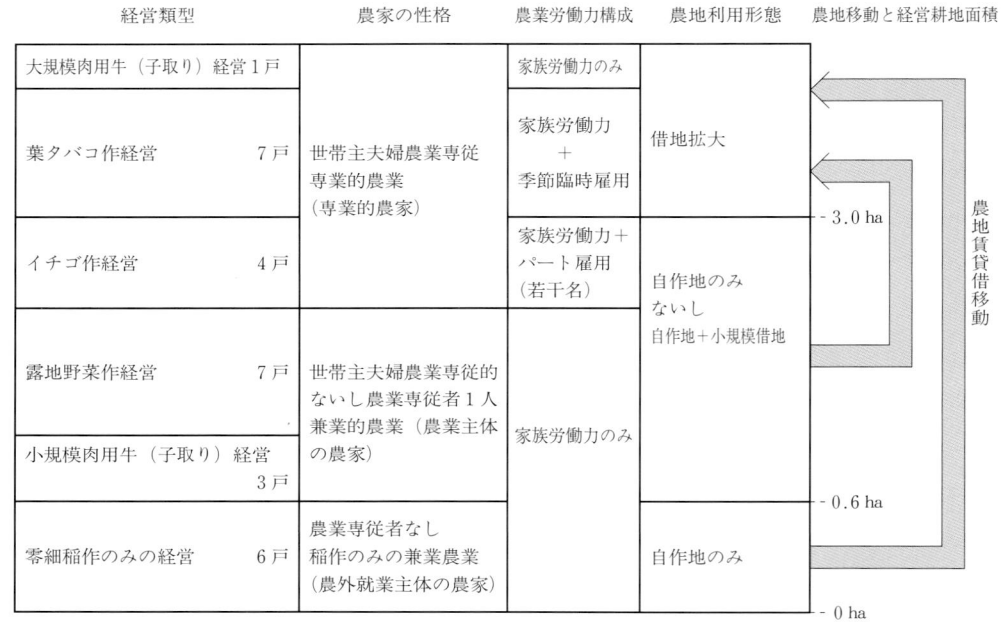

経営類型	農家の性格	農業労働力構成	農地利用形態	農地移動と経営耕地面積
大規模肉用牛（子取り）経営 1戸	世帯主夫婦農業専従専業的農業（専業的農家）	家族労働力のみ	借地拡大	─ 3.0 ha
葉タバコ作経営 7戸		家族労働力＋季節臨時雇用		
イチゴ作経営 4戸		家族労働力＋パート雇用（若干名）	自作地のみないし自作地＋小規模借地	
露地野菜作経営 7戸	世帯主夫婦農業専従的ないし農業専従者1人兼業的農業（農業主体の農家）	家族労働力のみ		─ 0.6 ha
小規模肉用牛（子取り）経営 3戸				
零細稲作のみの経営 6戸	農業専従者なし稲作のみの兼業農業（農外就業主体の農家）		自作地のみ	─ 0 ha

（右側に「農地賃貸借移動」の矢印）

図 4-2　D集落における農業経営と農家の類型とそれらの関連

景にして，一方の極に，畑地の造成・整備という生産基盤条件整備および離農の進展という経済的要因の結果，土地利用型の葉タバコ作経営が形成され，また水田・畑地の生産基盤整備と用水確保という技術的条件および高級青果物の需要増加という経済的条件の結果，施設型のイチゴ作経営が形成され，この2つの経営類型は「専業的農業」経営としての内実を実現してきていると考えられる。

しかし，同時に，これら2つの経営類型のほかに，造成・整備された畑地と用水を必ずしも十分に活かし切れずに，農外就業との兼就業を行いつつ露地野菜作を拡大したり縮小したりしている流動的な農家群の類型が存在する。そして，このような農家群の存在こそが，経済不況の長期化，輸入野菜の増加等による農産物価格の低迷，農家あとつぎの農業離れ，農業労力不足といったまさに日本農業の現局面を映し出した象徴的表現にほかならない。

註
1）いわゆる栗原・綿谷モデルであり，田代（1993），235頁や梶井（1997），281頁などにおいて採用されている手法である。
2）上場農協での聞き取りによる（2004年6月）。

引用文献
梶井功（1997）『国際化農政期の農業問題』家の光協会。
田代洋一（1993）『農地政策と地域』日本経済評論社。

第5章

臨海田畑作地区における農業の展開
―― 佐賀県A町B集落事例分析 ――

全国的にも有名なB集落の臨海型棚田
(棚田百選の1つ,佐賀県A町,1998年春)

要　約

　本章は，臨海田畑作地区の事例として東松浦半島のA町B集落を取り上げ，半島地域の臨海部における農業生産基盤の条件不利性と同時に集落農業の発展という半島地域農業の二面性とその相互関係を明らかにし，そこから将来を展望した。すなわち，臨海傾斜地地域の耕地は，急傾斜・不整形・狭小という地形的悪条件下におかれているため，機械利用の困難性や担い手不足・高齢化等から少なからず耕作放棄が発生している。しかし，農業展開は一様でなく，本章で取り上げるB集落のように積極的な農業展開がみられる事例も少なくない。しかし，このような集落においても，専業的な農家や青年農業者は施設部門に力を集中する傾向が強く，収益性の低い零細棚田や急傾斜樹園地の利用は軽視され，この面からも耕作放棄が加速される傾向がみられる。したがって，条件不利農地の維持・保全のためには，これまでとは違った新たな担い手のあり方や利用方法・システムが求められる。

第1節　本章の対象と課題

1．典型的な臨海棚田地帯としての佐賀県東松浦半島

　地形的に見て，半島地域周辺には，海浜から台地に登る斜面一帯に棚田が形成されている場合が多い。その典型事例として石川県能登半島の輪島市にある白米地区の千枚田（棚田）などを挙げることができよう。しかし，このような臨海立地の棚田[1]は全国的に広く見られるものであり，佐賀県北西部の東松浦半島一帯にも，このようなタイプの棚田地帯が広く形成されている。というよりむしろ，東松浦半島は，面積規模からみても[2]，わが国における臨海型棚田の典型的地帯の1つとみることができる[3]。

　ところで，このような臨海棚田地区が，条件不利地域の1つとして位置づけられることは言うまでもない。

2．対象と課題

　そこで，本章は，佐賀県東松浦半島において，基本的には上記のような「臨海棚田地区」に位置する臨海部の中にあっても，水田だけでなく一定の面積の畑や樹園地が存在し，畑作や果樹作の前進的な展開が認められる「田畑作地区」の事例としてA町B集落を取り上げ，そこにおける農地利用の厳しさと同時に農業経営の前進的展開に関する実態を探り，半島地域における農業発展の一般的特徴に迫ることを目的とする。

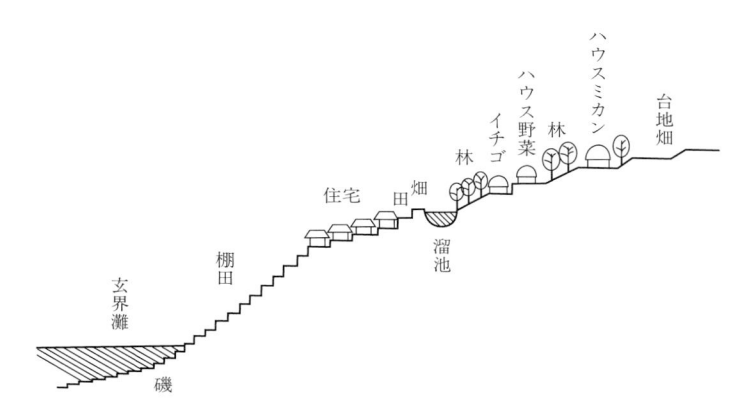

図5-1　B集落の耕地と住宅の存在状況（住宅を中心とした東西断面図）

第2節　「耕して海に至る」臨海棚田地域の実態
―「耕して天に至る」山間型・山添型棚田地域との対比―

　半島周辺には海浜に沿って弧状に棚田地帯が形成されている。概して，「棚田」[4]については，「耕して天に至る」と表現されているように，多くの人は山間地に存在するものを想像する。しかし，それに対し，半島周辺の棚田は，いわば「耕して海に降りる」，あるいは「耕して海に至る」と表現できる地形的特徴を有している。本章扉の写真は本章で取り上げるB集落の中の主要な棚田風景だが，まさに「耕して海に降りる（至る）」棚田の様子を呈している。

　なお図5-1は，以下で取り上げるB集落の地形的特徴を概念的に示したものである。本書第3章で取り上げたE市G地区の棚田地区が住居地区の背後地に形成され，海辺の水田が平坦水田であったのに対し，本章で取り上げるB集落の棚田地区は，図のように，いわば海浜からそそり立つ急傾斜地に形成され，その上部の傾斜が比較的緩やかになったところに住居が形成され，さらにその上部の「丘」的な部分に畑や樹園地が開発・造成されており，半島地域における住居と耕地の形成状態は実に多様であることを特徴としている。しかし，棚田の上部の台地上の一角に溜池が形成され，そこから棚田に農業用水が流し込まれるというあり方は東松浦半島＝上場台地に共通する灌漑システムと言える。

第3節　B集落の農業展開の概要――農業センサス集落カードより――

　具体的な農家分析に先立ち，まずセンサス集落カードによって作成した表5-1においてB集落の農家・農業の展開の特徴を概観しておきたい。
　農家数の減少が少なく，また1985年以降，専業農家数およびその中の男子生産年齢人口がいる専業農家数の変化も少ない。農業の展開が下支えしているものと推測される。

表5-1 B集落の農家・農業の推移

(単位：戸, a, 頭, 人)

		1960	1970	1975	1980	1985	1990	1995	2000
農家数	専業（男子生産年齢人口がいる専業）	29	11	1(1)	4(4)	12(12)	10(10)	11(9)	11(9)
	第Ⅰ種兼業	1	16	24	18	10	10	7	10
	第Ⅱ種兼業	1	5	4	7	7	8	9	6
経営耕地面積	水田	2,588	2,850	2,683	2,818	3,057	2,696	2,738	2,741
	畑	2,149	1,310	944	1,420	1,512	1,678	**1,888**	1,817
	樹園地	134	**2,110**	**2,381**	**2,457**	**2,241**	1,431	1,062	899
作物種類別収穫面積	稲	2,424	2,840	2,676	2,393	2,370	2,082	1,852	1,821
	麦類	1,795	913	302	381	106	55	—	—
	いも類	976	680	557	433	300	138	33	—
	豆類	1,053	100	1	30	52	18	1	—
	野菜類	390	400	279	199	806	956	540	602
	飼料用作物	239	470	413	823	930	1,585	1,147	…
施設園芸	農家数（面積）				1(5)	6(100)	8(158)	11(291)	**12(381)**
家畜種類別飼養農家数（頭数）	乳用牛 農家数（頭数）	—	4(16)	3(22)	2(43)	1(41)	1(45)	1(84)	1(x)
	肉用牛 農家数（頭数）	29(53)	23(48)	15(31)	13(78)	13(111)	14(195)	13(**367**)	8(**406**)
農産物販売額第1位の部門別農家数	稲		27	27	13	8	7	5	4
	露地野菜					3	8	1	2
	施設園芸（野菜）					3	5	**6**	**6**
	果樹類		2	1	13	12	2	**7**	**9**
	畜産（うち酪農）		2(2)	1(—)	3(2)	2(1)	5(1)	8(1)	6(1)
農業経営組織別農家数	単一経営 稲				2	—	1	3	4
	露地野菜				—	—	—	—	1
	施設園芸（野菜）				—	—	—	**3**	**5**
	果樹類				—	—	—	**3**	**4**
	畜産（うち酪農）				1(1)	1(1)	3(1)	3(1)	3(1)
	複合経営（うち準単一複合）				26(8)	27(9)	23(10)	15(11)	10(6)
農産物販売金額別農家数	100万円未満		31	27	11	3	2	1	5	4
	100～300万円		—	5	18	10	8	9	4	3
	300～500万円		—	—	—	14	10	4	3	4
	500～1,000万円		—	—	—	—	7	7	9	7
	1,000万円以上（うち2,000万円以上）		—	—	—	2(—)	2(—)	**6(3)**	**6(3)**	**9(3)**
経営耕地規模別農家数	0.5ha未満	1	3	1	—	1	—	1	1
	0.5～1.0ha	7	1	1	2	1	2	1	4
	1.0～2.0ha	16	11	11	9	8	10	10	11
	2.0～3.0ha	7	14	13	12	12	12	13	5
	3.0ha以上（うち5ha以上）	—	3	3	6	7(1)	3(—)	2(1)	6(1)
借入耕地のある農家数・面積	農家数（うち畑）		10(4)	7(3)	3(3)	11(6)	11(…)	10(8)	12(8)
	面積（うち畑）		117(40)	59(18)	116(116)	437(216)	483(…)	690(475)	972(615)
米乾燥・調製作業を請け負わせた農家数とその面積	農家数						26	25	24
	面積						1,905	1,722	…
耕作放棄地（以前が田）	農家数				—	2	4	10	13	19
	面積				24(10)	17	254	691(22)	399(183)
農業人口（うち15～29歳）	男	103	88(21)	84(20)	88(14)	83(12)	77(13)	74(16)	65(10)
	女	93	90(26)	76(14)	79(17)	86(12)	79(13)	79(12)	76(14)
農業従事者数	男	56				42	49	45	52
	女	55				44	50	42	41
農業就業人口（うち15～29歳）	男	55	44(12)	40(10)	42(9)	33(5)	32(4)	33(4)	35(3)
	女	54	42(19)	47(11)	50(11)	42(9)	45(7)	38(2)	38(2)
基幹的農業従事者数	男	53	42	38	32	31	27	31	29
	女	32	38	38	28	30	28	24	25
農業専従者（うち15～29歳）	男		37(7)	37(10)	30(9)	28(4)	29(3)	27(3)	26(3)
	女		32(13)	40(11)	28(9)	27(8)	26(3)	21(—)	22(—)
農業専従者がいる農家数			30	28	27	27	26	21	21
兼業農家の出稼ぎ者数（うち女性）			2(1)	—(—)	1(—)	—(—)	1(1)	2(—)	—(—)

資料：1960年は『1960年世界農林業センサス結果報告〔2〕農家調査集落編』（佐賀県），それ以外は農業センサス集落カードおよび農業集落別一覧表より．
註1：1985年までは総農家，それ以降は販売農家．
註2：—は該当なし．空欄，あるいは…は項目なし．xは秘匿．
註3：ゴチック体はかつて多かった数値，および近年増加している注目数値．

水田面積にも大きな変化はないが，畑面積は1970年代に急減したが80年代以降微増傾向にある。これは後述するように，畑地造成ではなく，他集落での畑借地（出作）によるものである（センサスは属人主義のため）。一方，樹園地面積は1960年代に急増したが，85年以降は逆に急減している。これは純然たる耕境後退（耕作放棄）によるものである（この点も後述）。

作物収穫面積は，施設園芸以外は縮小傾向にあり，野菜や飼料用作物も伸び悩んでいる。施設園芸は戸数・面積とも増加傾向にある。それは後述のごとく，イチゴ等の施設野菜とハウスミカンの増加を意味している。畜産関係では1戸の酪農家の頭数拡大，および肉用牛の頭数拡大が注目される。

農産物販売金額1位部門別では施設（イチゴ）と果樹類（ハウスミカン）と畜産を営む農家が多く，それぞれ6～9戸を占めているし，施設園芸と果樹類の農家数は増えつつある。そして，これらの施設園芸，果樹類，畜産部門が販売額1位の農家は，ほとんど単一経営とみられる。このような単一経営の増加の一方で，それまで大半を占めていた複合経営は急減し，両経営の構成が逆転している。また，これら施設型3部門を中心とする経営が農産物販売額の上位階層を占めるに至っている。

こうした施設型経営の拡大・伸張によって，経営面積別農家数構成には大きな変化はみられないが，ただ3ha以上農家の動向に注意すると，1980～85年および2000年に増加しているが，前者はミカンブームによって拡大した露地ミカンの大規模面積経営の形成を，後者は酪農や野菜作や肉用牛繁殖部門における畑借地の増加を反映している。こうして，今日，畑借地の増加が注目されるが，他方で同時に，1995年において借地に匹敵する面積が耕作放棄されている点も見逃せない。

そこで本章は，以上指摘した諸点の実態，なかでも農地利用における問題点を中心に，田畑作地帯の農家・農業の具体的な実態に迫ってみたい。

第4節　農家・農業経営の諸類型 ―― 類型の多様化と経営の単一化 ――

さてB集落の農家および農業経営の類型を整理してみる（表5-2，表5-3）。B集落の農家・農業経営は，農産物販売額1位の部門を基準に，酪農（1戸），ハウスミカン作（5戸），露地野菜作（2戸），肉用牛肥育（2戸），肉用牛繁殖（4戸），施設イチゴ・野菜作（6戸），稲作（5戸），および露地ミカン作（2戸）の8類型に分類できる。こうして多様な類型の存在を特徴とするが，なかでもミカンと野菜の施設経営が11戸と農家総数の4割を占めており，まず施設型農業の多い集落であるという特徴づけができる。

また，これらの施設型経営は，ほとんどが単一経営であるという特徴をもつ。先にセンサス集落カードでもみたように，かつての本集落の農業経営組織の特徴は，複合経営の多さであったが，近年全国および東松浦半島＝上場台地でも複合経営が急減している状況下で[5]，本集落には現在でも複合経営が4戸（G，I，L，U）と準単一複合経営が8戸（B，D，E，K，

表 5-2　B集落の農家の直系世帯員の就業の実態

(単位：戸、a、頭、人)

経営類型	農家記号	直系世帯員年齢(1998年) 世帯主・妻	あとつぎ・妻	父・母	年間自家農業従事日数(1997年度) 世帯主・妻	あと・つぎ妻	父・母	年間雇用のべ人日	農外就業状況(1998年3月現在) 世帯主	世帯主妻	あとつぎ	あとつぎ妻	農家の性格
酪農経営	A	46・46	24	72	300;300	270	—	8	—	—	—	—	専業
	B	45・40			200;230			20	—	—	—	—	専業
	C	62・58	37、35	74・72	280;250	300;300	200;30		—	—	—	—	専業
ハウスミカン作経営	D	52・46	29	81・75	200;240	230	—		—	—	—	—	夫婦専業
	E	57・52	33		200;150	30	—		—	—	酪農ヘルパー・常勤・3人娘	—	夫婦専業
	F	43・39		69	240;250		—	80	—	—	—	—	専業
露地野菜作経営	G	63・58	31・29	77	150;100	30;50	—	5	土建業100日	—	建設業(大工)・常勤・町内	—	II種兼業
	H	54・50	31		300;250	—	—	60	—	—	会社員・常勤・唐津市	—	夫婦兼業
肉用牛肥育経営	I	41・36		65・61	300;300	—	125;150		—	—	—	—	専業
	J	55・54	29・26		270;300	300	—		—	—	—	—	専業
肉用牛繁殖経営	K	52・47	24	82	250;250	50	50	8	—	—	建設会社・常勤・町内	—	夫婦専業
	L	60・58	31・31	79	250;300	60;20	—		—	—	建材店・常勤・町内 牧場・年間・町内肥育牛農家(49歳・福岡市)	歯科医院(臨時・町内) 医師・パート看護師・年間(42歳・福岡市)	I種兼業
	M	60・58	32・30		50;250	50	—		—	—	—	—	II種兼業
	N	68・68			50;30	—	—		—	—	—	—	II種兼業
施設イチゴ・野菜作経営	O	49・49	19	77・79	300;300	250	—	16	—	—	—	—	専業
	P	40・37		72	250;250	—	100;50		—	—	—	—	専業
	Q	45・42		70・65	250;250	50	—	30	—	—	—	—	専業
	R	49・48	26	86	250;250	250	—		原発(土木)・年間・町内ダンプ運転手・常勤・唐津市	—	(32歳・電力会社・鹿児島市)電力会社関係・常勤・福岡市	(鹿児島市)	専業
	S	52・52		84	280;270	—	—	50					専業
	T	49・41	22	70・70	250;250	30;60	—		—	—	(33歳・電機会社・福岡市)	(福岡市)	夫婦専業
稲作経営	U	63・58			250;250	—	—		運転手・常勤・唐津市	会社・年間	建設会社・常勤・唐津市		専業(60代)
	V	50・45	22	74・71	50;50	50	—		建設会社・常勤・町内	—	電気会社・常勤・町内	na	II種兼業
	W	59・54	36・35		50;100	20;30	—		—	—	(2人娘) タクシー会社・常勤・唐津市		II種兼業
	X	71・65			30;30	—	—		—	—	—	—	専業(高齢)
	Y	65・66	37		— ;30	60	—		—	—	—	—	II種兼業
露地ミカン作経営	Z	43・39	21	86	30;150	30	—		建設業・常勤・隣町	—	自動車整備工・常勤・唐津市	(教員・唐津市)	II種兼業
	a	63・60			200;200	—	—		建設業・常勤・隣町運転手・常勤・隣町				専業(60代)
非農家	b	46・36			—	—	—		—	—	—	—	非農家
	c	59・66	24		—	—	—		自営業(自宅)	一時休職	—	—	非農家
	d	49・40		76	—	—	—		造船所180日	—	—	—	非農家

資料：1998年3月実施B集落農家悉皆調査。
註1：1997年度とは1997年4月～1998年3月。　註2：後継者の( )は他出者。
註3：ゴチック体は認定農業者(1995年認定)。　註4：一は「0」または「就業なし」、空欄は該当なし。

表5−3 B集落の農家の農業経営の実態

経営類型	農家記号	経営耕地面積 (a) 自作 田	畑	樹園地	牧草専用地	借地 田	畑	樹園地	計	貸付地面積(a) 田	畑	耕作放棄地面積(a) 田	畑	樹園地	作物作付面積(a) 稲	露地野菜 タマネギ	キャベツ	ハクサイ	ネギ	施設野菜 イチゴ	キッコウ	飼料作物	露地ミカン	ハウスミカン	飼養頭数(頭) 搾乳牛	繁殖母牛	肥育牛	部門別販売金額割合(%) 米	露地野菜	施設イチゴ野菜	露地ミカン	ハウスミカン	畜産	経営組織	将来計画等
酪農経営	A	25	350		223				598	12		3	8		25							550			53								100	酪農単一	酪農規模拡大
ハウスミカン作経営	B	90	15	106		100	39		350			5			160	20	20						50	53				15	9		3	73		ハウスミカン未単一的	ハウスミカン更に8a拡大予定
	C	178	7	149					334	3		2		12	130	10							112	37				9	1		4	86		ハウスミカン単一的	ハウスミカン37aを50a目指に
	D	85	4	90		53	10	80	322			40			110								130	18				9			26	65		ハウスミカン準単一	露地ミカンをハウスミカンに置換え
	E	110	80	100					290		30			40	30								30	25				2	9		11	73		ハウスミカン単一	現状維持
	F	30		130					160	20					30								80	50			6				6	94	15	ハウスミカン単一	露地ミカンをハウスミカンに切替える
露地野菜作経営	G	160	60	40			12		272				12	60	120	70							40					42	58			11		野菜単一複合	タマネギ主体でいく
	H	80	30	35		27	131		273	30					40	140							35					3	86			11		野菜単一	
肉用牛肥育経営	I	150	8		90				258	25					150								62	28		55		5			3	38	54	牛ハウスミカン複合	現状維持
	J	110	110						220	10					70							150					300	1					99	肥育牛単一	飼料基盤確立し頭数拡大予定
肉用牛繁殖経営	K	95	90			30	146		361					10	60	80	15					20				22		6	27				67	肉牛野菜準単一	あとつぎは農外就業を継続予定
	L	130	50	20			62		262						100	80						110				8		4	48				48	野菜肉牛複合	野菜拡大予定
	M	80	60				50		190		30		5		80											11		22					78	畜産米単一	繁殖牛単一
	N	60	60	15					135						40							15				2		22					78	繁殖牛単一	現状維持
施設イチゴ・野菜作経営	O	170	60				5		235			15		70	110	40					37					2		11	29	49				野菜米等単一	水が来たら施設野菜拡大予定
	P	70	80						150			20	30	50	30				27	27										100				イチゴ単一	現状維持
	Q	140	27						167	50			46	20	50													4		96				イチゴ単一	イチゴをあと5aほど拡大予定
	R	90	40						130		20	50	20	64	30				25	20										100				ハウスイチゴ単一	現状維持
	S	90	15						105				25		15													4		96				イチゴ単一	現状維持
	T	15	35						50				50	21						35								19		81				ハウス野菜単一	
稲作経営	U	100	40						243				30		80	32	18						50				1	39	27				34	米ミカン複合	重量野菜を軽量野菜・花に変更
	V	120	20			50	53		140	62					120													75					25	稲作牛準単一	サラリーマンという意識
	W	70	30						100		30				70													100						稲作のみ	現状維持
	X	60	30						90			30		20	60													100						稲作のみ	高齢化で経営縮小、農業やめる
	Y	65	15						80		1		15		65													100						稲作のみ	
露地ミカン作経営	Z	51	30	45					126		25				21	10							45						10		90			露地ミカン単一	現状維持
	a	40	10	60					110					46	40								60						20		80			露地ミカン単一	
非農家	b	5							5	20	13																	販売なし							1964年に離農し、父親は出稼ぎに出た
	c									33	14	53																販売なし							1985年に離農、92年田23a売却、96年畑9a売却
	d									50	10																	販売なし							1984年父死亡を機に離農、農地は親戚に貸付け
計		2,439	1,356	895	35	263	688	80	5,756	138	320	279	237	481	1,896	452	63	20	99	72	845	694	211	53	52	355									

資料:表5−2に同じ.
注1:作物作付面積および販売金額は1997年度(1997年4月〜1998年3月)、それ以外は1998年3月現在.
注2:経営耕地には耕作放棄地は含めていない.

表5-4 B集落の青年農業者の概要

青年記号	年齢	農家の主な経営部門	就農経路等		
			高校	大学・研修等	就農経路
A	24	酪農	普通校	大学・アメリカ	研修後就農
C	37	ハウスミカン	普通校		土木関係就職後Uターン就農
D	29	ハウスミカン	普通校	農業大学校	自動車関係就職後Uターン就農
J	29	肉用牛肥育	普通校		建設会社等就職後Uターン就農
O	19	野菜	普通校		新規学卒就農
R	26	イチゴ	農業高		新規学卒就農

註：青年記号は所属する農家記号を使用。

M, N, O, V）存在するが，それらを上回る15戸が単一経営となっている。ところで，単一経営には2つの異なった経営が含まれている。すなわち1つは，施設園芸に典型的にみられる専業農業的な単一経営であり，このような経営は9戸存在する。もう1つは稲作ないし露地ミカン単一の兼業農家であり，5戸形成されてきている。こうして，東松浦半島の中では複合経営が比較的多い本集落においても，近年施設園芸の急展開によって単一経営が増加し，複合経営の減少が確実に進んでいる。そして，このことが後述するような農地利用上の問題の発生に結び付いていっているのである。

なお，本章は農地利用の実態を中心に検討するため，経営類型に関しては，これ以上の言及は割愛したい。

第5節　青年農業者の分厚い存在と就農経路・経営部門

本章では，以上のような多様な専業的農業経営の形成と表裏一体の現象として，青年農業者が分厚く育成されていることを確認しておきたい。B集落には40歳未満の農業専従者が7名（うち女性1名）いる。表5-4は彼らの所属する経営の主要部門と彼ら自身の就農経路を示したものである。経営部門は多様だが，やはり施設部門と酪農が主体となっていることが分かる。また就農経路は新規学卒就農者とUターン就農者がそれぞれ3人ずつであり，近年のUターン就農青年の増加が確認される[6]。

第6節　農地利用の特徴　──集約化・借地増加と粗放化・耕作放棄の跛行的同時進行──

B集落における農地利用の特徴として，一方での施設化による農地の集約的利用，および露地野菜作・酪農・肉用牛繁殖部門の拡大に伴う畑借地の増加，そして他方での粗放化と耕作放棄の進展，の3点を指摘することができる。以下，これら3点について具体的にみていこう。

1．B集落の地目と作目の実態
―― 不整形・狭小・急傾斜の棚田の形成と耕作放棄地の拡大 ――

まず図5-2にB集落の地目構成を示す。赤色で示したのが水田であるが，多数の狭小で細長い棚田が急斜面に張り付いている様子が見て取れよう。一方，畑（樹園地を含む）の方は，棚田の形成された斜面の上部の比較的平らな（なだらかな）一帯に形成されているため，傾斜・形状・面積において水田ほど劣悪ではないが，しかし，やはり狭小・不整形のものがモザイク状に錯綜している。

また，これら水田・畑の中にそれらに劣らぬ面積の山林原野が混在しているのが，佐賀県北西部の東松浦半島（上場台地）に共通する地目的特徴である。その意味で，ここに図示したB集落の地目構成は東松浦半島＝上場台地に共通する一般的な状況である。

さらに，棚田の上部には溜池が形成され，そこに稲作用の灌漑用水が確保されている様子がうかがえるが，このような「溜池地帯」としてのあり方も東松浦半島＝上場台地に共通する地目的特徴である[7]。

次いで図5-3に春夏の作目構成を示す。第1の特徴は，最大作目は赤色で示した稲作だが，図5-2で見た水田面積に対して作付割合は高くないことである。そして，それが棚田の悪条件を背景としていることはいうまでもない。そして第2に，水田を中心にかなりの面積が「休耕」（緑色）になっていることである。「休耕」の大半は耕作放棄地と考えられるが，その実態・要因等については本節の4で後述したい。なお秋冬の作目はミカンのみであり図5-3とダブるので，図は省略した。

2．施設化による農地の集約的利用の進展 ―― ハウスミカン形成を中心に ――

B集落は図5-1および図5-2，図5-3でも見られたように，棚田は急傾斜・狭小・未整備・通作道路不備のため，稲作や飼料用作物以外の利用は困難な状況にあるが，比較的緩傾斜の畑や樹園地においては近年施設化が進み，こうしたハウスミカン，イチゴあるいはそれら以外の施設野菜の栽培が盛んなことがB集落の農地利用におけるまず第1の特徴である。とりわけハウスミカンの栽培面積の増加傾向が，B集落の施設化の特徴を典型的に示しているため，ハウスミカン形成史を概観してみよう。すなわち，B集落はミカンの新興産地であり，表5-1のセンサスデータでも明らかなように，1960年代に構造改善事業によってミカン園が造成され，B集落におけるミカン栽培が本格的に開始された。しかし，68年，72年のミカン価格暴落を背景に，78年に町内X集落のミカン農家[8]がミカンの施設化を始めたのを契機に，80年末にB集落ではB農家が最初にミカンの施設化を試みた。続いて83年にC農家とF農家が，また85年にはE農家がハウスミカンに着手した。その後は93年にI農家が，そして95年にD農家が加わり，現在では以上の6戸においてハウスミカン作経営が行われている。

こうして，B集落では，露地ミカンが1960年代に増加し，いわば本集落の農業を代表する

作目となったが，70年前後の価格暴落を契機に面積を縮小させ，80年代以降の20年間においては，従来の露地ミカンの再編が行われ，施設化（ミカンハウス化）の方向が進められてきた。以上のミカン作の施設化に象徴される動向に，B集落の近年の農地利用の特徴の1つを見て取ることができる。

3．畑借地の増加（畑借地率3割余）とその要因・性格
—— 露地野菜作・酪農の展開とその限界 ——

畑借地面積の割合が34％に達する点が本集落の農地利用のもう1つの特徴である。ここでも紙幅の関係上表出は割愛するが，その中身は，タマネギ栽培が12件，230 a，飼料用作物作付が8件，339 a（うち酪農家によるものが3件，223 a）というように，タマネギと飼料用作物の2作物だけで453 aになり，畑借地総面積688 aの66％を占めている。なお，その大半はヤミ小作の形態をとっている。

こうして，本集落ではタマネギ栽培と酪農の展開にリードされて畑の借地が盛んに行われていることが分かる。

しかし，今回の調査結果の限りでは，野菜作および飼料用作物の面積，さらには乳用牛頭数も減少気味であり，タマネギ作と酪農による畑借地の勢いは衰えてきているように感じられた。

本書第4章において，肥前町内の露地野菜作の盛んなD集落での実態調査結果から，東松浦半島における露地野菜作展開上の限界・問題点を指摘したが，B集落の露地野菜作も今日伸び悩み，経営展開上の限界に直面しているとみられる。その限界とは具体的には何なのかについては，第4章で言及したのでそれを参照されたい。

4．不作付・耕作放棄の増加（放棄地率15％）とその要因
—— 耕地の3K悪条件，集約部門への集中，労働力不足・高齢化 ——

農地利用におけるB集落の3番目の特徴は，不作付の進展およびそれがさらに進んだ耕作放棄の増加である。先の表5-1および後掲の表5-5と図5-4にも示したが，これまでに水田総面積の9％，畑総面積の10％，樹園地総面積の33％，耕地総面積では14.8％が耕作放棄されたことになる。2000年センサス結果にみられる全国総農家の耕作放棄地面積割合5.4％，地域類型の中で最大の山間農業地域の8.2％に比しても，これらは高い数字である。なかでも樹園地のそれが極めて高い点に注目する必要がある。

問題は，その要因である。調査結果を表5-5に示した。まず第1点は，耕地や通作道路の悪条件という立地上の要因である。第3章においても，E市G地区の棚田が耕作放棄された要因として，「機械搬入困難」，「狭小」，「危険」の3K要因を指摘したが，図5-1，図5-2，図5-3および本章扉写真にも見られるように，B集落の棚田も，E市G地区と同様，急傾斜・狭小・未整備であり，また通作道路が不十分であることが，今日の中型機械化体系の利用

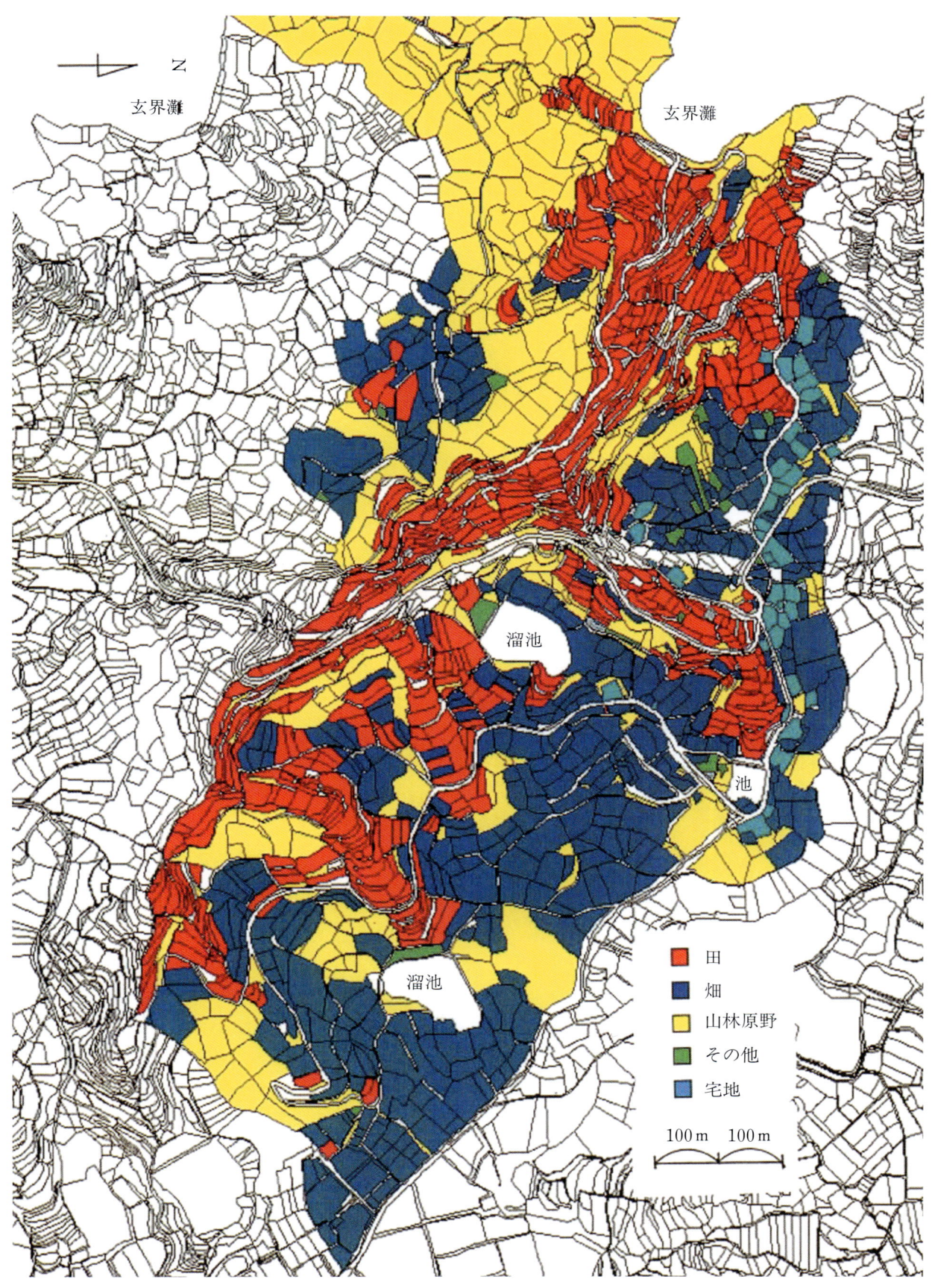

図5-2　B集落の地目構成（1997年）

資料：農地管理システム（佐賀県農業試験研究センター作成）。

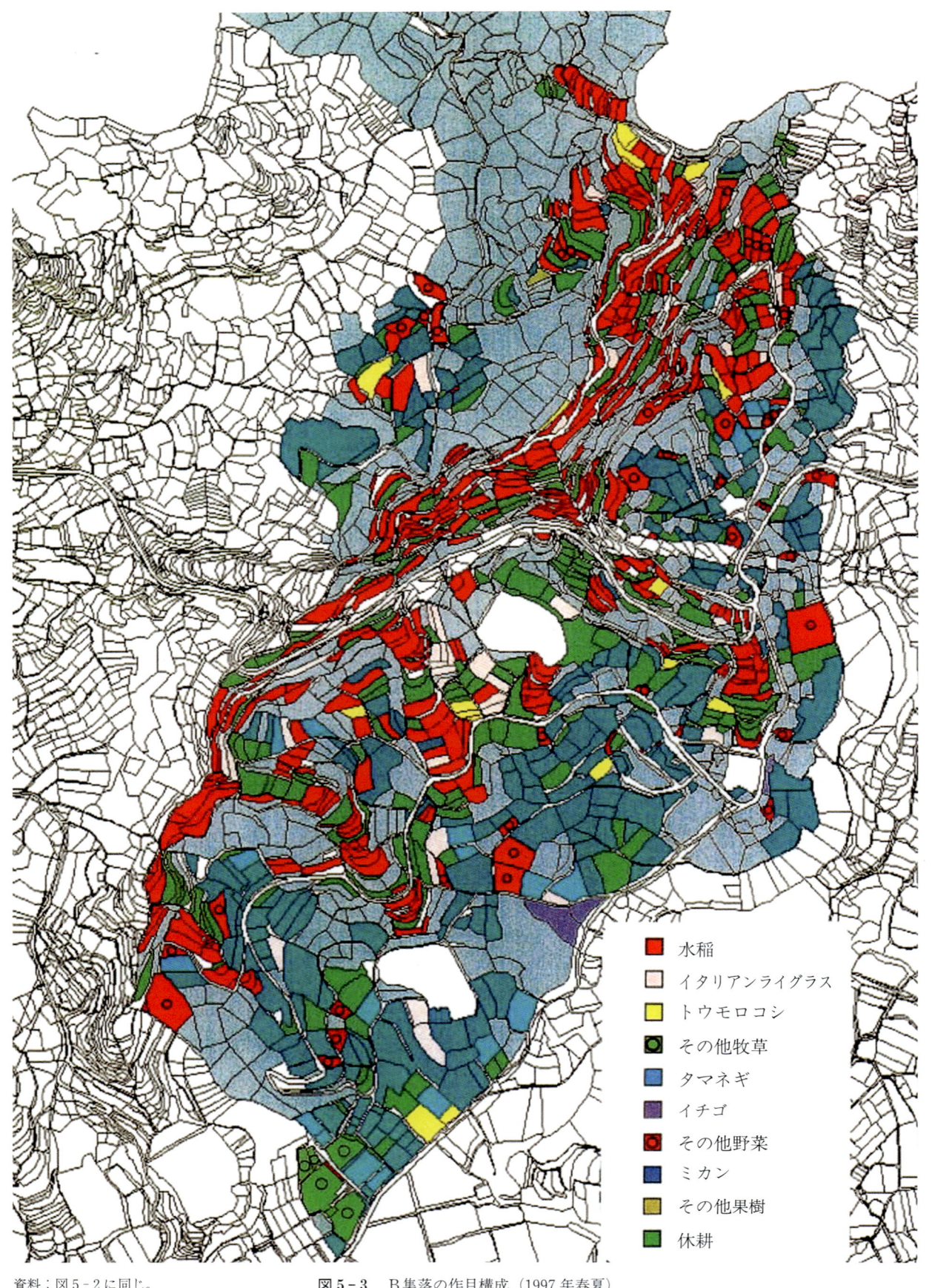

凡例:
- 水稲
- イタリアンライグラス
- トウモロコシ
- その他牧草
- タマネギ
- イチゴ
- その他野菜
- ミカン
- その他果樹
- 休耕

資料:図5-2に同じ。　　図5-3　B集落の作目構成（1997年春夏）

第5章　臨海田畑作地区における農業の展開

表5-5　B集落の農家の経営耕地の整備状況と耕作放棄状況

経営類型	農家記号	経営地 田 未整備	経営地 田 整備	経営地 棚田 面積	経営地 棚田 枚数	経営地 畑 整備	経営地 畑 未整備	経営地 樹園地	耕作放棄地 田 面積	耕作放棄地 田 枚数	耕作放棄地 畑 面積	耕作放棄地 畑 枚数	耕作放棄地 樹園地 面積	耕作放棄地 樹園地 枚数	耕作放棄年	耕作放棄地の現況	耕作放棄の理由・契機
酪農経営	A	—	25	—	—	330	243	—	3	1	8	2				田：草（年1回刈取）、畑：荒地	田・畑：狭い、ルーズ。
	B	60	130	90	25	31	29	106	5	4					田1992、畑85	草が生えている	水かかりが悪い。山の中にある。離れている（海側）。
ハウスミカン作経営	C	178	—	108	37	—	7	149	2	1			12	3	1988	保全管理（草払いはしている）	棚田で狭く、機械が無く道が入らない。
	D	138	—	138	39	—	14	170	40	10					田1979、園88	草が生えているが、年1回耕起	ミカン減反のため。
	E	110	—	110	24	—	80	100					40	2	1975	雑木林・竹林化	あとつぎが農外就業に転じ、労働力不足となったため。
	F	30	—	30	4	—	—	130							1985		
露地野菜作経営	G	148	12	130	37	18	54	40			12	1	60	4	畑・園1992	畑：葛、灌木、園：ミカン枯れ茅地	畑：遺跡外でトラクター入らず。園：面積狭、採算合わず、クマゼミ集中。
肉用牛肥育経営	I	145	5	70	17	—	18	90									
	J	110	—	110	22	70	40	—					140	7	1988	竹林化	ミカン減反
肉用牛繁殖経営	K	95	30	18	8	120	116	—					10	1	1988	竹が生え、ミカンは枯れている	肉牛経営に集中したため
	L	113	17	130	26	10	122	—			5	2	15	3	畑1983、園88	畑・園：林になっている	畑：高齢化、園：ミカン減反
	M	80	—	70	28	40	70	—									
	N	55	5	75	18	—	75	—									
施設イチゴ・野菜作経営	O	160	10	170	50	13	52	—	15	3			70	6	田1993、園92	田：園で手が細かるため、園：施設野菜作に集中し、手が回らないため	
	P	70	—	70	30	—	80	—	20	5	30	3	50	5	田93畑90園88	田：草が生えている	田：減反、畑：労力不足、園：収穫しないため。
	Q	113	27	113	44	27	—	—	46	15	20	3	64	7	田・畑87	田：保全管理	イチゴ経営に集中したいため。
	R	90	—	90	10	10	30	—							na	田：草管理	
	S	35	55	60	26	15	—	—	50	18	25	3	70	3	1992	田・畑：原野になっている	田：労働力不足
	T	15	—	15	30	—	35	—			21	3				ときどきトラクターで働く	施設化したトマトに集中。
稲作経営	U	153	—	153	30	—	40	50								田・畑：原野化、12aは草刈している	機械が入らないので減反を機に休耕にした。将来とも休耕する。
	V	95	25	60	10	—	20	—	30	7					1993～	部分的に除草している	露地ミカンの採算が合わないから、あとつぎがいない、高齢化のため。
	W	57	13	30	21	3	27	—					20	1	1988	荒れている	
	X	30	30	30	8	—	30	—			70	7			1988		通作道路もなく、行きにくく、仕事がしにくいため。
	Y	50	15	65	12	7	8	—	15	8					1988		
露地ミカン作経営	Z	51	—	51	21	—	30	45									
	a	40	—	40	10	—	10	60							田1981、畑67	田・畑：原野になっている	農業で赤字を出したため。
非農家	b		5														
	c																
	d																
計		2,298	404	2,128	612	778	1,301	970	279	87	237	34	481	39			

資料：表5-2に同じ。
注1：耕作放棄地は経営耕地に含まれない。
注2：畑には表5-3の牧草専用地も含まれている。
注3：naは不明。

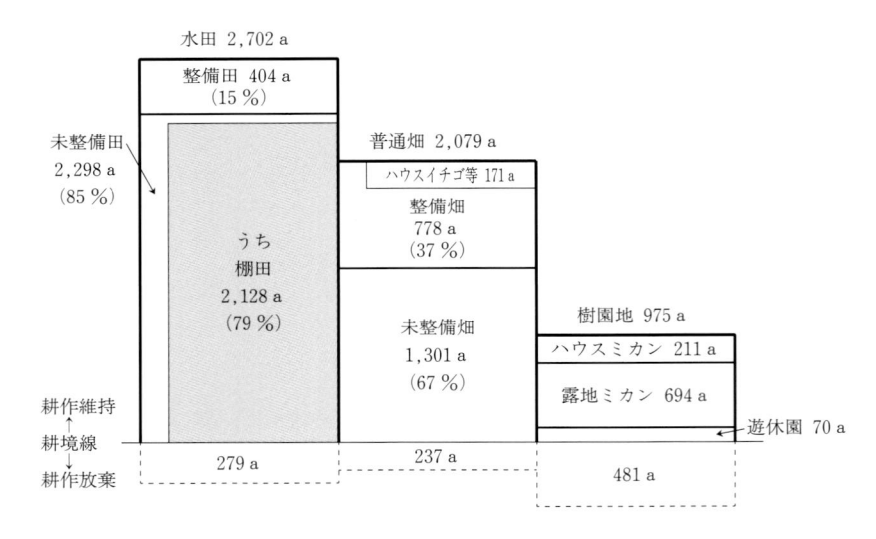

```
水田 2,702 a
  整備田 404 a
    (15%)
  未整備田
   2,298 a        普通畑 2,079 a
   (85%)           ハウスイチゴ等 171 a
                   整備畑
    うち           778 a
    棚田           (37%)
   2,128 a                            樹園地 975 a
   (79%)          未整備畑            ハウスミカン 211 a
                  1,301 a             露地ミカン 694 a
   耕作維持        (67%)                          ← 遊休園 70 a
   耕境線
   耕作放棄   279 a    237 a          481 a
```

図5-4 B集落における農地の整備・利用および放棄の状況（概念図）

を遠ざけることによって耕作放棄が進行したといわざるをえない。

第2は、上記施設園芸等の集約部門への集中によって間接的に条件不利農地が放棄されるという経営経済的要因である。概してB集落の農家に労働力が不足しているわけではない。上記のように、むしろB集落には専業的農家が比較的多く、青年農業者も少なくない。しかし、彼らが専従し力を入れている部門は、ハウスミカン、イチゴおよび畜産であり、経済的に引き合わない零細稲作、しかも悪条件の棚田での稲作を維持・継続する魅力や余裕はないということによるものである。

さらに第3に、なかでも高齢農家にとっては、このような悪条件の棚田での稲作は労力的に困難を伴うため、放棄せざるをえない状況にあるのである。

5．農地利用の全体的構図 —— 農地利用の跛行性 ——

以上の諸点を整理したのが図5-4である。特徴点を挙げてみよう。

第1は、農地の立地上の悪条件である。B集落の経営耕地は、水田が47％、畑が36％および樹園地が17％を占め、田畑が主体となっている。その中で水田の約8割は棚田であり、しかも本章扉写真にも見られるように急傾斜の棚田が大半を占めている。急傾斜ゆえに、一般的な圃場整備すら困難な状況にある。畑も一部は県営圃場整備事業がなされているが、大半（7割近く）は未整備状態にある。

その結果として、耕作放棄の激増が認められる。耕作放棄地は総面積で997 aにも達し、率で14.8％だが、面積および率とも最大の地目は樹園地であり、481 a、33％、つまり3分の1もが放棄されている。

以上の動向は、B集落における農地利用にみられる主要な動向であるが、第2に、図5-1

で見たように，集落の上部の比較的緩傾斜で良好な場所にあるミカン園を中心に上記のようなハウスミカンへの取り組みが盛んになされ，畑でのイチゴ栽培とともにB地区の代表的な作目となりつつある点にも注目しなければならない。そしてもう1つ，先述のように，タマネギと飼料用作物（酪農）にリードされた畑借地の動向も注目される。しかし，この動向はいまひとつ力強さに欠けており，上記の2つの大きな動きに対し，副次的な動きとみざるをえない。

こうして，一方でのハウスミカン園・イチゴに代表される農地の集約的利用の進展と，他方での耕作放棄の同時進行という点に，B集落における農地利用上の今日的性格の特徴が象徴的に示されている。

第7節　棚田の保全対策 ── ポイントは担い手問題 ──

以上の考察の結果，半島地域に多く見られる棚田・畑・樹園地は地形的悪条件に規定されて大半は未整備の状態におかれている。それは，まさに条件不利地域の一形態にほかならない。そして，これらの耕地のかなりの部分で耕作放棄が進み，耕境後退が進行している。その要因としては，急傾斜・狭小という地形的悪条件，施設等の集約部門への集中傾向，高齢化による労力不足が挙げられる。そこで，最後に，このような耕作放棄問題に関しコメントを付して本章を閉じたい。

棚田といっても存在形態は多様であり，地形的・景観的観点から物理的改良が比較的容易なものから，急傾斜・狭小のためその改善・改良が極めて困難なものまで多様に存在する。また機械利用の観点からみると，棚田自体（本圃）の問題とそこへの通作道路の問題の2側面が存在する。本圃自体の改良は，物理的・経済的に困難であっても，通作道路の改良には可能性が残されている場合も存在する。そして通作道路が改善されるだけでも，機械の出し入れが比較的容易となり，耕作放棄を解消する可能性も出てくる。B集落でも，物理的・経済的観点からは本圃の改良には困難性が高いが，通作道路の改善の余地はあるように思われる。したがって，今後の棚田対策においては，そのようなことが可能となるような補助事業の弾力化や新制度の導入が求められる。

もう1つは，棚田の利用方法であろう。これまでは米・飼料用作物といった経済作物が栽培されてきたが，今後は景観作物等の非経済作物の利用も考えていく必要があろう。また肉用牛の放牧によって棚田の耕作放棄を食い止めている事例もある[9]。さらに，B集落の棚田は本章扉写真にも見られるような風光明媚な有力スポットであることから，観光等と結びつけての取り組みも重要であろう。

ところで，棚田保全においてそれ以上に重要なのはその担い手問題である。本集落には専業的農家や農業専従の青年農業者が少なくない。しかし，彼らの多くは施設部門に力を集中し，作業効率や経済性の低い棚田や急傾斜樹園地での稲作や露地ミカン栽培等の土地利用部門は概して嫌う傾向が強い。施設部門の担い手と土地利用部門の担い手が乖離しようとしているので

ある。とするならば，土地利用部門，とりわけ棚田や段々畑や急傾斜露地ミカン園を維持・保全するためには，その担い手ないし担い方における新たなシステムを創出する以外にない。それは高齢者か，兼業農家か，あるいは集団的対応か，非農家との連携・協力体制か。このような新たな担い手ないし担い方のシステムが形成されないかぎり，棚田や露地ミカン園はますます「山林原野に戻る」傾向にある。

註

1) 中島（1999 a）および中島（1999 b）は，海辺に形成された棚田を「臨海型棚田」，内陸の山間・盆地に形成された棚田を「山間型・山添型棚田」，河川沿いに形成された棚田を「谷底平地型棚田」と命名している。
2) 東松浦半島＝上場台地を構成する5市町（呼子町，鎮西町，玄海町，肥前町および唐津市）内には棚田が1,613 ha存在し，これは県全体の棚田総面積47,597 haの22.6％に相当する。またこれは，本半島地域の水田総面積3,437 haの46.9％（棚田率）を占める。すなわち，本半島地域の水田の半数近くが棚田なのである。なお県平均の棚田率は15.0％であるから，本半島地域の棚田率は県内では最も高い（「第三次土地利用基盤整備基本調査結果」〔1992年調査〕九州農政局資料）。
3) ふるきゃらネットワーク（1996）には全国の60枚（地区）の棚田の風景写真が掲載されているが，うち東松浦半島の事例が5枚（地区）も載っている。このことにも，東松浦半島が全国でも有数の棚田地帯であることが読みとれる。
4) 「棚田」の統計的な定義は未確立であるが，20分の1以上の傾斜地に立地する水田を棚田として統計的に把握する場合が多いため，本書もそれに従った。
5) 1980〜95年における全国の複合経営の大幅減少と施設園芸・野菜・果樹の単一経営の漸増，稲作単一経営の大幅増加については今井（1997），87頁を参照。なお佐賀県内では佐賀平野には複合経営が比較的多いのに対し東松浦半島にはその逆に単一経営が多いという地域性がみられる。それは主として両地域における地目・作目構成の違いに起因しているものと考えられる。
6) Uターン就農者の増加については小林（2003）などを参照。
7) 東松浦半島には大小500を超える溜池が存在すると言われている。
8) 当農家からの聞き取りによる。また『玄海町史（下巻）』（2000），445〜446頁も参照。
9) 山口県油谷町など各地での取り組みが報告されている。

引用文献

今井健（1997）「地域農業の展開における担い手の動向」宇佐美繁編著『日本農業――その構造変動――』農林統計協会。
『玄海町史（下巻）』（2000）玄海町教育委員会。
小林恒夫（2003）「1990年代における新規青年就農者数の新動向とその要因に関する批判的検討」『農業問題研究』第54号。
中島峰広（1999 a）『日本の棚田』古今書院。
中島峰広（1999 b）「日本の棚田」『日本の原風景・棚田』ふるさときゃらばん。
ふるきゃらネットワーク（1996）『棚田』講談社。

第II部

半農半漁の構造

第6章

半農半漁の今日的形態と存立条件
―― 統計分析 ――

半農半漁村の棚田
（山口県・向津具半島，油谷町，2000年春）

半農半漁村の漁港での1コマ
（長崎県・北松浦半島，平戸市，2002年秋）

要　約

　わが国において，今日たしかに全体としては半農半漁経営体数とその割合は激減したが，地域的には太平洋3区や東シナ海区において，また階層的には1トン未満層において，さらに漁業種類ではのり養殖業においては，少なからずの半農半漁経営体数とその割合が保持されており，しかも，それらの海区・階層・漁業種類においては，平均的にみても50万円台から70～80万円台，所得割合にして10％前後の農業所得を得ている半農半漁経営体が存続しているという統計的結果を得た。以上の数値は想像以上に高いものと考えられる。そして，この点こそが半農半漁の今日的存立条件と考えられる。

　また，佐賀県がわが国において半農半漁の典型的実態を持つ半農半漁経営体数の割合が最も高い，いわば日本一の半農半漁県であることが判明した。

第1節　課題と方法

　食料・農業・農村基本法の制定（1999年）を契機に「多様な担い手論」が盛んである。一方では企業的経営や法人経営が，他方では定年帰農や女性起業などが取り上げられているが，「半農半漁」に関する言及はまだない。それは，今日「半農半漁」[1]に言及した著書や論文は少なく，ましてや半農半漁の全体像の解明を目的とした著書や論文は皆無に等しいからである。このように，半農半漁が正面から取り上げられない要因は，一方では，今日わが国の半農半漁経営体数とその割合が激減したため，マイナーで無視しうる存在，あるいはいずれ消えゆく中途半端な形態とみる見解が暗黙に支配しているからではないだろうか。また他方で，農林漁業研究における農・林・漁業への対象の絞り込み・細分化・専門化傾向が存在しているからではないだろうか。すなわち，半農半漁は漁業と農業が結合しているため，漁業のみ，あるいは農業のみの視角からは，片方が切り捨てられ，両者を含めた全体が視野に入ることは困難であるからである。

　たしかに今日，全国平均の統計数字を見ると（表6-1を参照），半農半漁経営体数とその割合はかなり小さくなった。その要因は，漁家の専業化[2]，すなわち半農半漁世帯における零細農業の切り捨てなどによるものと考えられる。では，そのことから即，将来にわたって半農半漁をマイナーで無視しうる存在とみて妥当なのだろうか。本章は，一面ではそのような傾向の進行を認めつつ，しかし，そのような傾向に内在するもう1つの側面として，以下の諸点の存在を改めて指摘し，将来においても半農半漁の存在理由の保持を主張し，半農半漁を「多様な担い手論」[3]の一環に組み込むことを目的としている。すなわち，今日たしかに半農半漁経営体数とその割合は激減した。それはいわば国民経済におけるマクロの側面における現象である。しかし他方において，階層別・漁業種類別・地域別といったいわばミクロの視点からみる

第6章　半農半漁の今日的形態と存立条件

と，存在状況に偏在性が認められ，ある特定の漁業経営階層，漁業種類，あるいは海区においては，半農半漁経営体は無視しえない数と割合でまとまって存在しているのである。また，少数とはいえ，そのような形態で残された半農半漁経営体における「農業」の経済的位置は思ったほど小さくはなく，この点に今日における半農半漁存立の経済的意義を見いだすことができるのである。したがって，今日でも半農半漁の存在を無視することはできないし，またそれは，将来とも決して消えゆく存在とみることはできないことを指摘してみたい。

　分析の方法としては，上述のように，今日では，そもそも半農半漁経営体の全体像に関する研究は皆無に等しいため，本章は，一般的な統計分析によって，今日におけるわが国の半農半漁の存在形態を概観し，またその存立条件を検討してみたい。

第2節　半農半漁の統計的把握方法

　註1で後述するように，「漁業も営む農家」あるいは「農業も営む漁家」を意味する用語としてはいくつかのものが散見されるが，本書では「半農半漁」という用語を使用する。

　しかし，一般的な農漁業統計の中に直接「半農半漁」等の用語自体を見いだすことはできないし，また，それに相当する統計用語も存在しないため，統計分析においては，農漁業統計の中から改めて「漁業も営む農家」あるいは「農業も営む漁家」に該当する項目を探し出すことから始めなければならない。

　そこで，まず農業センサスでは1995年までは漁業を兼業する農家数が把握できたが，2000年農業センサスではそのような調査項目が削除されたため，農業と漁業との接点を見いだすことは不可能となった。それに対し，漁業センサスでは，農業と漁業との接点に関して95年までの農業センサス以上の内容を見いだすことができる。すなわち，漁業センサスでは，個人漁業経営体（以下「漁家」[4]と略称）が専業・兼業に区分されているが，兼業漁家の兼業種類の1つとして「自営農業」[5]が把握されているからである。そこでまず，この「自営農業を営む漁家」を「半農半漁」世帯として把握することにする。さらに，漁業センサスでは，漁家が兼業する自営農業に関して，それが「主とする兼業種類」である場合（A）と，「主とするか否かにかかわらず，ともかく自営農業を営む」場合（B）の2通りの分類がなされている。これら両者の関係は，前者（A）が後者（B）に含まれる関係にあるが，（A）とそれ以外のもの（AマイナスB）とは内容や性格がかなり異なると考えられることから，本章では以下のように必要に応じて両者を区別しつつ使用することとする（図6-1を参照）。

1．主とする兼業種類が自営農業である漁家（狭義の半農半漁）

　漁業は農業とは異なり，熟練男子海上作業を不可欠とするという労働力構成上の特徴[6]から，専業経営的性格が強いため，専業的な世帯（専業漁家および第Ⅰ種兼業漁家）の割合が農家世帯より高いが，このように専業的経営の割合が比較的高い漁家構成において，「主とする

兼業種類が自営農業である」（A）状態とは，第Ⅰ種兼業漁家の場合では「漁業＋農業」（a），あるいは「漁業＋農業＋勤務（ないし農漁業以外の自営業，以下「勤務等」と略称）」（b）というあり方が世帯員の就業構成となっているものと推測される。また，第Ⅱ種兼業漁家の場合では，「農業＋漁業」（c），「農業＋漁業＋勤務等」（d），あるいは「農業＋勤務等＋漁業」（e）という就業構成となっているものと考えられる。なお，ここで示した「○＋△＋□」という表現は世帯員の就業部門（就業先）の序列を示しており，たとえば「漁業＋農業＋勤務等」というのは，1位の就業部門が漁業で2位が農業で3位が勤務等であることを意味していることに注意されたい。

そこで，これらの中身を検討してみたい。

まず，「漁業＋農業」（a）においては，農業が極めて小さい場合も存在しうるが，「農漁業以外への勤務等」に縛られる世帯員（とくに直系世帯員）はいないため，全員が自営の漁業・農業に専念できる状況にあること，また上述のように専業経営的性格が強い漁業が世帯経営の中心に位置するため，一定数の世帯員労働力数が確保されていると考えられることから，漁業の合間をみて農業を営む可能性は高いと考えられる。つまり，このような世帯における農業の規模は必ずしも小さくはなく，一定規模を保持している場合が多いと推測される。また，世帯員の中に勤務者（ないし農漁業以外の自営業者）がいる場合は，「漁業＋農業＋勤務等」（b）という内容になるが，この場合は勤務等は第3位の位置にあるため，それは概して就業日数の少ない臨時的就業である場合が多いと推測される。しかし，臨時的就業とはいえ元来一定日数の出勤を要求される勤務等よりも農業のほうが上位にあるということから，むしろ農業の位置が少なからず大きいということを暗示しているとも考えられる。

次に，「農業＋漁業」（c）の場合は，（a）とは逆に漁業が極めて小さい場合も存在しうるが，（a）同様，農漁業以外への勤務等に縛られる世帯員（とくに直系世帯員）がおらず，世帯員全員が自営の農業・漁業に専従できるため，農業の合間をみて漁業を営む可能性は高いと考えられることから，漁業の規模は一定水準を保持している場合が多いと推測される。また，勤務者等がいる場合は，「農業＋漁業＋勤務等」（d）という内容になるが，これも（b）同様，少なからずの出勤を求められる勤務等よりも漁業の方が上位に位置することから，むしろ漁業の大きさが推測される。

こうして（a），（b），（c），（d）の場合の多くは，世帯経営の中心が漁業の場合（第Ⅰ種兼業漁家）であっても農業の場合（第Ⅱ種兼業漁家）であっても，漁業と農業はともに一定の規模水準を保持し，世帯の再生産上不可欠な二大要素となっているものとして把握することができよう。本来，「半農半漁」とは世帯の再生産上，漁業と農業を二大不可欠要素とする世帯のことを意味することから，以上の（a）から（d）までの4つのタイプの多くは，このような本来的な「半農半漁」としての経営内容を備えているものと推測される。その意味で本章では，これら4つのタイプを「狭義の半農半漁」と命名し，必要に応じて，下記の「広義の半農半漁」と区別しつつ考察を行うこととする。

一方,「農業+勤務等+漁業」(e)の場合は,これまでの4つのタイプとは内容がかなり異なるように思われる。すなわち,このタイプは,世帯員の中に勤務者等がいるが,この勤務者等はサラリーマンや農漁業以外の自営業者などであるから一定の日数の勤務等をしているものと考えられる。また,このような勤務者等がいてもなお世帯の最大の就業部門が農業であることから,農業の規模は少なからずの一定水準のものと考えられる。とするならば,今日の世帯員数の減少傾向のもとでは,世帯員のほとんどは農業と勤務等を主とすることとなり,漁業への就業はかなり小さい位置づけになるものと推測される。こうして,(e)の多くは,漁業の比重が極めて小さく,漁業が必ずしも世帯の再生産上不可欠要素とはなっていない「漁家らしくない漁家」[7],したがって農業と漁業の両方を不可欠二大要素とする「本来的な半農半漁」とは必ずしも言えない半農半漁であると考えられる。

以上のことから,本章では,少なくとも,(a)から(d)までの4つのタイプを「本来的な半農半漁」または「狭義の半農半漁」として把握し,その中には(e)は含まれないと理解する。ただしかし,統計の上で(e)部分をその他のタイプから除くことは不可能であるため,統計処理上は,「狭義の半農半漁」として(e)タイプも含めた数値を使用せざるを得ないことをお断りしておきたい。

2. 自営農業を営んだ漁家（広義の半農半漁）

他方,自営農業の多寡はともかく「自営農業を営んだ漁家」(B)のうち,上記の「狭義の半農半漁」つまり「主とする兼業種類が自営農業である漁家」(A)を除いた漁家,つまり「主とする兼業種類ではないが自営農業を営んだ漁家」のほうは,世帯員の就業内容が(A)とはかなり異なるものと考えられる。その根拠は以下の通りである。すなわち,(BマイナスA)は自営農業が「主とする兼業種類ではない」ため,第Ⅰ種兼業漁家の場合は,「漁業+勤務等+農業」(f)というように農業が第3位以下に位置づけられており,しかも農業が「勤務等」よりも低い位置にあることから,農業はかなり小さく自給的生産を行う程度のものと推測される。また第Ⅱ種兼業漁家の場合は,漁業の方が農業よりも大きい場合は「勤務等+漁業+農業」(g)という内容になるため,同様に,農業は自給生産的なものと推測される。一方,農業の方が漁業よりも大きい場合は「勤務等+農業+漁業」(h)となるため,農業の位置は必ずしも小さいとは言い切れないが,漁業は第3位であるため,「浜明期のみの漁業」[8]というように自給的な性格が強く,「漁家らしくない漁家」,むしろ農家と呼んだ方がふさわしい世帯であり,農業の方はともかく漁業の方は世帯の再生産上不可欠要素とはなっていないものとみられる。

こうして,(f),(g),(h)のいずれのタイプも,漁業と農業がともに世帯の二大就業部門となっている世帯であるとみることはできないため,これらのタイプはたしかに漁業と農業の両方を営んではいるが,内容的には決して「本来的な半農半漁」とみなすことは困難である。そこで,本章では,このような漁業あるいは農業の比重の極めて低い世帯を含めた,とも

第Ⅱ部　半農半漁の構造

1988年

個人漁業経営体総数
182,164（100.0％）

自営農業を営んだ漁業経営体 45,230（24.8％）				
主とする兼業種類が自営農業である 漁業経営体　22,903（12.6％）			主とする兼業種類ではないが自営農業を営んだ漁業経営体　22,327（12.3％）	
漁業を主とする漁業経営体（Ⅰ兼）15,056（8.3％）	7,847 (4.3％)	Ⅰ兼 8,607 (4.7％)		漁業を従とする漁業経営体（Ⅱ兼）13,720（7.5％）

　漁業を従とする漁業経営体（Ⅱ兼）┘

1993年

自営農業を営んだ漁業経営体 27,779（16.9％）			
主とする兼業種類が自営農業である 漁業経営体　15,685（9.6％）		12,084 (7.3％)	
Ⅰ兼 9,338（5.7％）	Ⅱ兼 6,357（3.9％）	Ⅰ兼 3,668 (2.2％)	Ⅱ兼 8,416（5.1％）

個人漁業経営体総数
163,923（100.0％）

主とする兼業種類ではないが
自営農業を営んだ漁業経営体

1998年

自営農業を営んだ漁業経営体 20,163（14.1％）			
主とする兼業種類が自営農業である漁業経営体　11,725（8.2％）		主とする兼業種類ではないが自営農業を営んだ漁業経営体 8,438（5.9％）	
Ⅰ兼 6,585（4.6％）	Ⅱ兼 5,140（3.6％）	Ⅰ兼 2,507 (1.8％)	Ⅱ兼 5,931（4.1％）

個人漁業経営体総数
143,194（100.0％）

漁業＋農業 (a)	農業＋漁業 (c)	漁業＋勤務等＋農業 (f)	勤務等＋漁業＋農業 (g)
漁業＋農業＋勤務等 (b)	農業＋漁業＋勤務等 (d)		勤務等＋農業＋漁業 (h)
	農業＋勤務等＋漁業 (e)		

　|←　狭義の「半農半漁」(A)　→|
　|←　　　広義の「半農半漁」(B)　　　→|

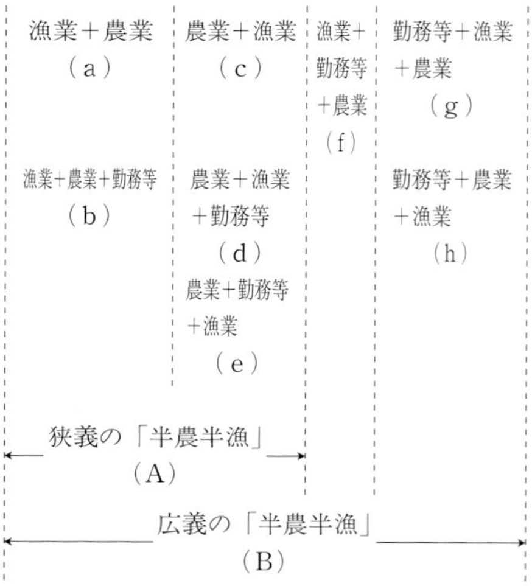

資料：漁業センサス。
註：Ⅰ兼とは第Ⅰ種兼業漁家（自営漁業が主の兼業漁家），Ⅱ兼とは第Ⅱ種兼業漁家（自営漁業が従の兼業漁家）のことである。また「農業＋漁業＋勤務等」といった表現は，本文中でも述べたとおり，就業状況の大きい部門から並べた就業序列をも示し，先頭になる部門が主位部門であることを意味する。

図6-1　自営農業を営んだ個人漁業経営体の内容と推移（全国）

かく「自営農業を営んだ漁家」（B）の方を「広義の半農半漁」と呼び，上記の「狭義の半農半漁」（A）と内容的に区別し，以下では必要なかぎり両者の違い（上記の（e）も含めて）に注意しつつ，統計分析を行っていきたい。

第3節　歴　史　性

そこでまず，全国において半農半漁経営体数とその割合が今日までどのように推移してきたのか，その歴史的動向を統計によって見てみたい。

高度経済成長以前においては，日本の漁村では半農半漁はむしろ支配的形態をとっていたと想像される。事実，「耕地のある漁家」の割合は，1953年には68％を占め，その後減少したが68年でも50％を保持していた。しかし，78年には37％に，そして83年には32％に低下してきたとされる[9]。

図6-1はそれ以降の動向を示したものである。上記の「広義の半農半漁」経営体数の割合は1988年には25％に，93年には17％に，そして最近年の98年には14％にまで低下してきており，全体的にみて今日，半農半漁経営体は漁家の1割余の少数派に縮小してきている。そして上述のように，この点に今日，半農半漁がほとんど取り上げられなくなった根拠の1つが存在していると考えられる。

なお，「ともかく自営農業を営んだ」「広義の半農半漁」経営体の中で漁業と農業の両者がともに経済的意味をもつ本来的な半農半漁である「狭義の半農半漁」経営体が半数以上を占めていることが分かるが，半農半漁をこの「狭義の半農半漁」に限定すると半農半漁経営体数の割合は1998年では8％水準にまで縮小してきている。

第4節　階層性および漁業種類

では，いかなる経営階層あるいは漁業種類においても半農半漁形態は縮小し少数派となってきているのであろうか。この点を見たのが表6-1である。

まず全体的傾向としては，たしかに，どの階層や漁業種類でも半農半漁経営体は絶対数・割合ともに激減傾向を示している。しかし他方，階層および漁業種類の間において格差が大きく，今日でも決して無視し得ない数値を保持している階層や漁業種類が存在する。すなわち5トン未満の動力船使用階層およびのり養殖業では1998年でも半農半漁経営体数がそれぞれ2,000を上回っており（1トン未満層は6,462と一番多い），これらの階層・漁業種類においては半農半漁経営体総数の7割強を占めている。

また一方で，割合においては，漁船非使用，無動力船のみ，およびのり養殖業では1998年でも半農半漁経営体数割合が3割台という決して低くない水準を維持しているし，無動力船のみの階層の減少テンポは他に比してゆるやかである。それに対し，動力船使用の各階層におけ

表6-1 階層別および漁業種類別半農半漁経営体（農業を営んだ漁業経営体）数とその割合の推移

			漁業経営体総数 A			自営農業を営んだ漁業経営体数 B			自営農業を営んだ漁業経営体数割合 B／A		
			1978	1988	1998	1978	1988	1998	1978	1988	1998
計			210,123	182,164	143,194	71,560	45,230	20,163	34.1	24.8	14.1
漁船非使用			10,464	6,328	4,349	6,434	3,199	1,450	61.5	50.6	**33.3**
漁船使用		無動力船のみ	2,941	772	284	1,419	341	111	48.2	44.2	**39.1**
	動力船使用	1トン未満	46,129	41,540	34,292	17,595	12,468	**6,462**	38.1	30.0	18.8
		1～3	46,001	37,225	26,148	12,155	7,508	**3,103**	26.4	20.2	11.9
		3～5	32,765	35,602	31,668	6,548	5,261	**2,445**	20.0	14.8	7.7
		5～10	10,409	11,449	10,623	1,997	1,601	753	19.2	14.0	7.1
		10～20	5,118	5,144	4,381	863	582	210	16.9	11.3	4.8
		20トン以上	2,999	2,052	1,300	432	171	57	14.4	8.3	4.4
海面養殖		小型定置網	5,421	5,058	4,259	2,158	1,406	633	39.8	27.8	14.9
		のり養殖業	24,341	13,256	7,202	12,851	6,473	**2,450**	52.8	48.8	**34.0**

資料：漁業センサス。
註：ゴチック体は絶対数および割合が比較的大きい注目数値。表6-3，表6-4も同じ。

るその割合はいずれも2割水準を割り，少数派に向かっている。なかでも最も主業的な沿岸漁家らしい階層といわれる3～5トン階層[10]を含めた3トン以上層になるとその割合は1割未満となり微少な存在となっている。そして，とくに企業的性格を発揮しだすといわれる10トン以上層[11]になると5％を切り，極少数派となっている。こうして，半農半漁経営体数割合では，動力船使用階層では2割未満の少数派となっているのに対し，漁船非使用，無動力船のみ，およびのり養殖業ではまだ3割台を保持しており，これらの間に大きな違いが認められる。

以上から，半農半漁経営体は絶対数ではそもそも経営体総数そのものが多い5トン未満の動力船使用階層およびのり養殖業においてそれぞれ2,000～6,000台の水準（1998年）で比較的多く，これらの階層・漁業種類における半農半漁経営体数は半農半漁経営体総数の7割強を占めている。しかし，割合でみると事情は異なり，5トン未満の動力船使用階層の経営体総数に占める半農半漁経営体数の割合は2割未満と少数を占めるにすぎない。逆に漁船非使用階層および無動力船階層はその3割台水準が半農半漁を維持しているが，しかしこれらの階層はそもそも経営体総数が多くない。こうして両者は絶対数と割合においてズレた様相を呈している。一方，のり養殖業の方は半農半漁経営体は絶対数・割合とも高い数値を示し，今日におけるわが国の半農半漁形態を最もよく示すタイプとして浮かび上がってくる[12]。

なお，本節では「広義の半農半漁」のデータを使用しているが，それは，掲載は省略するが，この間，どの階層・漁業種類においても「狭義の半農半漁」経営体数が「広義の半農半漁」の過半数を占め，これまでみてきた2種類の半農半漁の内容の違いにおいては階層および漁業種類の差が認められなかったためであることを付け加えておきたい。

第6章　半農半漁の今日的形態と存立条件　　　103

① 青森県東津軽郡三厩村竜飛漁業地区と北津軽郡小泊村小泊漁業地区の境界
② 茨城県と千葉県の境界
③ 三重県と和歌山県の境界
④ 和歌山県日高郡美浜町三尾漁業地区と日高町比井崎漁業地区の境界
⑤ 徳島県海部郡由岐町伊座利漁業地区と阿南市椿泊漁業地区の境界
⑥ 愛媛県八幡浜市八幡浜漁業地区と西宇和郡保内町川之石漁業地区の境界
⑦ 大分県北海部郡佐賀関町佐賀関漁業地区と神崎漁業地区の境界
⑧ 宮崎県と鹿児島県の境界
⑨ 福岡県北九州市旧門司漁業地区と田ノ浦漁業地区の境界
⑩ 山口県下関市下関漁業地区と壇ノ浦漁業地区の境界
⑪ 石川県と福井県の境界

資料：『改訂新版農林水産統計用語事典』農林統計協会，2000年，409頁。

図6-2　大海区・大海区別都道府県区分図（水域区分ではなく地域区分である）

第5節 地域性

1. 半農半漁二大海区
——東日本（太平洋北区，同中区，日本海北区）と九州・沖縄（東シナ海区）——

まず図6-2にわが国の大海区および大海区別都道府県区分内訳を示しておく。

さて，図6-3から，まず「広義の半農半漁」経営体数においては，太平洋北区の岩手，宮城，太平洋中区の千葉，三重，日本海北区の新潟，石川，瀬戸内海区の愛媛，および東シナ海区の諸県に1,000前後，あるいはそれ以上の比較的多数の存在が確認される。しかし，これら以外の都道府県では極めて少なく，今日，半農半漁の分布には地域性が顕著であることが分かる。そして，なかでも，東シナ海区（九州・沖縄）への偏在ぶりが鮮明に読みとれる。また，そのうち「狭義の半農半漁」の内訳をみると，同様に地域性の大きさが確認できる。すなわち，太平洋北区で半農半漁経営体数が多い岩手，宮城，および日本海北区で同様の新潟，石川においては半農半漁の大半が「主とする兼業ではないが自家農業を営んだ漁業経営体」，すなわち「漁業＋勤務等＋農業」，あるいは「勤務等＋農業＋漁業」ないし「勤務等＋漁業＋農業」というように，漁業と農業の二大部門がともに世帯の中心に座らない，本来的な姿とは言い難い半農半漁経営体の数が半数以上を占めるのに対し，愛媛（瀬戸内海区）や佐賀，長崎，熊本，鹿児島，沖縄などの東シナ海区の諸県の半農半漁の大半は「狭義の半農半漁」，すなわち漁業と農業がともに世帯の中心に座っている「本来的な半農半漁」が半数以上を占めており，東日本（太平洋北区，日本海北区）と九州・沖縄（東シナ海区）の半農半漁は内容・性格を若干異にしていることが暗示される。

図6-4は，同じものを漁業経営体総数に対する割合で示したものである。半農半漁経営体数はそれほど少ないわけではないのに割合は低い三重と，逆に絶対数はそれほど多くないのに割合はかなり高い京都の2事例を除けば，割合においても概して上述のこととほぼ同じ結果が確認できる。すなわち，概して半農半漁経営体数が多い地区はその割合も高く，絶対数と割合はほぼパラレルな関係にあるとみてよい。

こうして，わが国における半農半漁の分布の地域的偏在性と，東日本と九州・沖縄の半農半漁の中身の違いが確認されたが，そのことをさらに敷衍するならば，結局，今日，本来的な半農半漁を絶対数においても割合においても最も高い数字で残存させている九州・沖縄（東シナ海区）が「日本で最大の半農半漁地域」，しかも「本来的な半農半漁」が大半を占める「日本で最も典型的な半農半漁地域」であると結論づけることができよう。

2. 日本最大級の半農半漁県＝佐賀県

ただし，すでに第2節の1でも触れたように，本来的な半農半漁として位置づけた「狭義の

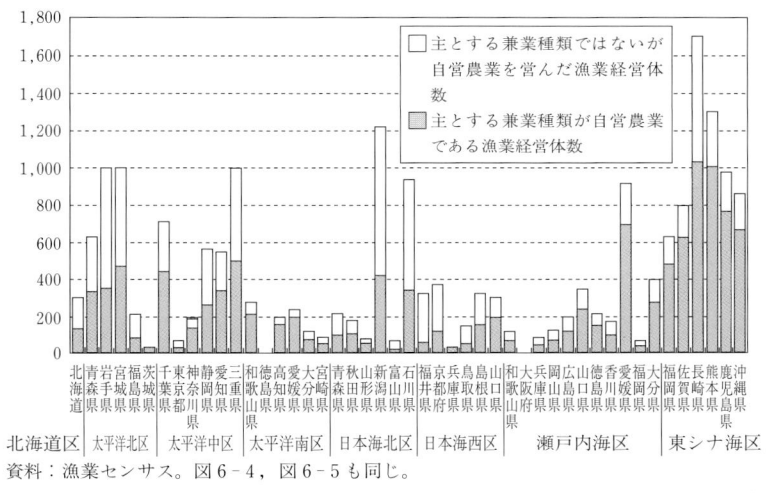

第6章 半農半漁の今日的形態と存立条件

図6-3 自営農業が主とする兼業か否か別の漁業経営体数の内訳（1998年）

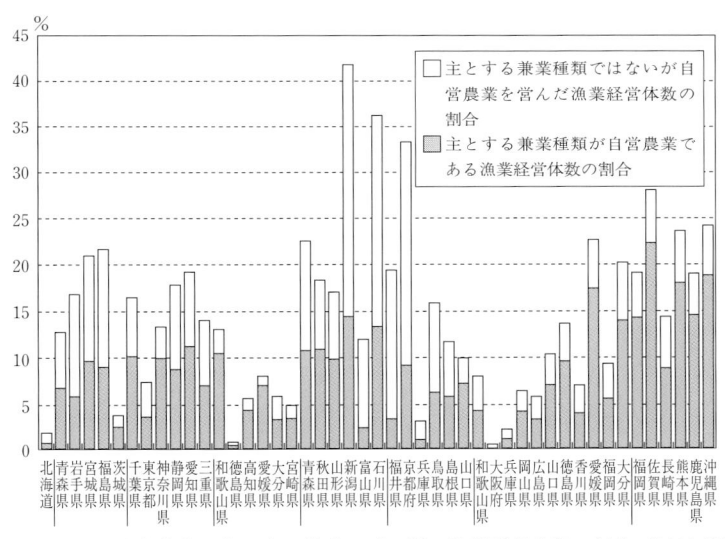

資料：漁業センサス。図6-4，図6-5も同じ。

図6-4 自営農業が主とする兼業か否か別の漁業経営体数の割合（1998年）

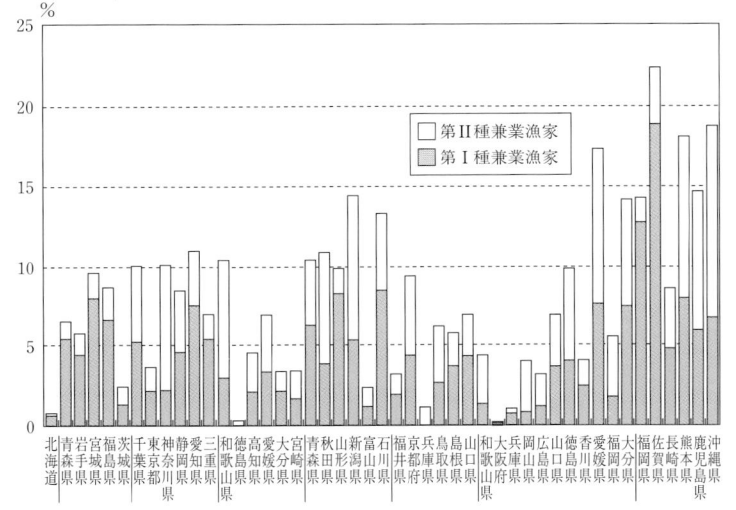

図6-5 主とする兼業が自営農業である漁業経営体の兼業種類別割合（1998年）

半農半漁」の中にも，第Ⅱ種兼業漁家の一部に「農業＋勤務等＋漁業」のように，浜明け期の短期的漁業に代表されるような漁業の比重が極めて低い「漁家らしくない漁家」が含まれている。そこで，そのことを考慮した図6-5を示した。この図から，まず日本海北区の新潟，石川，瀬戸内海区の愛媛，大分，そして東シナ海区の福岡，佐賀，熊本，鹿児島，沖縄の諸県において「狭義の半農半漁」経営体数の割合が比較的高いことが確認されるが，このこと自体は，これまで見てきた点とダブっており，これまでの指摘が再度確認されたにすぎない。

次いで，そのなかで上記のように第Ⅱ種兼業漁家の一部に「農業＋勤務等＋漁業」という形で，漁業の比重が小さく本来的な半農半漁にそぐわないものが含まれているため，本来的な半農半漁が大半を占めると考えられる第Ⅰ種兼業漁家の割合を，図6-3で見た半農半漁経営体の絶対数が多い諸県について見てみると，大きく2類型の存在が確認される。1つは第Ⅰ種兼業漁家の割合が大半を占める諸県であり，岩手，宮城，三重，石川，福岡，佐賀が含まれる。2つは，逆に第Ⅱ種兼業漁家の割合が大半を占める諸県であり，新潟，愛媛，熊本，鹿児島，沖縄が含まれる。

こうしてみると，日本の半農半漁の典型地域と考えられた九州・沖縄（東シナ海区）においても，本来的な半農半漁経営体の割合が比較的高い福岡，佐賀と，必ずしもそうとは言い切れない熊本，鹿児島，沖縄といった地域差の存在が暗示される。なお，長崎は第Ⅰ種兼業漁家の割合の方が幾分高いことから，強引に区分すれば，本来的な半農半漁割合のより高い北部九州（福岡・佐賀・長崎）と本来的でない半農半漁割合も少なからず含まれている可能性の高い中南部九州（熊本・鹿児島・沖縄）という2タイプが存在するように思われる。

このことをさらに敷衍するならば，「狭義の半農半漁」のなかでも最も本来的な半農半漁の姿を体現していると考えられる第Ⅰ種兼業漁家の割合が佐賀，福岡の2県でとりわけ高く，なかでも佐賀のそれは飛び抜けた数値を示している。佐賀は，これまで見てきたように，半農半漁経営体数そのものも多く（図6-3），またそのなかにおける「狭義の半農半漁」経営体数の割合が全国一の水準にあったわけだが（図6-4），さらに，いま見たように「狭義の半農半漁」のなかで最も本来的な半農半漁という内容を持つ第Ⅰ種兼業漁家の割合が飛び抜けて高いという点に及び（図6-5），佐賀が質量ともに日本最大級の，あるいは日本を代表する典型的な半農半漁地域であるとみることができよう。そして，以上の考察の結果から，結局，佐賀県ののり養殖業が今日の日本の半農半漁を最も代表する存在であり，いわば象徴的存在として位置づけられることが示唆される[13]。

第6節　半農半漁における「農業」の経済的位置──「漁業経済調査報告」分析──

本節では，半農半漁世帯における「農業」のもつ経済的な位置について検討しておきたい。その理由は，これまで半農半漁研究がほとんど見あたらないため，現在ではそれは果たして無視しうるほど小さいのか，一定の比重を占めるのか，あるいは地域性や階層性が大きいのか，

皆目不明だからである。

　ところで，半農半漁世帯における「農業」の経済的位置を直接的に示すデータは存在しない。たしかに「漁業経済調査報告」には漁家所得のなかに「農業所得」という項目が存在する。しかし，既述のように今日，半農半漁経営体数割合の激減のもとでは，この調査の対象者のなかに占める半農半漁経営体数はごく少数であるため，その平均の数字をもって半農半漁の経済的実態であると判断することはできない。しかも「漁業経済調査」は漁業依存度の高い漁家が対象とされていると言われていることを考慮するならば[14]，なおさらのことである。そこで本節では，その数字を上記漁業センサスにおける半農半漁経営体数割合で割り戻した推定数値をもって半農半漁経営体における「農業所得」と判断することにしたい[15]。

　また，「漁業経済調査」の対象となった半農半漁の内容も，上記のように浜明け期のみの短期的漁業のような農業の比重の高い世帯から，自給的農業を営む農業の比重の極めて低い漁家世帯まで多様であると考えられる。すなわち，それは「広義の半農半漁」に相当するものと考えられることから，本節で使用するデータは「広義の半農半漁」のものが妥当であると考える。

　なお，本節での考察においても，歴史性，階層性，および地域性に配慮しなければならないことは言うまでもない。

1．歴 史 性

　まず表6-2は，半農半漁世帯における全国平均の推定農業所得の推移である。なお，表には農業所得以外にも漁業所得と漁業外被用労賃を付け加えた。表から，漁業外被用労賃，すなわち漁業外への勤務所得が農業所得を上回っており，今日，平均像においては漁家の兼業先は農業よりも勤務の方が優勢となり，兼業漁家の主要な就業内容が，かつての「主に農業を兼業する漁家」からむしろ「主に漁業外勤務（サラリーマン）を兼業する漁家」へと変質してきていることが確認される。また，このことは，「半農半漁」世帯においても農業以外へ就業する世帯員が少なくなく，半農半漁世帯の就業内容が複雑・多様化してきていることをも意味して

表6-2　自営農業を営んだ漁家の農業所得（推計値）の位置（全国）　　（単位：千円，％）

		1978	1988	1998
漁家所得	A	4,009.7	5,366.8	5,705.6
漁業所得		2,263.3	2,472.0	2,158.3
漁業外被用労賃		371.7	568.6	705.1
農業所得	B	46.4	52.2	58.7
自営農業を営んだ漁家の割合	C	34.1	24.8	14.1
自営農業を営んだ漁家の農業所得の推計	D＝B／C	136.1	210.5	416.3
自営農業を営んだ漁家の農業所得の割合	E＝D／A	3.4	3.9	7.3

資料：A，Bは農林水産省『漁業経済調査報告（漁家の部）』，Cは漁業センサスより。
註：漁家として『漁業経済調査』の漁船漁家，漁業センサスの個人漁業経営体を採用した。

表6-3 自営農業を営んだ漁家の農業所得（推計値）の位置の階層別・漁業種類別比較（全国・1998年）

(単位：千円, %)

		漁家所得 A	漁業所得	漁業外被用労賃	農業所得 B	自営農業を営んだ漁家の割合 C	自営農業を営んだ漁家の農業所得の推計 D (B／C)	自営農業を営んだ漁家の農業所得の割合 E (D／A)
漁船漁家平均		5,705.6	2,158.3	705.1	58.7	14.1	416.3	7.3
動力船	1トン未満	5,169.0	1,330.6	584.8	149.3	18.8	**794.1**	**15.4**
	1～3	5,267.3	1,676.1	1,004.3	6.6	11.9	55.5	1.1
	3～5	6,291.4	3,107.1	647.5	18.1	7.7	235.1	3.7
	5～10	7,051.6	3,532.1	479.4	3.1	7.1	43.7	0.6
小型定置網		6,609.2	2,669.9	559.4	22.0	14.9	147.7	2.2
のり養殖業		10,187.5	6,438.7	271.0	**290.8**	34.0	**855.3**	**8.4**

資料：表6-2に同じ。
註：ゴチック体は比較して大きい注目数値。

いる[16]。

　さて，そのうえで，この間に推定農業所得およびその割合はむしろ増加傾向を示している。これは，この間，半農半漁の中でも農業の位置が比較的低い世帯が農業を切り捨ててきた結果，比較的農業の比重の高い半農半漁世帯が残されたためと考えられる。第1節で述べた漁家の専業化がそれに当たる。こうして今日，残された半農半漁世帯の推定農業所得は1998年の全国平均で42万円，その漁家所得の中での割合は7％台となっている。もちろん，この限りでは，農業所得の位置は低いと言わざるを得ない。

2．階層性および漁業種類

　次に，階層別および漁業種類別に見たのが表6-3である。ばらつきが大きいのは推定値の限界・欠陥によるものと思われる。まず階層的には，1トン未満層の推定農業所得は79万円であり，漁業外被用労賃を上回っており，またその割合も15％と比較的高い点が注目される。これは，「漁業＋農業」，ないし「漁業＋農業＋勤務等」という就業内容を示しているものと考えられる。第4節で漁船使用1トン未満層に最大多数の半農半漁が存在することを指摘したが，この零細階層の半農半漁においては農業の経済的比重が比較的高い点を確認することができる。

　漁業種類においては，のり養殖業の推定農業所得が86万円とこの中では最も高く，その割合も8％と比較的高い。また，のり養殖業においては，推定農業所得が漁業外被用労賃を上回っているだけでなく，推定前の平均農業所得も漁業外被用労賃を上回っており，農業の占める位置の大きさが確認できる。就業内容としては，「漁業＋農業」というあり方をとっているとみられる。第2節で，のり養殖業において半農半漁が経営体数・割合ともに比較的高く，半農半漁の1つの典型的なタイプを示している点を指摘したが，のり養殖業を営む半農半漁は経

済的内容においても農業の比重が比較的高く，名実ともに「本来的な半農半漁」の典型的タイプとみることができる。

これらの二者に比べ，他の階層や漁業種類では，推定農業所得額およびその割合ともかなり低く，農業はネグリジブルなものとなっていると言わざるを得ない。

3．地 域 性

表6-4は海区別に見たものである。まず太平洋南区の推定農業所得が255万円と高く，またその割合も67％と極めて高く出ているのが目立つが，これは推定値に起因するのか，本海区の半農半漁は他の海区と違って農業の比重が極めて高いのかは，目下不明である。この点を別にすれば，太平洋北区，同中区，および東シナ海区の半農半漁の推定農業所得がともに50万円台でその割合も10％前後と決して無視しえない水準を示す一方，日本海北区・同西区ではそれらが5万円ないし7万円および1％前後とネグリジブルなものとなっており，地域性の大きさが認められる。また，そのなかで，太平洋北区と東シナ海区では推定農業所得が漁業外被用労賃を上回っており，これら両海区の半農半漁の主要な就業内容が「漁業＋農業」となっていることが推測される。この点は，第5節の1で太平洋北区，同中区が東日本での半農半漁の代表的地域であり，東シナ海区が西日本での代表的半農半漁地域であることを述べたことと重なっており，これらの2つの代表的地域の半農半漁の大方が「本来的な半農半漁」の内容を保持しているものと推測される。

4．結 論

本節においても，階層的には1トン未満層において，また漁業種類ではのり養殖業において，さらに地域的には太平洋北区・同中区と東シナ海区においては，半農半漁世帯が推定計算

表6-4 自営農業を営んだ漁家の農業所得（推計値）の位置の海区別比較（1998年） （単位：千円，％）

	漁家所得 A	漁業所得	漁業外被用労賃	農業所得 B	自営農業を営んだ漁家の割合 C	自営農業を営んだ漁家の農業所得の推計 D (B／C)	自営農業を営んだ漁家の農業所得の割合 E (D／A)
全　　　国	5,705.6	2,158.3	705.1	58.7	14.1	416.3	7.3
北 海 道 区	5,833.2	2,282.7	400.3	―	1.7	―	―
太平洋北区	6,003.6	2,154.8	503.8	97.2	16.6	**585.5**	**9.8**
太平洋中区	6,583.4	2,520.8	1,035.8	90.2	15.4	**585.7**	**8.9**
太平洋南区	3,782.4	1,562.2	558.7	175.7	6.9	**2,546.4**	**67.3**
日本海北区	7,285.6	1,967.0	1,341.3	22.2	31.6	70.3	1.0
日本海西区	6,580.7	1,877.3	1,064.4	7.5	14.9	50.3	0.8
瀬戸内海区	5,112.9	2,267.2	471.6	9.1	10.3	88.3	1.7
東シナ海区	4,419.5	1,809.0	452.7	100.3	19.5	**514.4**	**11.6**

資料，註：表6-2に同じ。ゴチック体は比較して大きい注目数値。

において 50 万円台から 70〜80 万円台，割合にして 10％前後の農業所得を得ており，しかも太平洋中区以外のこれらの階層・漁業種類・海区では半農半漁世帯の推定農業所得は漁業外被用労賃よりも多いことが分かった。しかし，その他の階層，漁業種類，および海区においては，半農半漁世帯における農業の比重は極めて小さく，ネグリジブルなものであった。

かくして問題は，50〜80 万円水準の農業所得，および 10％水準のその割合を大きい（高い）とみるか，少ない（低い）とみるかである。なおその場合，推計において使用した数値が「広義の半農半漁」のものであった点も忘れてはならない。すなわち半農半漁のなかでも農業の比重の比較的高い「狭義の半農半漁」においては上記の数字はもう少し大きな（高い）ものと推測される。また，2000〜2001 年の有明海のり養殖業の不振等に見られたような漁業所得の変動や伸び悩み傾向も考慮する必要があろう。

そこで，これらの諸点も考慮して判断するならば，たしかに 500〜600 万円ないし 1,000 万円水準というサラリーマン世帯に劣らない漁家所得（表 6-3，表 6-4 を参照）の中において 50〜80 万円台の農業所得は決して高いとは言えないが，変動性の高い漁業所得に対し農業所得が比較的安定性を持っていることや，今日における漁業所得の伸び悩み傾向のもとでは，このような水準の農業所得は漁家経済のなかで決して無視し得ない一定の経済的役割を果たしているものと判断される。あるいは，農業所得は漁家経済のなかでむしろボーナス的，ないし保険的な，いわば「隠れた役割」を果たしていると言ったほうが実態に近いかもしれない。

第 7 節　総括と今後の課題

本章は，漁業統計分析を通じて，2 つの事柄を指摘した。1 つは，今日におけるわが国の半農半漁経営体の存在形態についてであり，①半農半漁は多様な内容を持つため，まず統計上，従来の第Ⅰ種・第Ⅱ種の兼業区分のみならず，本章では独自に，漁業と農業を二大不可欠要素として世帯の中心に据える「本来的な半農半漁」を「狭義の半農半漁」，それに対し必ずしもそうとは言い切れない半農半漁をも含んだ半農半漁全体を「広義の半農半漁」と命名し，両者を区別しながら統計分析を行うことを前提としたうえで，②今日わが国の半農半漁経営体数は激減傾向を示し，その割合も 1998 年で 14％に低下したため，全体としてはたしかに少数派化したこと，③しかし，絶対数では 5 トン未満の動力船使用階層とのり養殖業において 2,000 を超える経営体が，また割合においては漁船非使用階層，無動力船のみの階層，およびのり養殖業において 3 割を超える経営体が，それぞれ半農半漁形態（広義）を保持していること，④また，太平洋北区，同中区，日本海北区，および東シナ海区，とりわけ東シナ海区に多くの半農半漁経営体が存在し，さらに都道府県別にみると佐賀県は半農半漁経営体数が比較的多いだけでなく，そのなかで「狭義の半農半漁」経営体数割合が飛び抜けて高いことから，わが国における半農半漁の最大かつ典型地域として位置づけられること，⑤こうして結局，半農半漁経営体数やその割合を一定数保持している階層，漁業種類，海区がいまだ存在することに注意

すべきことを指摘した。

2つは，漁家経済のなかでの農業の経済的位置づけ・評価に関してであり，①まず今日，半農半漁経営体数が激減し少数派化したもとでは，半農半漁経営体のサンプルがどのくらい含まれているのかという統計上の問題が存在するため，その点を考慮して統計データから半農半漁世帯の農業所得の推定を行ったこと，②その結果，今日，半農半漁経営体数の多い，あるいはその割合の高い，動力船1トン未満層，のり養殖業，太平洋北区，東シナ海区においては500万円から1,000万円水準の漁家所得のなかで推定農業所得は50～80万円台，その割合は10％前後とみられること，③しかも，これらの階層，漁業種類，海区では，推定農業所得は漁業外被用労賃よりも高いこと，④そして，推定農業所得はたしかにそれほど高いものではないが，今日的諸事情を勘案すると，漁家経済のなかで決して無視し得ない位置を占め，ボーナス的あるいは保険的な「隠れた役割」を果たしていることが判明した。そしてこの点こそが今日における半農半漁の経済的な存立条件にほかならないと判断した。

しかし，本章での考察は，まだ統計分析の域を出ていないし，抽象的指摘にとどまっている。たとえば，東シナ海区や佐賀県を日本で最大級のかつ典型的な半農半漁地域と措定し，また，上記の階層，漁業種類，海区において農業が無視し得ない経済的価値をもつ「本来的な半農半漁」の存在が検出できるとしたが，これらの具体的実態は不明のままである。そこで第II部の以下の4つの章において，佐賀県およびその中の東松浦半島における半農半漁の具体的な実態を分析し，本章で析出した諸点を検証していくことにしよう。

註
1) 「農業を営む漁家」ないし「漁業を営む農家」を意味する用語としては，「半農半漁」〔秋山（1976），43頁〕だけでなく，「農家漁業」〔倉田（1976），21頁〕，「農漁兼営漁家」〔陣内ら（1979），16頁〕，「主農副漁」「主漁副農」〔斎藤（1998），139，141頁〕等が使用されているが，現在それに該当する農林漁業統計上の適当な専門用語が存在しないため，本書では，上記の内容を示す用語として「半農半漁」を使用する。
2) 中込（1976），18頁を参照。
3) 本文で見るように半農半漁は概して漁業が主で農業は従であるため，「漁業の担い手」として存在しているのは確かだが，農家においては兼業深化のもとで第II種兼業農家が大半を占めるようになっている現状では，半農半漁は日本の農家の大半を占める第II種兼業農家の一形態，すなわち農業の「多様な担い手」の1つとして位置づけることができよう。
4) 本章では「漁家」として，各表の註に記したように，『漁業センサス』の「個人漁業経営体」，『漁業経済調査』の漁船漁家，小型定置網漁家，のり養殖業漁家を対象とした。なお，これらの定義は紙幅の関係で省略したい。該当する統計を参照されたい。
5) 自営農業とは『漁業センサス』では「経営耕地10 a以上又は販売金額が15万円以上」となっており，農業センサスに対応している。一方，『漁業経済調査』では農業の定義は掲載されていないため不明である。
6) 加瀬（1988），11～15頁，中込（1976），15～17頁を参照。
7) これは，たとえば浜明け期の数日間のみに魚介・海藻類を採るような，「漁家」というよりも「農家」と言ったほうが適切な世帯のことである。なお，浜明け期の短期的漁業については井元（1999），72頁を参照。
8) 井元（1999），72頁を参照。

9) 加瀬 (1988), 92 頁を参照。
10) 加瀬 (1988), 113 頁を参照。
11) 加瀬 (1988), 50 頁を参照。
12) のり養殖業と農業との兼業（半農半漁）については少なからずの指摘があるが，具体的事例分析としては，陣内ら (1979), 178～180 頁や，斎藤 (1998), 139～166 頁が注目される。また，井元 (1999), 42 頁はのり養殖業を「第Ⅰ種兼業型」と指定しているが，このタイプは第 2 節の 1 で述べた「漁業＋農業」（ａ）に対応している。
13) 陣内ら (1979) は佐賀県ののり産地を対象とした研究だが，その各所で「農漁兼営漁家」と呼ばれる半農半漁経営体に言及している。
14) 中込 (1976), 19 頁を参照。
15) この方法は加瀬 (1988), 100 頁から学んだ。
16) その意味では「半農半漁」という表現も今日的実態をより反映できる新たな表現に変えた方がよいかもしれない。

引用文献

秋山博一 (1976)「半農半漁民の漁業協同組合」『農業と経済』1976 年 7 月号。
井元康裕 (1999)『漁家らしい漁家とは何か』農林統計協会。
陣内義人・内海修一・陣野美須子 (1979)『のり養殖業の経済分析』佐賀大学農学部農業経営経済学教室。
加瀬和俊 (1988)『沿岸漁業の担い手と後継者』成山堂書店。
倉田亨 (1976)「食糧問題としての農家漁業」『農業と経済』1976 年 7 月号。
中込陽彦 (1976)「農家の漁業兼業の実態と今後の課題」『農業と経済』1976 年 7 月号。
斎藤毅 (1998)『漁業地理学の新展開』成山堂書店。

第 7 章

佐賀県における半農半漁の 2 類型
―― 統計分析 ――

棚田稲作を担う半農半漁村（佐賀県肥前町大浦浜集落，2000 年春）

要　約

　佐賀県はわが国で最も高い割合で典型的な半農半漁経営体が存続している地域であるが，そのような実態を象徴的に示しているのは，県南部の有明海区である。そして，そこにおける半農半漁の大半の経営内容は，「冬期のり養殖業＋夏期稲作」である。

　しかし他方，県北部の東松浦半島（上場台地）周辺の松浦（玄海）海区においても，半農半漁割合は全国水準を若干上回る水準ではあるが，多様な漁業種類と多様な農業経営とが結合したもう1つのタイプの半農半漁が存在している。こうして「日本で最大級の半農半漁県＝佐賀県」には，地域，歴史，漁業内容，農業内容を異にする2類型の半農半漁が存在する。

第1節　佐賀県における半農半漁経営の歴史的動向

　第6章において，佐賀県が日本で最大級の半農半漁地域であることが判明した。しかし，この点に関しても，これまでの先行研究は見あたらない。したがって，佐賀県の半農半漁の全体像はいまだ明らかにされていない。

　そこで本章は，佐賀県における半農半漁の全体像を概観することを目的とする。なお，本章も第6章と同様，一般的統計分析によっている。なかでも，その歴史的展開と地域的存在状況の2点に注目してみたい。

　表7-1は佐賀県における半農半漁経営体の動向を示したものである。また図7-1はそれと重複するが，内容構成の多寡を分かりやすく示すために作成したものである。これらの図表から以下の諸点が指摘できる。

　第1は，第6章でみた全国の動向と同様，佐賀県においても，この20年間で半農半漁経営体数が3分の1に激減したことである。

　第2に，しかし一方で，その割合は1978年の50％弱から98年の28％へとほぼ半減したにとどまっている。なかでも半農半漁の典型的実態を持つと考えられる「狭義の半農半漁」（「主とする兼業種類が自営農業である漁業経営体」）の割合は1998年で全国一の22.3％を保持している。さらにその中でも，「漁業を主とする経営体」（Ⅰ兼漁家），すなわち半農半漁の典型的形態と考えられる「漁業＋農業」を経営の中心とする半農半漁の類型の割合が約19％と断トツである[1]。以上のデータは佐賀県を全国一の半農半漁県と呼ぶにふさわしい十分な中身を示しているといえよう。

　こうして，結局，「漁業＋農業」を経営の中心に据える典型的な半農半漁形態が佐賀県の半農半漁の大半を占めている実態であるとみることができる（図7-1）。

第7章　佐賀県における半農半漁の2類型

表7-1　自営農業を営んだ個人漁業経営体数とその内訳の推移（佐賀県2海区別）

		個人漁業経営体数	自営農業を営んだ漁業経営体数			主とする兼業種類が農業である漁業経営体数			主とする兼業種類ではないが自営農業を営んだ経営体数		
			I兼	II兼	計	I兼	II兼	計	I兼	II兼	計
県計	1978	4,653 100.0	1,954 42.0	365 7.8	2,319 49.8	1,748 37.6	254 5.5	2,002 43.0	206 4.4	111 2.4	317 6.8
	93	3,487 100.0	957 27.4	205 5.9	1,162 33.3	857 24.6	131 3.8	988 28.3	100 2.9	74 2.1	174 5.0
	98	2,822 100.0	616 21.8	173 6.1	789 28.0	531 18.8	98 3.5	629 22.3	85 3.0	75 2.7	160 5.7
松浦海区	1978	1,920 100.0	359 18.7	255 13.3	614 32.0	241 12.6	159 8.3	400 20.8	118 6.1	96 5.0	214 11.1
	93	1,343 100.0	90 6.7	117 8.7	207 15.4	64 4.8	75 5.6	139 10.3	26 1.9	42 3.1	68 5.1
	98	1,147 100.0	101 8.8	87 7.6	188 16.4	61 5.3	53 4.6	114 9.9	40 3.5	34 3.0	74 6.5
有明海区	1978	2,733 100.0	1,595 58.4	110 4.0	1,705 62.4	1,507 55.1	95 3.5	1,602 58.6	88 3.2	15 0.5	103 3.8
	93	2,144 100.0	867 40.4	88 4.1	955 44.5	793 37.0	56 2.6	849 39.6	74 3.5	32 1.5	106 4.9
	98	1,675 100.0	515 30.7	86 5.1	601 35.9	470 28.1	45 2.7	515 30.7	45 2.7	41 2.4	86 5.1

資料：漁業センサス。
註：I兼，II兼については図6-1の註を参照。

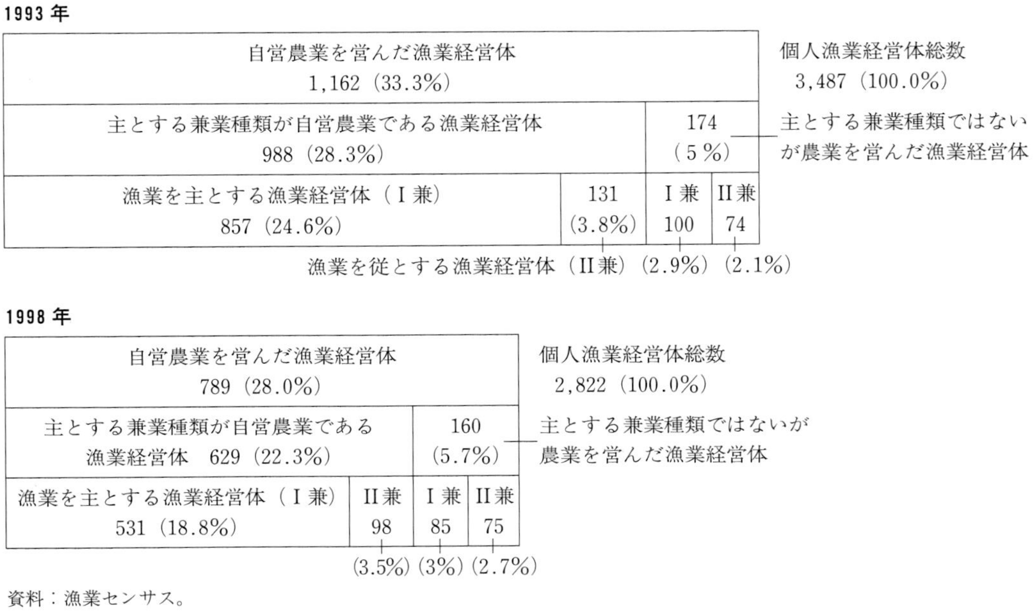

1993年

自営農業を営んだ漁業経営体 1,162（33.3%）				個人漁業経営体総数 3,487（100.0%）
主とする兼業種類が自営農業である漁業経営体 988（28.3%）		174 （5%）		主とする兼業種類ではないが農業を営んだ漁業経営体
漁業を主とする漁業経営体（I兼） 857（24.6%）	131 （3.8%）	I兼 100	II兼 74	

漁業を従とする漁業経営体（II兼）（2.9%）（2.1%）

1998年

自営農業を営んだ漁業経営体 789（28.0%）				個人漁業経営体総数 2,822（100.0%）
主とする兼業種類が自営農業である漁業経営体　629（22.3%）		160 （5.7%）		主とする兼業種類ではないが農業を営んだ漁業経営体
漁業を主とする漁業経営体（I兼） 531（18.8%）	II兼 98	I兼 85	II兼 75	

（3.5%）（3%）（2.7%）

資料：漁業センサス。

図7-1　自営農業を営んだ個人漁業経営体の内訳と推移（佐賀県）

第2節　佐賀県における半農半漁経営の2類型

　図7-5に見るように，佐賀県には2つの海面漁業地域（海区）が存在する。1つは県北西部の玄界灘沿岸の松浦（玄海）海区であり，もう1つは県南部の有明海沿岸の有明海区である。そして，これら両区の半農半漁には，半農半漁経営体数割合，兼業内訳，漁業種類，経営形態などにおいてそれぞれ大きな違いが存在する。

1．半農半漁の典型地域＝有明海区

　まず半農半漁経営体数の割合であるが，表7-1ないし図7-2，図7-3に示したように，松浦海区では1998年において半農半漁経営体数割合は16.4％と全国水準の14.1％を若干上回る程度であるのに対し，他方，有明海区のそれは98年でも35.9％と全国水準の2倍を超える高さを保持している。こうして，上述の「佐賀県は日本一の半農半漁地域」というのは，実は主にこの有明海区の実態が反映された結果であり，両海区に地域差があることに注意する必要がある。

2．「主とする兼業種類が農業である」漁家および第Ⅰ種兼業漁家の割合がともに高い有明海区

　次いで自営農業が「主とする兼業種類」かどうかでみると，松浦海区では自営農業が「主とする兼業種類ではない」半農半漁経営体の割合が6.5％と「主とする兼業種類」であるそれの割合の9.9％と大差がないのに対し，有明海区では前者の5.1％に対し後者が30.7％と圧倒的に高い（図7-2）。

　また一方，第Ⅰ種・第Ⅱ種別の兼業内訳（図7-3）もほぼ同様で，松浦海区では第Ⅰ種8.8％と第Ⅱ種7.6％に大差がないのに対し，有明海区では両者の割合は上記と全く同じ値で第Ⅰ種30.7％，第Ⅱ種5.1％であり，第Ⅰ種兼業漁家の割合の圧倒的高さが確認される。

3．多様な漁業種類の松浦海区とのり養殖業単一的な有明海区の半農半漁

　図7-4に見るように，両海区では獲れる魚介類の種類，したがって漁業種類が大きく異なる。生産額構成において，松浦海区ではマアジ・マダイ・サバ類等の魚類を中心とする海面漁業が全体の63％を占め，また他方の海面養殖業においてもマダイ・ブリといった魚類養殖業が大半を占めているのに対して，有明海区では海面養殖業，すなわちのり類養殖業が全体の9割以上を占めている[2]。こののり養殖業は県全体の漁業生産額の中でも69％のシェアに達している。

　したがって，以上の漁業種類の異なった2つの地域性を反映して，両海区の半農半漁においても，松浦海区では多様な漁業種類と結合した半農半漁が行われており，また農業種類も稲作

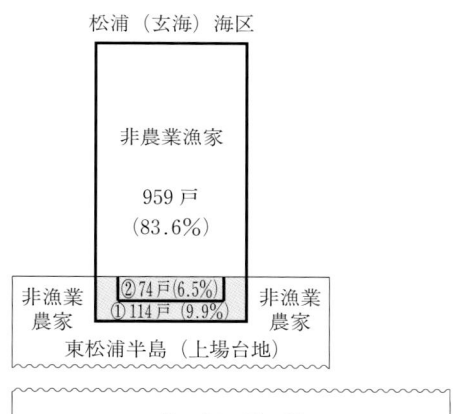

図7-2 自営農業を営んだ個人漁業経営体の地域分布と兼業種類別内訳（その1）

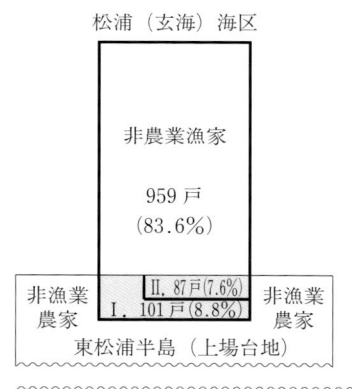

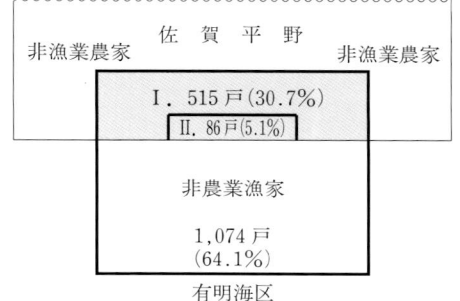

松浦（玄海）海区
- 非農業漁家 959戸（83.6%）
- ②74戸（6.5%）
- ①114戸（9.9%）
- 非漁業農家
- 東松浦半島（上場台地）

佐賀平野
- 非漁業農家
- ①515戸（30.7%）
- ②86戸（5.1%）
- 非農業漁家 1,074戸（64.1%）
- 有明海区

資料：漁業センサス。
註1：①主とする兼業種類が農業である漁業経営体数。
②主とする兼業種類ではないが農業を営んだ漁業経営体数。
註2：％は個人漁業経営体総数に対する割合。

図7-3 自営農業を営んだ個人漁業経営体の地域分布と兼業種類別内訳（その2）

松浦（玄海）海区
- 非農業漁家 959戸（83.6%）
- Ⅱ.87戸（7.6%）
- Ⅰ.101戸（8.8%）
- 非漁業農家
- 東松浦半島（上場台地）

佐賀平野
- 非漁業農家
- Ⅰ.515戸（30.7%）
- Ⅱ.86戸（5.1%）
- 非農業漁家 1,074戸（64.1%）
- 有明海区

資料：漁業センサス。
註1：Ⅰ．自営農業を営んだ第Ⅰ種兼業漁家。
　　　Ⅱ．自営農業を営んだ第Ⅱ種兼業漁家。
註2：％は個人漁業経営体総数に対する割合。

だけでなく東松浦半島（上場台地）の地目・作目構成に規定されて畑作も少なくないのに対し[3]，有明海区では「のり養殖業＋稲作」といった単一的な半農半漁経営が行われている。

4．2類型の歴史的性格の相違

　もう1つ，両海区の半農半漁は上記のような形態的および内容的な違いだけでなく，歴史的にも大きな違いをもっている。松浦海区の半農半漁は，歴史的には，かつて漁業に携わっていた漁民が，漁村の背後地（上場台地）を開発して田畑を造成し，穀物や野菜を作るようになった，いわば「漁民の陸上がり」[4]という性格を有する。そして，その形成時期は相当に古い。他方，有明海区の半農半漁の形成は比較的新しく，1960年代の第1次のりブームの時期に，農民がのり養殖業に新規参入した形態であるとみられる[5]。その意味では，松浦海区の半農半漁は，性格的には，基本的に漁業の論理に支配され，事実，1世帯における所得構成もほとんど漁業所得で占められており，米・野菜は販売のない自給的な性格をもつ世帯も少なくない。

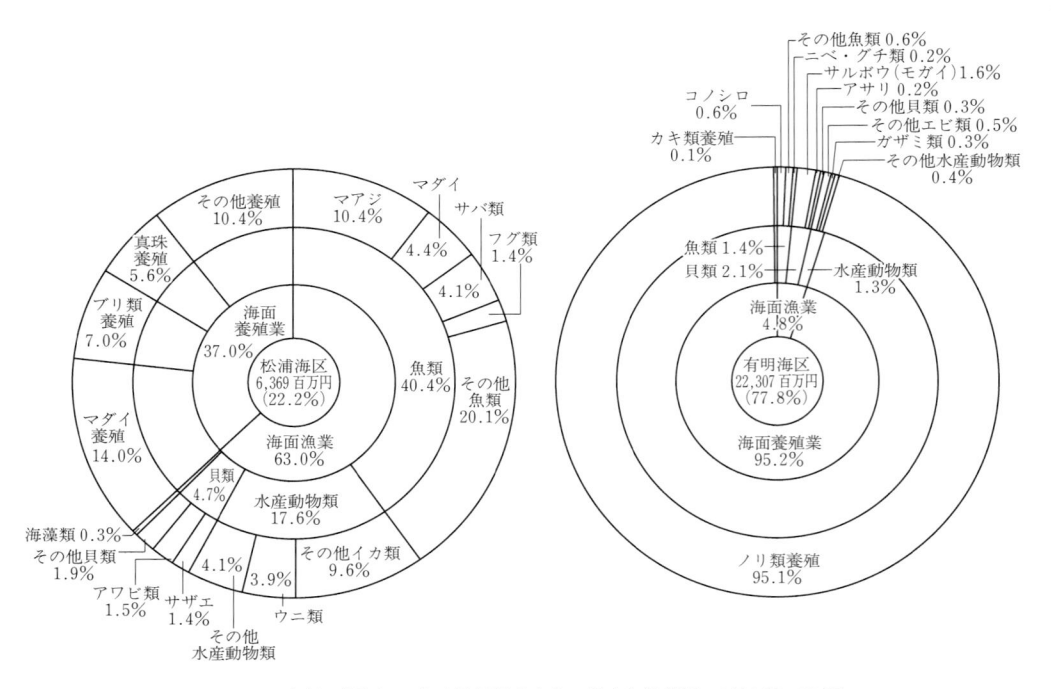

資料：『平成15年度佐賀県水産魚の動向』佐賀県，2004年，20頁。
図7-4　佐賀県内2海区における海面漁業の生産額とその内訳（2003年度）

　また，漁業労働は男子が担い，農業労働は女性が担うという世帯員の役割分担が形成されており，この点が1世帯で漁業と農業という異質な性格の仕事を行うことを可能とさせている根拠となっているものと考えられる。他方，有明海区の半農半漁世帯においては，農業も漁業（のり養殖業）も基本的に夫婦がともに担当しているが，のり養殖業は冬，水田作は春・夏・秋という季節的分担の存在，および漁業といってものり養殖業は比較的農業的な性格が強く農業と親和性をもっていることが，農業と漁業を無理なく結合させうる論理を有していると考えられる。そして事実，有明海区の半農半漁世帯は，米麦の販売も少なくなく，所得的に農業（水田作）が一定割合を占め，農業の規模において佐賀平野の他の一般的な農家と基本的に変わりがない。それはまさに農家の兼業深化の下での兼業農家の一形態としての自営兼業農家以外の何物でもない，立派な「農家」なのである。

第3節　市町村別にみた半農半漁経営の地域性

　2類型を確認した上で，本節ではさらに，もう少し詳しく市町村別に半農半漁経営体数とその内訳を表7-2および図7-5に示した。
　まず「主とする兼業種類」かどうかでみると，肥前町と千代田町のみが「主とする兼業種類ではないが自営農業を営んだ漁家」数が「主とする兼業種類が自営農業である漁家」数を上回

表7-2 自営農業を営んだ個人漁業経営体数とその内訳の市町村地域分布（1998年・佐賀県）

	個人漁業経営体数 A	自営農業を営んだ漁業経営体数			同左割合 B/A	主とする兼業種類が自営農業である漁業経営体数			同左割合 C/A	主とする兼業種類ではないが自営農業を営んだ漁業経営体数			同左割合 D/A
		I兼	II兼	計B		I兼	II兼	計C		I兼	II兼	計D	
県　　計	2,822	616	173	789	28.0	531	98	629	22.3	85	75	160	5.7
松浦海区計	1,147	101	87	188	16.4	61	53	114	9.9	40	34	74	6.5
浜 玉 町	16	―	―	―	―	―	―	―	―	―	―	―	―
唐 津 市	287	4	**40**	44	15.3	4	**38**	42	14.6	―	2	2	0.7
呼 子 町	284	31	16	47	16.5	24	7	31	10.9	7	9	16	5.6
鎮 西 町	234	27	13	40	17.1	15	5	20	8.5	12	8	20	8.5
玄 海 町	90	1	4	5	5.6	1	2	3	3.3	―	2	2	2.2
肥 前 町	196	38	14	52	26.5	17	1	18	9.2	21	13	34	17.3
伊万里市	40	―	―	―	―	―	―	―	―	―	―	―	―
有明海区計	1,675	515	86	601	35.9	470	45	515	30.7	45	41	86	5.1
千代田町	25	21	―	21	84.0	9	―	9	36.0	12	―	12	48.0
諸 富 町	96	―	―	―	―	―	―	―	―	―	―	―	―
川 副 町	481	129	2	131	27.2	106	2	108	22.5	23	―	23	4.8
東与賀町	101	23	―	23	22.8	22	―	22	21.8	1	―	1	1.0
佐 賀 市	76	9	3	12	15.8	7	2	9	11.8	2	1	3	3.9
久保田町	61	29	1	30	49.2	29	1	30	49.2	―	―	―	―
芦 刈 町	116	53	5	58	50.0	52	4	56	48.3	1	1	2	1.7
福 富 町	31	17	4	21	67.7	17	3	20	64.5	―	1	1	3.2
白 石 町	70	41	24	65	92.9	41	20	61	87.1	―	4	4	5.7
有 明 町	112	59	28	87	77.7	58	4	62	55.4	1	24	25	22.3
塩 田 町	1	1	―	1	100.0	1	―	1	100.0	―	―	―	―
鹿 島 市	271	122	10	132	48.7	120	7	127	46.9	2	3	5	1.8
太 良 町	234	11	9	20	8.5	8	2	10	4.3	3	7	10	4.3

資料：『第10次漁業センサス調査結果報告書』佐賀県統計課，1999年11月．
註：ゴチック体はⅠ兼よりⅡ兼が多い注目数値．

り，鎮西町と太良町は両者が半々となっているが，その他の市町村では後者が前者を上回っており，県内の大半の市町村において，第2節でみた県全体としての平均像である「狭義の半農半漁」と目される「主とする兼業種類が自営農業である漁家」が半農半漁の大半を占めているという実態が確認できる．

　他方，兼業漁家種類でみると，図7-5にも示したように，唐津市と玄海町（しかし玄海町は絶対数が少ない）のみにおいて，半農半漁のほとんどがⅡ兼漁家であることに注目する必要がある[6]．これは唐津市の半農半漁世帯は他の地区と異なり，そのほとんどが漁業の割合が低い農業主体の半農半漁であることが推測される[7]．

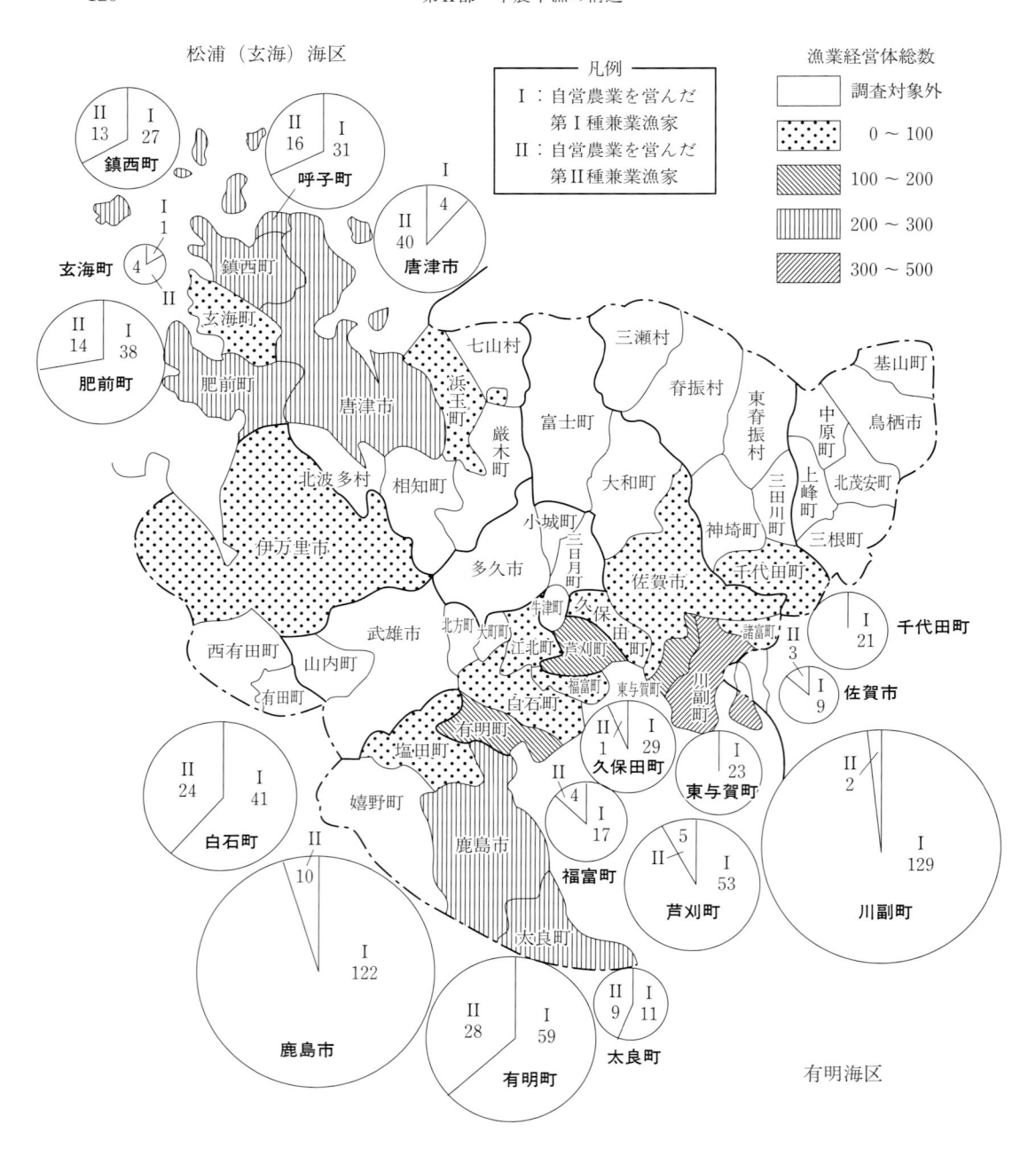

図7-5 市町村別にみた漁業経営体総数ならびに「半農半漁」経営体数およびその兼業種類別内訳（佐賀県，1998年）

資料：『第10次漁業センサス調査結果報告書』（佐賀県統計課，1999年）掲載表に著者加筆。加筆データも同センサスより。

註：円グラフ内が半農半漁（自営農業を営んだ漁業経営体）数とその兼業種類別内訳。

凡例
- I：自営農業を営んだ第I種兼業漁家
- II：自営農業を営んだ第II種兼業漁家

漁業経営体総数
- 調査対象外
- 0～100
- 100～200
- 200～300
- 300～500

松浦（玄海）海区

鎮西町　II 13　I 27
呼子町　II 16　I 31
玄海町　II 1　I 4
唐津市　II 40　I 4
肥前町　II 14　I 38
千代田町　I 21
佐賀市　II 3　I 9
白石町　II 24　I 41
鹿島市　II 10　I 122
福富町　I 4　I 17
久保田町　II 1　I 29
東与賀町　I 23
芦刈町　II 5　I 53
川副町　II 2　I 129
有明町　II 28　I 59
太良町　II 9　I 11

有明海区

表7-3 佐賀県における半農半漁の地域的2類型

	松浦（玄海）海区	有明海区
漁業経営体数	1,147	1,675
そのうち半農半漁漁業経営体数割合	16.4％ 全国平均の14.1％並み	35.9％ 全国平均14.1％の2倍水準（全国一）
主とする兼業種類が自営農業	9.9％	30.7％
主とする兼業種類ではないが自営農業を営んだ漁業経営体数割合	6.5％	5.1％
半農半漁経営体のなかにおけるⅠ兼漁家の割合	8.8％	0.7％
半農半漁経営体のなかにおけるⅡ兼漁家の割合	7.6％	5.1％
漁業種類	イカ・マアジ・サバ類・マダイ等の多種多様な海面漁業	のり養殖業が海区漁業総生産額の95％を占める
農業種類	稲作・畑作	稲作（水田）
歴史的性格	漁民の農業への新規参入	農民の漁業への新規参入

資料：第10次漁業センサス，『平成15年度佐賀県水産業の動向』佐賀県，2004年，など．

第4節 まとめと展望

　以上の統計分析をまとめると表7-3のようになる。統計的考察から得られたこのような結果はいったいどこまで実態を反映しているか。それを検証するために，以下の諸章で具体的な地域分析，漁家・漁業実態分析を進めていきたい。

　ところで，周知のことではあるが，念のため，兼業種類において使用される第Ⅰ種および第Ⅱ種の区分は農家にも漁業にも同じ名称で使用されるため，本書のように，農家サイドに視点をおく第Ⅰ部ではそれを農家に関して使用するが，漁家（半農半漁）サイドにも視点をおく第Ⅱ部では漁家（半農半漁）に関しても使用するため，両者を混同しないように注意されたい。すなわち，第Ⅰ部で「第Ⅰ種」ないし「Ⅰ兼」といった場合それは第Ⅰ種兼業農家を意味するが，第Ⅱ部で「第Ⅰ種」ないし「Ⅰ兼」といった場合，第Ⅰ種兼業農家を意味する場合だけでなく第Ⅰ種兼業漁家を意味する場合も少なからずある。なお，第Ⅰ種および第Ⅱ種漁家の内容については図6-1の註を参照されたい。

註
　1）この割合が10％を超えるのは，全国で佐賀県と福岡県（13％）の2県のみであり，両県のこの数値は抜きんでている。第6章の図6-5を参照。

2) 小林（2003）は，このようなのり養殖業のシェアの高さが決してこの年だけの一時的現象ではなく，また佐賀県のみの現象でもなく，有明海全体における近年の構造的な現象であることを明らかにし，有明海漁業の今日的性格を「ノリ（海苔）モノカルチャー」と規定している。
3) 第8章～第10章の具体的事例を参照。
4) 宮本（2001），11頁。
5) 『検証有明海——今，何が起きているか——』52～53頁。
6) そして実は第3節2でみた「Ⅰ兼・Ⅱ兼相半ばする松浦海区」というのは唐津市のデータに影響されたフィクションであり，唐津市のみが例外的にⅡ兼主体の半農半漁なのであり，松浦海区の半農半漁全体が「Ⅰ兼・Ⅱ兼相半ばする」わけではなく，唐津市を除く松浦海区のその他の地区も実は有明海区と基本的には同様なⅠ兼主体の半農半漁であるとみられるのである。これは平均値にみる統計数値の魔術であり，統計数値の慎重な吟味の必要性が求められる一例といえよう。
7) 小林（2004）を参照。その大半は，浜明け期の数日間のみ採藻等を行う「漁家」である。しかし，たしかに漁業権をもつが，「漁家」というよりは「農家」と呼ぶほうが実態に近い。なお，浜明け期の漁業については井元（1999）の72, 113頁を参照。

引用文献

井元康裕（1999）『漁家らしい漁家とは何か』農林統計協会。
小林恒夫（2003）「有明海漁業におけるノリ（海苔）モノカルチャーの形成」『佐賀大学農学部彙報』第88号。
小林恒夫（2004）「東松浦半島（上場台地）畑地開発地区における持続的農業展開の条件」『Coastal Bioenvironment』（佐賀大学海浜台地生物環境研究センター研究報告）Vol. 3.
佐賀新聞社（1989）『検証有明海——今，何が起きているか——』。
宮本常一（2001）『空からの民俗学』岩波現代文庫。

第8章

臨海棚田地区における半農半漁の構造
―― 佐賀県C町P集落事例分析 ――

獲れたイワシを運搬船（左）に取り込む作業
（イワシ2艘船曳網：佐賀県C町P集落の半農半漁村地先，1999年秋）

左上の写真の船（実は3艘）が港に戻ったところ

要　約

　本章では，C町の事例から，半農半漁村の1形態である臨海棚田地区の漁村の農業と漁業の実態を明らかにした。すなわち，農家・経営類型としては，少数の専業的畜産複合経営の形成と多数の兼業稲作農家への農民層の分化といった点が確認されたが，これは東松浦半島（上場台地）の臨海棚田地区に共通する現象といってよい。また農地利用面では，一方での畑地の耕作放棄・激減と，他方での棚田の比較的良好な維持・継続というように，田と畑の利用において大きな差がみられた。その理由としては，狭小・傾斜畑が未整備状況にあり，また有力な畑作物が見つからなかったことに対して，棚田の存在状況も多様であり，本地区の棚田の中には戦前実施された耕地整理事業によって比較的良好な傾斜地立地棚田が多く，機械対応が可能だったことなどによっている。

　一方，漁業においては，中規模雇用経営の存在が確認され，恵まれた海洋資源条件を活かした発展的な展開の様子がみられた。また，それに伴って定着した青年漁業者の就漁経路の実態の一端も窺われた。

　いずれにしても本事例から農漁業展開における農漁業環境（資源）条件とその整備状況の重要性が改めて確認された。

第1節　問題の所在と課題

1．半島地域における半農半漁の位置づけ

　本章から半農半漁の構造に関する具体的実証分析に入るが，その前に，半島地域における半農半漁の位置づけを確定しておかなければならない。すなわち，半農半漁は果たして半島地域に特徴的な存在なのかどうかということである。もし，半農半漁が半島地域における特徴的な存在でないならば，本書の半島論としての半農半漁分析の意義はなくなるからである。しかも，前章でみたように，佐賀県の場合，典型的な半農半漁は東松浦半島ではなく有明海沿岸に形成されているため，半島地域が半農半漁地域であるとは言えないのではないかという反論も出かねない。

　たしかに，第1章でみたように，本書では「半島地域農業の前進」を指摘したが，すべての半島地域がそうであるわけではないのと同様，第6章でみたように，半農半漁の存在にも大きな地域差がある。しかし，中藤（2002）が「房総半島や伊豆半島，丹後半島あるいは能登半島のように半島地域は一般に半農半漁の村が多い」[1]と述べているように，半島地域は半農半漁地域と言ってよさそうである。たとえば，すでにみた第6章の図6-3において，半農半漁割合の高い府県として新潟，石川，京都，および佐賀，熊本，沖縄を指摘したが，新潟は佐渡

島，石川は能登半島，京都は丹後半島がそれぞれ想起されるように，半島・離島における漁業のあり方，佐賀と熊本は有明海沿岸ののり養殖業の経営形態，沖縄は離島での漁業と，それぞれ深くかかわっていると思われる。こうして半農半漁の多い地域として半島地域を挙げることが許されるであろう。

2．本章の課題

序章で述べたように，棚田地区，田畑作地区，畑作地区という半島地域における3つの集落類型のなかで[2]，本章は佐賀県東松浦半島周辺の臨海棚田地区における半農半漁村として，農漁家世帯数のなかで半農半漁世帯が比較的多いという点から，無作為にC町P集落を取り上げ，農漁家悉皆調査を行った。

分析課題としては，農家・漁家の就業構造の特徴とその変容，および農地利用における問題点の2点に注目する。すなわち，本章では，第9，第10章で取り上げる畑作型と田畑作型との比較を考慮しつつ，前者においては今日「半農半漁」世帯がいったいどの程度存続しているのか，またその要因は何かについて，後者においては農地の整備状況に規定された農地利用の実態と問題点についてとりわけ注目したい。

第2節　農漁業の特徴と実態調査の課題——農業センサス集落カードから——

1．臨海型棚田地区

図8-1にC町P集落の立地状況を模式的に描いた。漁港に接して漁村特有の密集集落が形成され，その背後地に棚田と山林が形成されている。

次いで表8-1に農業センサスの集落カードからP集落の農業と漁業に関する主要な項目を整理した。1980年代までは畑地率が3分の1を占めていたが，その後畑面積は耕作放棄等によって激減し，2000年では水田率の方が78％を占め，臨海棚田地区としての性格を強めている。

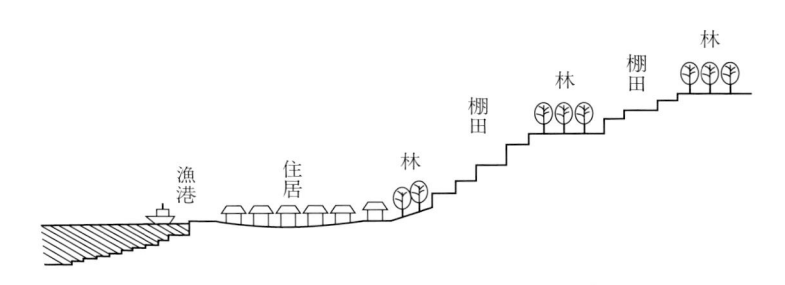

図8-1　P集落の住居と耕地の存在状況〔北西（左）から南東方向（右）への断面図〕

表8-1 P集落の農家・農業の推移 (単位:戸, a, 台, 頭, 人)

		1960	1970	1975	1980	1985	1990	1995	2000
農家数	専業(男子生産年齢人口がいる専業)	5	3	-(-)	1(1)	1(-)	-(-)	1(1)	-(-)
	第Ⅰ種兼業	**32**	23	12	9	2	2	2	2
	第Ⅱ種兼業	12	20	33	34	39	29	25	25
非農家数(総戸数)			12(58)		11(55)		19(55)		20(52)
経営耕地面積	水田	1,773	2,150	2,154	2,429	2,330	2,073	2,158	**2,513**
	畑	1,500	1,400	1,143	1,288	410	385	284	712
	樹園地	-	90	271	197	75	15	3	-
保有山林面積(うち人工林)註:この欄のみha		8	14(2)	13(-)	13(2)	6(-)	15(-)	9(0)	…
作物種類別収穫面積	稲	1,644	2,120	2,031	2,024	2,123	1,788	1,993	1,933
	麦類	1,710	1,084	25	182	121	-	-	-
	いも類	905	720	313	149	21	20	2	3
	豆類	432	140	104	101	24	13	-	-
	野菜類	229	340	596	117	99	39	4	35
	飼料用作物	10	20	-	145	135	283	**340**	…
肉用牛	農家数(肥育牛20頭以上)		19(-)	3(-)	3(1)	3(1)	4(1)	3(1)	2(1)
	頭数(うち子取用めす)	38	22(4)	8(1)	30(8)	43(10)	45(22)	91(58)	x(x)
農産物販売額第1位の部門別農家数	稲作		35	38	36	33	30	25	25
	肉用牛					1	1	3	2
農業経営組織別農家数	単一経営(稲作)				29	30	28	25	25
	単一経営(肉用牛)								2
	複合経営(うち準単一複合)				7(7)	4(3)	3(2)	3(3)	-(-)
農産物販売金額別農家数	100万円未満(うち販売なし)	49	45(10)	44(7)	38(7)	28(8)	31(5)	31(4)	24(1)
	100~300万円	-	1	1	5	13	4	2	1
	300~500万円	-	-	-	1	-	-	-	-
	500万円以上(うち1,000万円以上)					1(1)	1(1)	1(-)	2(1)
経営耕地規模別農家数	0.5ha未満	18	10	13	8	15	7	7	1
	0.5~1.0ha	22	24	21	19	20	17	14	14
	1.0~2.0ha	9	11	10	16	6	6	5	9
	2.0ha以上(うち3ha以上)	-(-)	1(-)	1(-)	1(-)	1(1)	1(-)	2(2)	3(2)
借入耕地がある農家数・面積	農家数		6	15	15	12	3	14	16
	面積(うち畑)		150(16)	236(54)	177(-)	206(-)	71(…)	667(180)	**789(320)**
不作付地面積	水田		20	18	91	43	88	17	254
	畑		80	20	765	27	105	3	138
耕作放棄地	農家数			-	34	24	23	27	18
	面積(以前が畑)			963(689)	535(…)	918(…)	801(535)	463(375)	
稲作機械所有台数(個人+共有)	耕耘機・トラクター		総数39	総数41	49・2	42・11	26・19	22・30	14・19
	田植機		2	-	4	4	23	26	24
	バインダー		-	22	30	27	19	18	7
	自脱型コンバイン		-	-	7	13	24	25	**26**
	乾燥機		5	31	31	30	21	24	16
農家人口(うち65歳以上)	男	170	144	130(16)	116(13)	96(11)	84(6)	79(9)	82(14)
	女	161	147	139(19)	124(24)	115(17)	93(15)	82(9)	78(10)
農業従事者数	男	99				73	52	50	53
	女	86				72	51	45	51
農業就業人口(うち65歳以上)	男	77	29(8)	15(5)	10(2)	7(1)	9(3)	12(5)	15(7)
	女	84	53(3)	35(4)	23(8)	23(9)	24(3)	20(3)	18(5)
基幹的農業従事者数	男	72	25	12	7	4	6	5	9
	女	56	36	24	8	7	4	4	6
農業専従者(うち65歳以上)	男		22	16	6	4(-)	1(-)	4(2)	**6(3)**
	女		25	18	4	3(-)	1(-)	4(-)	**6(3)**
兼業農家の出稼ぎ者数(うち女性)			30(-)	29(1)	5(-)	12(1)	3(-)	4(-)	2(-)
自営兼業が漁業である兼業農家数	第Ⅰ種兼業		5	1	-	-	-	1	…
	第Ⅱ種兼業		12	13	16	15	15	14	…
農業専従者がいる農家数			30	19	7	3	1	4	5

資料:1960年は『1960年世界農林業センサス結果報告〔2〕農家調査集落編』(佐賀県), それ以外は農業センサス集落カード, 農業集落別一覧表.
註1:-は該当なし. 空欄, …は項目なし, ないし不明. xは秘匿.
註2:1985年までは総農家, 1990年からは販売農家.
註3:ゴチック体はかつて大きな値を示したもの, および今日増加傾向を示す注目数値.

2．半農半漁世帯の維持・存続

自営兼業が漁業である兼業農家，すなわち半農半漁世帯数は1970年に17戸だったが1995年でも15戸となっており，1999年調査時点でも14戸が確認され（表8-2，表8-3を参照），半農半漁世帯が維持・存続されている実態が判明した。その要因はどこにあるのかのメカニズム分析が求められる。

3．出稼ぎ兼業から通勤兼業への農家兼業の変化

P集落はかつて出稼ぎ地帯の一角を形成していた[3]。1970年には46戸の農家の中に30人の男子出稼ぎ者がいた。75年でも農家数45戸の中に男子出稼ぎ者が29人もいた。農家1戸から男子1人が出稼ぎに出ていたと仮定すれば，当時，P集落の農家の6割以上から出稼ぎ者が出ていたことになる。

ところで，当時からP集落の農家の大半は兼業農家であり，すなわち，P集落の農家の大半はもともと兼業農家として存在していた。今日では出稼ぎ者は少数化し，むしろ例外的存在となったが，古くからの兼業深化のもとで，かつて大半が出稼ぎ兼業農家として存在した兼業農家の形態は，今日では通勤兼業農家という形態に姿を変えながら引きつがれているといえる。

4．稲作と肉用牛の2部門に分化

P集落の場合，農業部門としては稲作と肉用牛経営以外にめだった部門は見あたらない。つまり，農業部門の類型としては，稲作と肉用牛の2部門のみに分化しているようである。なお肉用牛経営は子取り（繁殖）経営と肥育経営の2戸のみである。

5．借地の展開と耕作放棄の増加

田畑の借地が一定程度進展しているが，それ以上に耕作放棄が進んでいる。なかでも畑の耕作放棄がめだつ。1995年も2000年も，田は借地面積が耕作放棄地面積より多いが，畑は逆に耕作放棄地面積の方が多い。このような畑の耕作後退によって，かつては田畑が併存した田畑作地区であった本集落は，現在では田に収斂した田作地区に変容した。

第3節　農漁家の世帯類型の特徴

1．農漁家（半農半漁）の広範な存在──典型的な「半農半漁」村──

P集落の農漁家悉皆調査結果を表8-2と表8-3に示す。また，図8-2は直系世帯員の農業，漁業およびそれ以外への勤務の3種の仕事への関わり合いによって世帯の就業状況を類型化したものである。図から以下の諸点が指摘できる。

128　第II部　半農半漁の構造

表8-2　P集落の農漁家の直系世帯員の就業の実態

世帯類型	世帯記号	直系世帯員の年齢と就業状況（1999年）				農漁業（自営）以外の就業（被雇用）状況（1999年9月現在）			世帯の性格
		世帯主	その妻	あとつぎ	あとつぎの妻	父	母	世帯主	世帯主の妻	あとつぎ	あとつぎの妻	

世帯類型	記号	世帯主	その妻	あとつぎ	あとつぎの妻	父	母	世帯主	世帯主の妻	あとつぎ	あとつぎの妻	世帯の性格
農業世帯（農家）	A	65A	59A	39G			72A	68A	人工授精師（農協嘱託）	―	JA上場（畜産指導員）	―	肉用牛肥育安定II兼農家（あとつぎ農協職員）
	B	44F	36A										肉用牛肥育I兼農家（世帯主人工授精嘱託）
	C	67A	61A	36G	31H				―	―	建設会社（隣市・正社員）	縫製工場（町内・正社員）	稲作単一安定II兼農家（あとつぎ夫婦農外勤務）
	D	43G	38H	19H			63G	63I	小学校教諭	―	―	―	稲作単一安定II兼農家（世帯主農外勤務・教員）
	E	51G	45I						保健所職員（隣市）	会社（トンネル関係・日雇）	TV会社（隣市・正社員）	―	稲作単一II兼農家（世帯主・あとつぎ農外勤務）
	F	40G	41G	na			66A	61A	JA上場（事務）	縫製工場（正社員）	na	―	稲作単一安定II兼農家（世帯主農協職員）
	G	68A	59A	39G	35G				建設会社	町役場職員	会社（町内・正社員）	―	稲作単一II兼農家（あとつぎ夫婦農外勤務）
	H	41G	40G				65L	65A	町役場職員（県内）	保育園（正社員・栄養士）	―	―	稲作単一安定II兼農家（世帯主夫妻役場職員）
	I	48G	44G				70A	63A	na	na	―	―	稲作単一安定II兼農家（世帯主役場職員）
	J	42H	38G				72A	75A					稲作単一安定II兼農家（世帯主夫婦農外勤務）
	K	75A	66I	35G	32K				会社（トンネル関係・年間）	縫製工場（正社員・臨時180日）	JA上場	―	稲作単一II兼農家（あとつぎ夫婦農外勤務）
	L	64A	62A	39G	29L				―	木産加工会社（臨時60日）	建設会社	町役場（正社員）	稲作単一II兼農家（あとつぎ女性外勤務）
	M	42G	36G				69I		土建業（隣町）	会社勤務	（25歳・ホテルマン・県内）	三女（老人ホーム勤務）	女性1人の稲作II兼農家（あとつぎ女他出）
	N	―	52G					78M	建設会社	―	―	―	零細稲作II兼農家・農
	O	47G	46G										
	P	48H	49H	25H			82M						
半農半漁世帯	Q	59C	62C	32C			79M		―	―	―	―	典型的での半農半漁
	R	50C	44C	23C			75E		―	―	―	―	典型的での半農半漁（三世代）
	S	47C	45C				70E	71L	―	―	―	―	典型的での半農半漁（三世代）
	T	50C	43D	21D			81M	74J	―	―	建設会社（季節雇50日）	―	典型的での半農半漁（三世代）
	U	45D	43D						建設会社（季節雇100日）	―	―	―	半農半漁（妻・あとつぎ季節的農冬場は日雇）
	V	46E	42E	20E			65C	62J	建設業	―	―	―	専業漁家（離農）
半農半漁世帯（農家）	W	66C	62C								（43歳・公務員・県内）	―	典型的半農半漁（あとつぎ夫婦他出）
	X	63B	45C	34A	33A				巻き網（網元）への雇われ	―	―	（40歳・保育師・県内）	専業的半農半漁
	Y	53C	45C	24G	24H				―	―	船用会社（正社員）	看護師	半農半漁と漁業の半農半漁
	Z	64E	59C	36C	29J		75A	76L	―	―	―	―	典型的の半農半漁
	a	65B	58A	38C	33E		89M		―	―	―	―	典型的の半農半漁
	b	53C	51C				78M	76M	―	―	建設会社（隣市・正社員）	三姉妹（婚出）	典型的の半農半漁
	c	73B	63B	31G									典型的半農半漁（世帯主夫婦の半農半漁）
	d	64M	63M	39C					na	―	―	―	半農半漁（あとつぎ夫婦・農外勤務が主）
		44C	44G	20C									半農半漁（世帯主夫婦は農業外勤務による）

資料：1999年9月実施集落漁家悉皆調査。
註1：続柄は、在宅者の場合「40歳に達したら世帯主」という基準で区分・整理している。
註2：斜体は婿養子、（ ）は他出者。
註3：―は「就業なし」、空欄は該当なし。
註4：就業状況：A：農業のみ、B：農業が主だが漁業にも従事、C：漁業が主だが農業にも従事、D：農業以外の仕事にも従事するが漁業が主、E：漁業のみ、F：農業が主だが農外勤務、G：農業も手伝うが農業以外の自営業が主、H：勤務や農外の自営業以外の勤務、I：農業も手伝うが家事・育児が主、J：漁業も手伝うが農外の勤務、以外の勤務や自営業、育児が主、K：パートにも出るが家事・育児・学業が主、L：家事・育児・学業のみ、M：その他

第8章　臨海棚田地区における半農半漁の構造

表8-3　P集落の農漁家の農業と漁業の実態　　　　　　　　　　　　　　　　　　　　　　　　　　　　　　　　　　　　　（単位：a, 頭, 台, 隻, トン）

世帯類型	世帯記号	経営耕地面積 自作地 田	自作地 畑	借地 田	借地 畑	計	山林原野面積	貸付地面積 田	貸付地面積 畑	耕作放棄地面積 田	耕作放棄地面積 畑	耕作放棄地面積 樹園地	作物作付面積 稲	作物作付面積 飼料用作物	作物作付面積 その他	機械保有台数 耕運機	機械保有台数 乗用トラクター	機械保有台数 田植機	機械保有台数 バインダー	機械保有台数 ハーベスター	機械保有台数 コンバイン	機械保有台数 乾燥機	漁船 隻数	漁船 トン数	漁業の種類
農業世帯（農家）	A	85	60	70	250	465	100						155	310	繁殖牛34	2	1	1		1		1	共			
	B	150	70	50	70	340	100					150	200	80	肥育牛45	1	2	1/2		1		1	共			
	C	80	24			104					25			80			1	1			1		1	共			
	D	90		9		99	100				60			70			1				1		1	共			
	E	75	20			95	100		20	4	20	5		75			1		1		1		1	共			
	F	80	5			85	30					40		80			1	1			1		1	共			
	G	80				80			20			10		80			1				1		1	共			
	H	70	10			80	10					12		70			1				1		1	共			
	I	63				63								60			1				1		1	共			
	J	30		30		60	30		10		10			60			2				1		1	共			
	K	50	10			60	na				20			50			1			2	1		1	共			
	L	50				50	30		20		25	30		50			1				1		1	共			
	M	48				48	40					30		48			1		na		1		1	共			
	N	40				40					10	30		40			1		1/2		1		1	共			
	O	30				30	30					30		30			1				1		1	共			
	P		15			15		40																			
半農半漁世帯（農漁家）	Q	40				40	50		10		10	10	30	40			1		1		1		1		3	6, 6, 5	イワシ船曳網（網元）、ごち網（タイ）
	R	30				30	80				50	50		30			2				1		1		4	4, 5, 5, 6	イワシ船曳網（網元）、ごち網（タイ）
	S	14				14	15				20	20		14							借		借		1	5×3, 1	イワシ船曳網（網元）、ごち網（タイ）
	T	50	10			60	40	8	15		30			50			1		1		1		1		5	6×2, 1×3	イワシ船曳網（網元）、イサキ釣り、小型定置網（イカ）
	U	66		30		96	10	50	3	20	20			90					1						3	6, 6, 3	イワシ船曳網（網元）、ごち網（タイ）
	V					-																			na	na	
半農半漁世帯（農漁家）	W	60				60	75				40	40		60		花き18a	1		1		1		共		3	2, 2	イワシ船曳網（被雇用）、建網（雑）、小型定置網
	X	80		10		80					40	40	25	80			1				1		共		1	1	イワシ船曳網（被雇用）、釣り
	Y	100	10	120		230	15				5			220			1		2		1		共		3	2, 5, na	イワシ船曳網（被雇用）、イサキ釣り（被雇用）、アワビ養殖
	Z	30	20			50	50		15		15	30		50			1						1		4	1	ごち網（タイ）、イワシ等、イカ籠
	a	70	5	30		105	15		3	20	30			100			2		1		1		1		5	5, 1	ごち網
	b	45				45	na			30				45			1		1				1		2	3, 3	磯建網（カサゴ、メバル、クロ等）
	c	40	10			50	80			10				40							1		1		2	na	磯建網（クロ、カサゴ等）
	d	60				60								60			1				1		共		3	3, 2, 1	刺し網（アラカブ等）、網
	e	90		15		105	30	10						90		野菜10a	1		1				1		2	na	タイ一本釣り（イカ）
計		1,796	249	374	320	2,739	895	108	138	89	562	205	205	2,117	390		26	24		26	15		5	27				

資料：表8-2に同じ。
註1：作物作付面積は1999年度（1998年10月～1999年9月）、それ以外は1999年9月現在。　註2：経営耕地には耕作放棄地は含めていない。
註3：機械の借は借用、共は共同乾燥施設への委託。　註4：naは不明。計には含めていない。

第Ⅱ部　半農半漁の構造

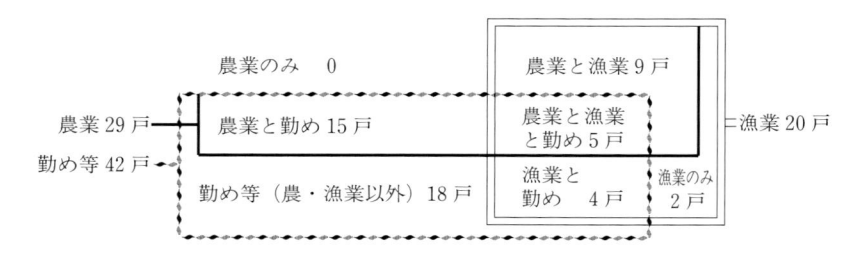

```
                農業のみ　0      ┌─────────────┐
                                │  農業と漁業 9 戸  │
  農業 29 戸 → ┌─ 農業と勤め 15 戸 ─│ 農業と漁業     │
  勤め等 42 戸→│                 │  と勤め 5 戸   │  ─ 漁業 20 戸
              │                 │ 漁業と       │
              │ 勤め等（農・漁業以外）18 戸│ 勤め  4 戸  │ 漁業のみ
              └─────────────────│              │  2 戸
                                └─────────────┘
```

図 8-2　就業状況からみた P 集落全世帯の重層的関係（1999 年）

　1 つは，農漁業関係世帯 35 戸が総世帯数 53 戸（いずれも 1999 年調査時）の 66 ％ を占め，P 集落が文字どおり農漁村としての性格を保持していることである。それは P 集落では，後述のように厳しいながらもイワシ漁を主体とした手堅い漁業が展開され，また急傾斜棚田地区でありながらも，各農家はそれぞれ機械利用が可能な区画条件を備えた一定面積の棚田を保有しており，農漁業が集落の主要産業となっているからである。ちなみに，それに対し，第 9 章で取り上げる Q 町 R 集落は，農地面積の未整備・狭小，漁業生産条件の厳しさ，および唐津市の市街地まで 10 km 余と通勤兼業が容易であることなどから，集落の総世帯の 6 割弱が非農漁業（サラリーマン）世帯となってきている。

　2 つは，半農半漁世帯数割合の高さである。農漁家総数 35 戸の中で占める半農半漁世帯数 14 戸の割合は 40 ％ と比較的高い。これは，もちろん本書がもとより典型的な半農半漁村の事例を取り上げているからにほかならない。ちなみに，第 9 章の Q 町 R 集落の 30 ％，第 10 章の Q 町 S 集落の 36 ％ と同水準にある。なお本書では取り上げるには至らなかったが，東松浦半島には，それが 82 ％ と極めて高い肥前町大浦浜集落（第 7 章の扉写真）のような事例も存在する[4]。

　3 つは，しかし，文字通り「農業と漁業のみ」の世帯は 9 戸と比較的多いが，「農業と漁業と非農漁業勤務」世帯も 5 戸存在し，半農半漁といっても今日では「農業と漁業」の 2 就業という単純な就業構造ではなくなってきている点も確認しておきたい[5]。そして，このように世帯員が 3 つ以上の職種に就業する一家多就業構造がむしろ半農半漁世帯の一般的タイプとなりつつあるように思われる。

2．農業展開と農家就業構造の特徴 ── 肉用牛複合経営と稲作単一経営への二分化 ──

　P 集落の農業の特徴は，一方で肉用牛経営を主体に 2 ha 前後の稲作を経営する世帯主夫婦専従ないし 2 世代専従が 2 戸（A, B）と施設園芸農家（X）が 1 戸，計 3 戸の専業的農業経営が存在するが，その他はほとんどが 1 ha 未満の兼業稲作農家であり，農民層の二極分化傾向がみられることである。しかし，前者の専業的経営のうち，A 農家のあとつぎは農協に勤めており，将来方向は不明であり，2 世代農業専従経営の形成の困難性を示している[6]。

　他方，後者の稲作経営は Y 農家の 220 a 以外はすべて 100 a 以下の規模であるが，平均 67 a

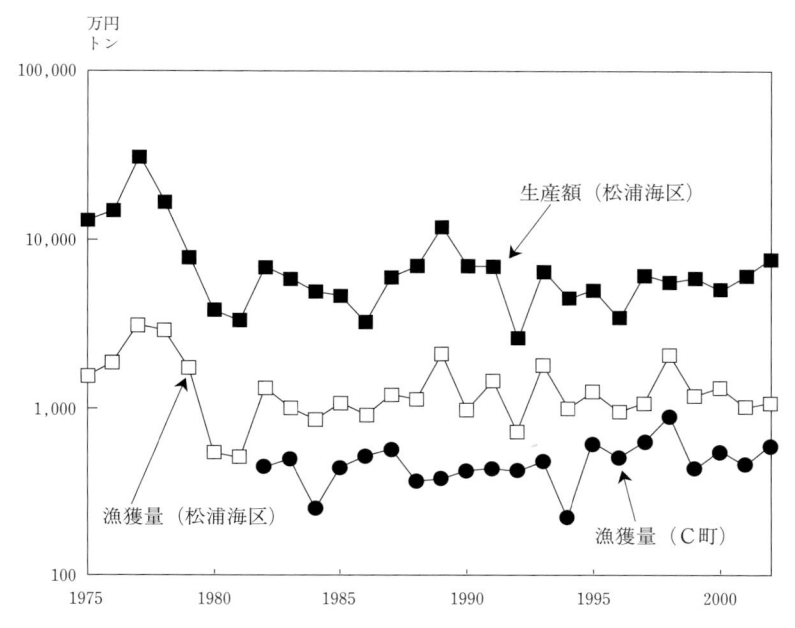

資料:『佐賀農林水産統計年報』。

図 8 - 3　カタクチイワシの漁獲量と生産額の推移

であるから，第 9 章の Q 町 R 集落の平均 18 a 等と比較すれば「極零細」ではなく，一定規模を経営しているとはいえる。表 8 - 3 に見るように，ほとんどの農家が稲作機械を 1 セットずつ所有しているのは，そのことの反映でもある。しかし，この程度の稲作規模ではとうてい機械化貧乏から免れることは不可能であるから，再編方向の模索も必要と考える。

第 4 節　漁業展開と漁家就業構造の特徴

1．佐賀県下最大のイリコ製造（カタクチイワシ漁）集落

P 集落の漁業の特徴は，イリコ製造（カタクチイワシ漁）が主要な漁業経営体によって担われており，しかも本県最大のイリコ産地であることである。そこで本節では，イリコ製造（カタクチイワシ漁）を取り上げることによって，P 集落の漁業の特徴を明らかにしていきたい。

まず P 集落が佐賀県下最大のイリコ産地となっている理由は，本地区がイリコ加工[7]の原料であるカタクチイワシの豊かな漁場に恵まれている（図 8 - 3 を参照）からにほかならない。なお P 集落でイワシ漁が開始されたのは古く，江戸期からではないかと言われている。

表 8-4　イワシ網元の労働力構成

網元漁家記号	船上（網船）作業員			陸上（イリコ製造加工場）作業員		
	世帯員	雇用者		世帯員	雇用者	
		実人員メンバー（年齢）	延べ人日		実人員メンバー（年齢）	延べ人日
T	世帯主（50） あとつぎ（21）	Y父（75） Y世帯主（53） G世帯主（68） eあとつぎ（20） 他集落の者（22）	300人日	世帯主妻（43） 母（74）	Y世帯主妻（45）	60人日
R	世帯主（50） あとつぎ（23）	C世帯主（67） Cあとつぎ（36） b世帯主（53）	270	世帯主妻（44）	C世帯主妻（61） I母（63） A世帯主妻（59）	270
V	世帯主（46） 長男（20） 二男（18）	Z世帯主（64） Zあとつぎ（36） X世帯主（63） 他集落の者（30）	360	世帯主妻（42）	Z世帯主妻（59） Y世帯主妻（61） F母（61）	270
Q	世帯主（59） あとつぎ（32）	L世帯主（64） dあとつぎ（39） その他2名	na	世帯主妻（45）	L世帯主妻（62） dあとつぎ妻（39）	na
S	世帯主（47） 父（70）	W世帯主（66） 他集落の農家（50） 他集落の大工（52） 他集落の父の友人（65）	200	世帯主妻（45）	W世帯主妻（62） d世帯主妻（63） 集落内の漁家婦人（50）	150
U	世帯主（45） 父（65）	5人	350	世帯主妻（43） 母（62）	4人	280

註：（　）内は年齢。

2. イワシ漁「網元制度」（雇用企業形態）と「歩合制度」

　企業形態は基本的に労働様式に規定される。たとえば農業がほとんど家族経営であるのは家族単位による労働様式が農業生産に適合的だからである。ところでカタクチイワシ漁は2艘船曳網[8]という漁法で行われるが，この漁法にはかつての手労働段階では総勢10人以上の人手を要したし，現在の機械化段階でも最低5～7人の人手を要する。すなわち2艘の網船に最低それぞれ2～3人（漁船操縦者と網作業者）と運搬船に最低1人が乗ることによる「分業と協業」が必要だからである（本章扉写真参照）。このような労働様式は一家族では組み得ない。そこで編み出された労働様式が，「網元制度」と呼ばれる雇用制度である。これは企業形態としては資本主義的企業形態である。といっても，規模的には数名雇用，しかも季節雇用の極零細企業である。なお雇用者は海（船）上（イワシ採捕）では男子が常時3～5名，陸上のイリコ製造加工場では女子が数名必要とされている。

　P集落にはイワシ漁「網元」が昔から6経営体（「統」と呼ばれる）存在している。表8-4

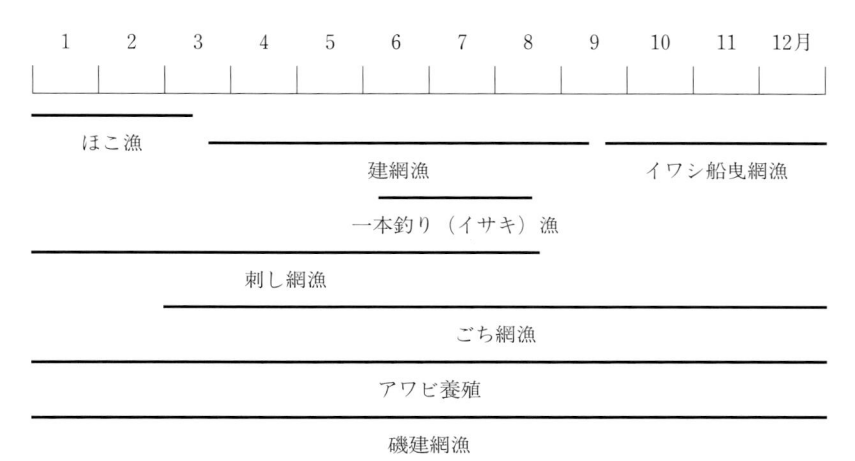

```
         1    2    3    4    5    6    7    8    9    10   11   12月
    ├────┼────┼────┼────┼────┼────┼────┼────┼────┼────┼────┼────┤
         ────────
          ほこ漁       ──────────────────────         ──────────
                              建網漁                  イワシ船曳網漁
                           ────────
                          一本釣り（イサキ）漁
                  ──────────────────
                         刺し網漁
                  ──────────────────────────
                            ごち網漁
                  ──────────────────────────
                           アワビ養殖
                       ──────────
                         磯建網漁
```

図8-4　P集落における漁業種類別漁期（シーズン）

はその概要を示したものである。

　関連して，漁業は農業以上に豊凶の激しい産業である。家族経営ならば不漁でも自家労賃の切り下げによって切り抜けることが可能だが，資本家的経営においては雇用労賃の切り下げは困難を伴う。そこで編み出された雇用労賃支払いシステムが「歩合制度」であるが，P集落のイワシ漁網元でもこの「歩合制度」が採用されている。その詳細については紙幅の関係上省略したい[9]。

　P集落のイリコ加工の原料（対象魚）はカタクチイワシだが，周知のように，マイワシは「魚種交替」の典型魚種として長期的な豊凶サイクルの存在が指摘され，また1990年代は減少期にあるとされているのに対し，カタクチイワシは豊凶変動がマイワシほど著しくはないといわれている[10]。たしかに図8-3に見るように，佐賀県松浦（玄海）海区におけるカタクチイワシの漁獲量と生産額は1980年以降むしろ増加傾向すら見せており，またその中でC町の漁獲量も同時期に同様に増加していることが分かる。P集落でも同様の実態が認められ，1998年にはカタクチイワシの近年にない豊漁に遭遇したという。

3．複合漁業経営の形成

　しかし，カタクチイワシ漁のシーズンは実質9月から12月の4ヵ月間に限られている。そこで，それ以外のシーズンには図8-4のような諸々の漁業種類が営まれている。漁業は農業と異なり，専業的経営（専業漁家）が比較的多く，また今日，趨勢的にも専業化傾向を示しているが[11]，しかし専業的経営の中身を詳細にみると，それはシーズンの異なる複数の漁業種類を組み合わせることによって年間就業を確保しているのであり，決して1つの漁業種類でもって専業的経営が成り立っているわけではないことが分かる。そのような中で農業も1つの複合部門として位置づけられているとみられる。

表 8-5 漁業世帯の直系世帯員の世代別就業の特徴

	続　柄	父	母
親世代	年齢幅	65～89歳	62～76歳
	就業状況	C 1, E 2, M 3	J 1, L 1, M 1
	就業の特徴	大半はリタイヤ	

	続　柄	経営主	経営主の妻
世帯主世代	年齢幅	44～73歳	42～63歳
	就業状況	**B** 3, **C** 7, D 1, E 2, M 1	A 1, B 1, C 6, D 2, E 1, G 1, I 1, M 1
	就業の特徴	「農業もするが漁業が主」（C）が半数（13人），「農業が主で漁業もする」（B）が若干名（4人）で，全体として「半農半漁」的就業が大半（17人）	

	続　柄	あとつぎ	あとつぎの妻
あとつぎ世代	年齢幅	20～39歳	24～39歳
	就業状況	A 1, **C** 6, D 1, E 1, G 2	A 1, C 1, E 1, H 1, J 1
	就業の特徴	「農業も手伝うが漁業が主」（C）が半数（6人）	多様化

註1：記号は就業状況を示す（表8-2を参照）。記号に付いた数字は人数。
註2：ゴチック体は比較して大きい注目記号。

表 8-6 漁業（農業）後継者の就業までの経路

青年記号	年齢	男兄弟数	続柄	高校種類	学卒後の経歴		自営漁業（農業）の種類
					研修機関	その後の就業経験	
X	34	na	長男	普通		土木業就業後Uターン就農	施設花き
V	18	註1	二男	中学		学卒後自営漁業就業	イワシ（網元）
V	20	註1	長男	商業		学卒後自営漁業就業	イワシ（網元）
e	20	1	長男	普通（中退）		中退後自営漁業就業	タイ一本釣り
T	21	1	長男	普通		建設会社半年就業後Uターン自営漁業就業	イワシ（網元）
R	23	1	長男	普通	高等水産講習所	講習後自営漁業就業	イワシ（網元）
Q	32	1	長男	普通		学卒後自営漁業就業	イワシ（網元）
Z	36	1	長男	普通		学卒後自営漁業就業	ごち網，アワビ養殖
a	38	2	長男	普通		土建業6年間就業後Uターン自営漁業就業	ごち網，イカ籠
d	39	1	長男	普通		学卒後自営漁業就業	刺し網，底引き網

註1：男兄弟2人そろっての自営漁業就業。
註2：青年記号は表8-2，表8-3の世帯記号と対応している。

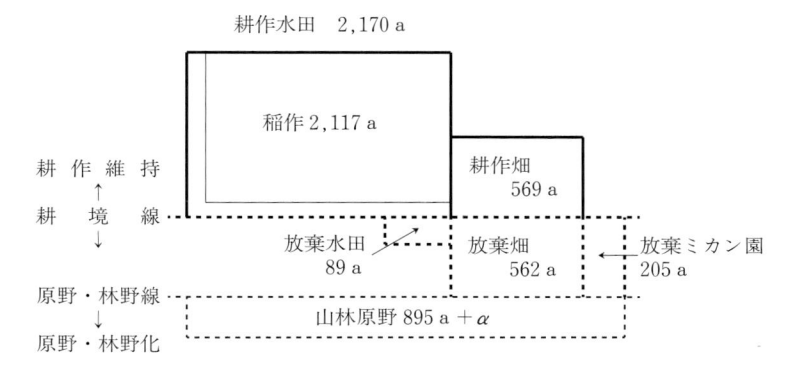

```
耕作維持        耕作水田  2,170 a
  ↑         ┌─────────────────┐
耕 境 線     │  稲作 2,117 a   │┌──────┐
  ↓         │                 ││耕作畑│
耕作放棄     │                 ││569 a │
            └─────────────────┘└──────┘
原野・林野線          放棄水田    放棄畑    ←放棄ミカン園
  ↓                   89 a      562 a      205 a
原野・林野化    ┌─ ─ ─ ─ ─ ─ ─ ─ ─ ─ ─ ─ ─ ─ ─ ─┐
               │   山林原野 895 a + α           │
               └─ ─ ─ ─ ─ ─ ─ ─ ─ ─ ─ ─ ─ ─ ─ ─┘
```

図 8-5 P集落の土地利用の全体構図（1999年）

4．半農半漁世帯（農漁家）の就業構造──農漁業の世帯継承とその条件──

就業構造に関し，P集落では親世代の大半は農漁業からすでにリタイアしており，農漁業の担い手は世帯主夫婦とあとつぎに集中していること，すなわち，第9章のQ町の事例では世帯主・親世代が農漁業の担い手で，あとつぎ世代の脱農漁業化傾向が顕著にみられるのに対し，P集落では農漁業の担い手が親世代から世帯主世代およびあとつぎ世代にシフトし，あとつぎ世代への農漁業継承が比較的スムーズに行われていると言える（表8-5）。

そして，それにはP集落の漁業の手堅い展開が背景として存在している。後にP集落の棚田が比較的良好な条件を背景として維持されていることを述べるが，このことは，同様に，漁業も漁場の安定条件を維持・確保することが，その継承の重要な要因となっていることを示唆しているものと思われる。

5．青年漁業後継者の分厚い存在とその特徴

漁業経営の世代継承を端的に証明する事柄は青年漁業後継者の存在状況である[12]。P集落には，40歳未満の漁業専従青年が9名と比較的多く存在している。そこで，表8-6に彼らの漁業就業に至る経路を示した。高校は農業後継者と同様[13]，普通高が大半だが，学卒後すぐに自営漁業に就く者が大半であるという特徴をもつ。また，学卒後，講習所等の研修施設に行く者は少なく，Uターン者も少ないといった点も，農業後継者との違いである。それは漁業労働がいまだ裸の労働力を基本とし，リタイア年齢が農業より若いこと等の労働様式の違いに起因している[14]。

表 8-7　P集落の農漁家の経営耕地の整備状況と耕作放棄状況

(単位：a、枚)

世帯類型	世帯記号	経営耕地 田 整備	経営耕地 田 未整備	経営耕地 棚田 面積	経営耕地 棚田 枚数	経営耕地 畑 面積	経営耕地 畑 枚数	耕作放棄地 田 面積	耕作放棄地 田 枚数	耕作放棄地 畑 面積	耕作放棄地 畑 枚数	耕作放棄地 樹園地 面積	耕作放棄地 樹園地 枚数	耕作放棄年(年ごろ)	耕作放棄地の現況	耕作放棄の理由・契機
農業世帯(農家)	A	40	115	115	25	310	40							1990	伐採し牧草地として利用	
	B		200	200	43	140	16			25	6	150	3	1979	草・原野化	
	C		80	80	12	24	2			60	10			1978	原野になり木も生えてきた	
	D		99	99	33									na	na	
	E		75	75	20	20	5			20	5			田95、畑85	草払いはしている	田：機械が入らない、畑：作る物がない
	F		80	80	17	5	3	4	2	5	3			1985	原野化	作る物がない
	G		80	80	15					40	na			1985	草原になっている	労力不足、作る物もない
	H		70	70	15	10	1			10	1			1985	草地になっている	高齢化
	I		63	63	20					12	1					
	J		60	60	na											
	K		50	50	13	10	1	20	5	10	na			1990	林になっている	機械が入らないため
	L		50	50	11									1980	山になっている	
	M		48	48	11			25	15	30	6			田70、畑90	原野化（草払いもせず）	田：減反で条件の悪い田を放棄、畑：牛飼いをやめたから
	N		40	40	11					30	7				原野化	
	O		30	30	13			10	na	30	na			田85、畑85	草地になっている	父死亡で労力不足のため
	P					15	2									
半農半漁世帯(農漁家)	Q		40	40	20					10	3	30	10	畑1990	荒らさないように飼料作付	麦・カンショ・バレイショの採算がとれないため
	R		30	30	9					50	17			1980	原野化	
	S		14	14	6					20	8			na	na	小型まき網漁が盛ん（イワシ豊漁）になり畑作労力が不足したため
	T		50	50	20	10	na			30	10			1970年代	荒らさないように酪農家が飼料作作	
	U	30	66	66	10					20	2			1978		
	V															
	W		60	60	12					40	10	25	6	畑80、園85	山になっている	漁業と両立せず
	X		80	80	20			20	9	40	8			na	na	畑作物価格の低下 道がないため
	Y		220	220	29	10	3			5	1			na	na	
	Z	20	30	30	12					15	3			1985		漁業シフトしたため
	a	30	70	70	20	5	1	20	9	30	9			1970		減反でやめる
	b		45	45	10					30	5			1980～85	雑木も生えてきている	冬場出稼ぎに出て麦作をやめたから
	c		40	40	20	10	15	10	7					1995	放棄のまま	減反、道がなく機械が入らないため
	d		60	60	15											
	e		105	105	25											
計		120	2,050	2,050	487	569	89	89	38	562	115	205	19			

資料：表8-2、表8-3に同じ。
註1：耕作放棄地は経営耕地に含まれない。
註2：naは不明。計には含めていない。

第5節　農地利用の変容
――畑作と田作の跛行的展開＝畑地・ミカン園の放棄と棚田の維持――

1．畑地・ミカン園の放棄＝山林・原野化――海浜棚田地区への純化――

表8-7にP集落における農家ごとの農地の整備状況および耕作放棄状況を掲げ，図8-5に山林原野も含め土地利用の全体像を図示した。

P集落における農地利用の第1の特徴は，普通畑とミカン園の放棄が著しく進んでいることである。ミカン園面積はもともと狭小であったが，今日では管理放棄され皆無となっている。また普通畑も約半分が放棄されてしまった。それは，ミカン不況，畑作物不振という経済的要因と，未整備で劣悪という畑・樹園地の立地的要因，および漁業に手を取られるという労働力的要因によっている。これらの放棄園・放棄畑はいずれ山林原野に戻っていく運命にある。

こうして，かつては一定面積の畑地を擁していたP集落（1970年の水田率62％）も，畑地面積の半減・縮小の結果，2000年には水田率が78％（属人）に高まり，臨海棚田地帯としての性格を強めている。

2．臨海型棚田の維持――耕地整理事業による比較的良好な棚田の存在――

放棄が著しい普通畑・ミカン園に対し，棚田の耕作放棄は少なく，極めてよく維持されている。その要因としては，P集落の棚田は，ほぼ全面積が2000年度から実施された中山間地域等直接支払制度の対象地区に指定されているように，たしかに急傾斜地に形成されているのであるが，その中には明治期の耕地整理事業によって区画整理が行われたものも少なからず含まれ[15]，大半の水田においてトラクター・コンバイン等の中型農機具の導入が可能であり（表8-1および表8-3を参照），全体として比較的耕作条件が良好な点が作用している。表8-7のように，実態調査の結果，P集落の棚田は総面積が2,050aで487枚という回答を得た。つまり1枚の平均面積は4.2aとなる。これは縦横それぞれ20ｍ区画の面積である。これに比べ，P集落以上の急傾斜をもつ第5章のA町B集落の場合は，棚田の総面積は2,128aで612枚，1枚平均は3.5aと厳しく，前述の肥前町大浦浜集落（第7章の扉写真）の棚田もP集落同様に急傾斜・不整形，かつ狭小のため耕作放棄されるものが少なくないが，それには大浦浜集落の棚田は1,523a・602枚であり1枚平均が2.5aと，いわば家庭菜園的規模の狭さに大きく起因しているからである。

このようにみてくると，「臨海棚田地区」と一口に言っても，棚田（圃場）の整備条件は決して一様ではなく，P集落のように面積・区画条件が比較的良好な地区と，大浦浜集落のように面積が極めて狭小かつ不整形な極めて悪条件の地区とが多様に存在していることに注意する必要がある。

第6節　むすび

　本章では半島地域沿海部に多い棚田地区の半農半漁村における農漁業の存在実態の全体構図を描いた。その結果，臨海棚田の生産条件も比較的良好なものから極めて悪条件のものまで幅広く多様に存在しており，P集落のように明治期の耕地整理事業の実施などを伴った比較的良好な棚田はその維持確保の可能性が高く，また漁業の生産条件にも比較的恵まれていることから，両々あいまって半農半漁構造が持続的に再生産されてきている実態をみた。

　こうして生産条件の整備・安定化が農漁業の展開や持続的再生産の基本的条件となっていることを改めて確認することができた。

註
1) 中藤（2002），45頁。
2) 仮説的だが，このうち田畑型が原型であり，1960年以降の普通畑作物の輸入増加のもとでそれが縮小・消滅したタイプが棚田稲作型であり，畑地造成によって畑作が強化されたタイプが畑作型であると考えられるが，この点はさらに現地調査を積み重ねながら検証していきたい。
3) 第9章のR集落，第10章のS集落も同様にかつての出稼ぎ地帯の一角を形成していた。
4) 著者らによる2000年における当集落農漁家悉皆調査結果（未定稿）による。
5) 井元（1999）による「漁家」統計の検討が参考となる。
6) 棚田地帯では耕地条件が零細・未整備であるため，規模拡大や施設化が困難なことから，他の地域とりわけ平坦地域と比べ，農業の自立的展開が困難なことは事実である。しかし，そのような中でも，農地条件にそれほど縛られない施設型畜産の展開は可能であり，事実そのような事例が東松浦半島には少なくないし，このような畜産経営が本半島の農業前進を担っている点に注目する必要がある。
7) イリコ加工に関しては津谷（1995），43～45頁を参照。
8) 2艘イワシ船曳網漁法については金田（1994），135～136頁を参照。
9) 平沢（1973），131～134頁によると歩合制度にも多様な形態が存在している。
10) 河井（1999），116頁を参照。
11) 井元（1999），32～37頁を参照。
12) 漁業後継者に関する数少ない実態研究の中で加瀬（1988）が大変参考となる。
13) 小林（1998）を参照。
14) 第9章および第10章でも同様の実態を示している。
15) 表8-7の整備田には，註にあるように，耕地整理事業によるものは含まれていない。耕地整理事業によるものは未整備田に含まれているが，その面積までは調査していない。

引用文献
井元康裕（1999）『漁家らしい漁家とは何か』農林統計協会。
加瀬和俊（1988）『沿岸漁業の担い手と後継者』成山堂書店。
金田禎之（1994）『日本漁具・漁法図説（増補改訂版）』成山堂書店。
河井智康（1999）『消えたイワシからの暗号』三五館。
小林恒夫（1998）「Uターン新規就農青年の新動向と青年農業者育成確保上の課題」『海と台地』Vol.8，佐賀大学海浜台地生物生産研究センター。
津谷俊人（1995）『図説魚の生産から消費』成山堂書店。
中藤康俊（2002）『地域政策と経済地理学』大明堂。
平沢豊（1973）『日本水産読本』東洋経済新報社。

第 9 章

臨海畑作地区における農業と漁業の変容
―― 佐賀県 Q 町 R 集落事例分析 ――

耕作放棄が進む未整備畑地（佐賀県 Q 町 R 集落，2004 年秋）

要　約

　佐賀県北西部の農漁村では，今日，農業・漁業・非農漁業の就業構造は大きく変容し，複雑多様な在り方を呈しており，従来の半農半漁という一元的把握ではその立体的構造の全体像を現わし得ない状況にある。農業のオール兼業構造はつとに周知の事柄だが，専業的性格が強いと言われてきた漁業も今日では兼業を深化させる傾向をみせ，また半農半漁世帯の就業構造も「農業＋漁業＋非農漁業」といった一家多就業を含んだ多様なものへと変容してきている。

　一方，農業も未整備畑作地区においては，担い手の高齢化と相まって畑の耕作放棄が著しく，畑地耕作放棄の最先端的現象を呈している。そして，そのことを通じて半農半漁世帯数も激減してきている。本章は，このような半農半漁激減傾向を示す具体的一事例として，第6章の一般的統計分析結果の一端を確認するものとしても位置づけられる。

第1節　本章の課題——半農半漁の立体的構造と未整備畑台地での農業動向の把握——

　本章の課題は基本的に2つである。

　1つは，半農半漁の実態および動態把握である。第6章において半農半漁世帯を「農業も漁業も行う」世帯としたが，その中の多くはさらに非農漁業部門への勤務を行う世帯員も少なくなく，半農半漁といっても就業構造は多様化しており，したがって，これまでのような「半農半漁」世帯といった一元的把握だけでは就業構造の多様な実態把握は困難であるという現象が進行している。そこで本章では，世帯構成員レベルからの考察により，半農半漁世帯の就業構造の多様な実態に迫る方法を試みる。

　2つは，未整備畑台地における農業の動向の把握である。第8章で取り上げた事例においては，漁家が同時に棚田の守り手である実態をみた。また，後述の第10章では農業の積極的・前進的展開をみせる半農半漁集落を取り上げる。そして，これらに共通する基礎的な条件は，農地整備ないし水利開発にあった。つまり，農地整備がなされたことが1つの大きな契機・要因となって，このような農業の維持・発展が可能となっているのである。しかし，このような農地整備という条件整備に恵まれない地区も少なくない。では，このような未整備地区の実態はどうなっているのかが次の課題となる。そこで，本章は，農地整備が行われていない地区での農業の動向を明らかにすることを目的とする。

　なおまた本章では，前章や後章では果たせなかった専業漁家や非農漁家まで含めた漁村世帯の全体像の把握をも目的とする。

第2節　調査対象集落の概況——農業センサス集落カード概観——

　調査分析に先立ち，まず農業センサス集落カードによって対象集落とするR集落の農漁業の歴史的概観をながめてみる（表9-1）[1]。これまでの動向とは異なる以下のような特徴点が目に付く。

1．農家数の激減

　1960～2000年の40年間に農家数が82戸から20戸へと実に62戸（76％）も減少した。一般的に都府県ではみられないほどの高い減少率を示している。本章ではその要因を探らなければならない。

2．Ⅰ種兼業農家主体からⅡ種兼業農家主体への急変

　1960年にはⅠ種兼業農家が51戸（62％）を占めていたが，1975年にはⅡ種兼業農家が66戸（88％）と急増し，それ以降もⅡ種兼業農家が支配的形態となって今日に至っている。

3．農家集落から非農家集落への集落構造の転換

　1970年には農家数は総戸数の80％を占め，80年でも68％を維持していたが，90年には35％に縮小し，非農家が大多数を占める集落へと転換した。

4．イモ・ムギ農業から「花と零細飯米農業」への縮小・変遷（全般的衰退）

　1960年には畑が44 ha（畑地率89％）あり，作物的にも麦類が33 ha，いも類が19 ha，豆類が約15 ha，また野菜類が約9 ha（稲は6 ha弱）と畑作主体の農業が行われていたが，その後，畑の大半の36 ha（81％）が減少（放棄・消滅），田の3.7 ha（65％）も減少（消滅）し，かつてのイモ・ムギおよび豆類・野菜類は消滅し，果樹は導入されず，稲は4分の1に縮小した。こうした農業の全般的衰退の中で，最近唯一花きおよび施設園芸（施設花き）のみ若干の増加が認められる。

5．かつては出稼ぎ地帯

　1970年には男子24人，75年には同47人の出稼ぎ者がいた。1世帯から男子1人が出たと仮定すると，70年には農家の3割から，そして75年には実に農家の6割から出稼ぎ者が出ていたことになる。上記の諸点と併せ考えると，70年代前半には出稼ぎを主体にイモ・ムギ農業を行うⅡ種兼業農家が農家の大半を占めていたが，今日では同じⅡ兼農家でも「花と零細飯米」のⅡ種通勤兼業農家が農家のほとんどを占めるようにその中身が変化したとみられる。

第Ⅱ部　半農半漁の構造

表9-1　R集落の農漁業の推移　　　　　　　　　　　　　　　　　　　　　　　　　　（単位：戸，a，台，人）

		1960	1970	1975	1980	1985	1990	1995	2000
農家数	専業（男子生産年齢人口がいる専業）	13	10	5(2)	4(2)	-(-)	3(2)	2(1)	2(1)
	第Ⅰ種兼業	51	19	4	7	6	5	1	3
	第Ⅱ種兼業	18	**48**	**66**	55	43	11	14	**15**
非農家数（総戸数）				19(96)		31(97)		60(92)	62(84)
経営耕地面積	水田	568	550	428	363	303	181	177	154
	畑	**4,446**	**3,960**	2,281	2,267	1,812	957	775	462
	樹園地	-	20	16	5	10	20	-	-
保有山林面積（うち人工林）註：この欄のみha		8	4(-)	6(-)	2(-)	1(-)	1(-)	1(-)	…
作物種類別収穫面積	稲	565	500	397	316	281	162	143	20
	麦類	**3,334**	672	78	-	5	-	-	-
	いも類	**1,916**	360	63	34	20	8	0	-
	豆類	1,472	1,210	303	18	-	3	5	-
	工芸農作物	60	910	-	-	245	-	-	-
	野菜類	888	590	812	786	87	72	0	-
	花き類・花木	…	140	261	456	339	262	**340**	322
不作付地面積	水田		30	12	23	17	-	5	-
	畑		**1,020**	352	795	**1,053**	495	307	125
耕作放棄地	農家数			25	3		12	11	11
	面積（以前が畑）			624(…)	38(38)	-	256(…)	296(288)	**317(305)**
施設園芸	農家数		-	1	9	6	11	9	7
	面積		-	3	63	54	66	134	49.8
農産物販売額第1位の部門別農家数	稲作		-	1	-	-	1	-	-
	雑穀・いも類・豆類		33	4	-	-	-	-	-
	工芸農作物		31	-	-	5	-	-	-
	露地野菜		-	42	25	-	1	-	-
	施設園芸		-	-	7	2	4	-	-
	花き・花木		…	…	…	…	…	17	**20**
農業経営組織別農家数	単一経営 工芸農作物				-	5	-	-	-
	施設園芸				2	2	2	-	-
	露地野菜				16	-	1	-	-
	花き・花木				…	…	…	17	**20**
	複合経営（うち準単一複合）				23(20)	6(6)	5(3)	-(-)	-(-)
農産物販売金額別農家数	100万円未満		82	77	75	56	36	26	13	11
	100～300万円		-	-	-	9	12	5	9	6
	300～500万円		-	-	-	1	-	1	1	3
	500万円以上（うち1,000万円以上）		-	-	-	-	1(-)	1	1	-
経営耕地規模別農家数	0.5ha未満	24	28	50	45	28	8	8	18
	0.5～1.0ha	54	45	23	20	20	9	8	2
	1.0ha以上（うち2.0ha以上）	4(-)	4(-)	2(-)	1(-)	1(-)	2(-)	1(-)	-
借入耕地がある農家数・面積	農家数		11	5	8	10	3	5	1
	面積（うち畑）		93(92)	60(56)	65(65)	64(64)	62(…)	102(94)	10(10)
稲作機械所有台数（個人＋共有）	耕耘機・トラクター		総数36	総数39	17・28	23・20	16・7	19・7	17・10
	田植機		-	-	-	1	2	2	6
	バインダー		-	-	1	5	7	8	9
	自脱型コンバイン		-	-	-	2	4	2	1
	乾燥機		-	-	1	1	1	1	-
農家人口（うち65歳以上）	男	255	191	172(16)	162(20)	132(16)	49(5)	39(5)	43(11)
	女	268	198	187(31)	171(34)	130(28)	53(10)	50(11)	55(11)
農業従事者数	男	128				53	28	25	30
	女	142				59	26	25	28
農業就業人口（うち65歳以上）	男	79	43(9)	34(9)	28(10)	18(6)	16(2)	9(4)	12(7)
	女	135	94(18)	82(19)	62(21)	45(15)	19(3)	19(6)	21(9)
基幹的農業従事者数	男	77	36	32	24	12	15	9	10
	女	94	72	57	37	28	13	14	15
農業専従者（うち65歳以上）	男		34	26	19	11(3)	11(1)	7(3)	9(3)
	女		57	32	22	20(5)	12(1)	14(2)	11(5)
農業専従者がいる農家数			56	35	28	22	14	13	12
出稼ぎ者数（うち女性）			24(3)	47(13)	10(1)	3(-)	-(-)	-(-)	-(-)
自営兼業が漁業である兼業農家数	第Ⅰ種兼業		3	-	4	2	3	-	…
	第Ⅱ種兼業		23	17	16	18	9	9	…

資料：1960年は『1960年世界農林業センサス結果報告〔2〕農家調査集落編』（佐賀県），それ以外は農業センサス集落カード，農業集落別一覧表。
註1：-は該当なし。…ないし空欄は項目なしないし不明。
註2：農家は1985年までは総農家，1990年以降は販売農家。
註3：ゴチック体はかつて大きな値を示したもの，および今日増加傾向を示す注目数値。

6．耕作放棄地・不作付地の絶大さ

不作付畑が1970年にすでに10 ha（26％）に達し，また耕作放棄畑も1995年以降2 ha（1995年：27％，2000年：40％）を超えるに至っている[2]。

7．半農半漁世帯の減少

1970年当時26戸存在した半農半漁（農漁業）世帯は95年には9戸へと大幅に減ってきている。前章や後章（第10章）の事例とは異なる動向を示していることに注意されたい。

第3節　R集落の特徴

1．東松浦半島先端部に位置する典型的半農半漁村

R地区は，図9-1に示すように，東松浦半島先端部に位置し，海岸端に住宅が形成され，前海で漁業が営まれ，また後背地の畑台地で農業が行われている半農半漁村である。

なお，水田は集落内にはなく，出作によって隣接町内に求められている。

一方，世帯構成をみると，詳細は第5節で後述するように，半農半漁世帯および漁業世帯の数は激減し，今日では集落の中で少数派になってしまったが，R集落は単独で漁港と単位漁協をもち，また同時に後背地の畑地等で農業も行うという空間的配置の観点からみても，半農半漁村であるという基本的性格を保持している。

2．未整備畑台地

図9-1のようにR集落には後背地に畑台地があり，そこにおいて1960年代までの食糧不足時代には飯米補塡的なイモ・ムギ農業が営まれていた。しかし，もとよりR集落の畑面積は狭小であったうえに，すでに70年代からその不作付けや耕作放棄が進んだ結果，各農家の経営畑地面積はますます狭小なものとなり（表9-1），将来の畑地経営への展望は基本的に失われ

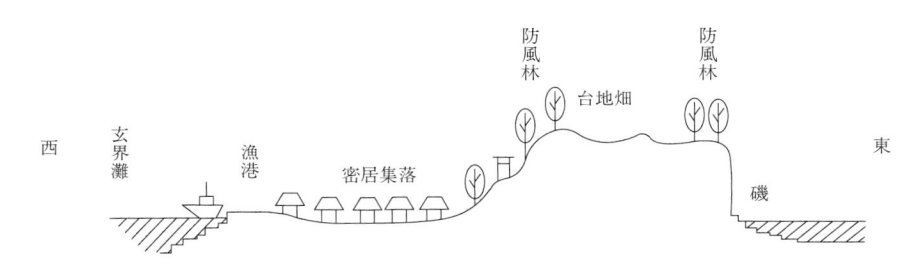

図9-1　R集落の地形的概況（集落中央の東西断面図）

ていった。

　その後，東松浦半島一帯で畑地帯総合整備事業が本格化した1980年代には本集落でも畑の整備計画が持ち上がったが，上記のような状況下では，計画実現の合意は得られず，区画整備事業の実施は断念せざるをえなかった。

　ただ，同時期に東松浦半島一帯で実施された国営農業水利事業による農業用水利用だけは行われた点に注意されたい。それは，後述のように，この新規用水を利用して現在9戸の農家が小菊等の花き栽培を行っていることが注目されるからである。

第4節　世帯類型 ── 半農半漁村における4類型の一般的存在 ──

　前章（第8章）でも後章（第10章）でも専業漁家や非農漁家の調査は行っていないが，本章では可能な限りでこのような世帯の調査も行った。その結果は図9-2のようになる。

　すなわち，R集落の全世帯の類型は，漁業は行わず農業を行う世帯（農業世帯と命名），農業と漁業を行う世帯（半農半漁世帯と命名），農業は行わず漁業を行う世帯（漁業世帯と命名），および農業も漁業も行わない世帯（非農漁業世帯と命名）の4類型に分けられる。そして，これらの4類型は半農半漁村に共通して見られる一般的な世帯類型と考えることができる。

　しかし，周知のように，農家といっても今日では専業農家は少数となり，また「半農半漁」

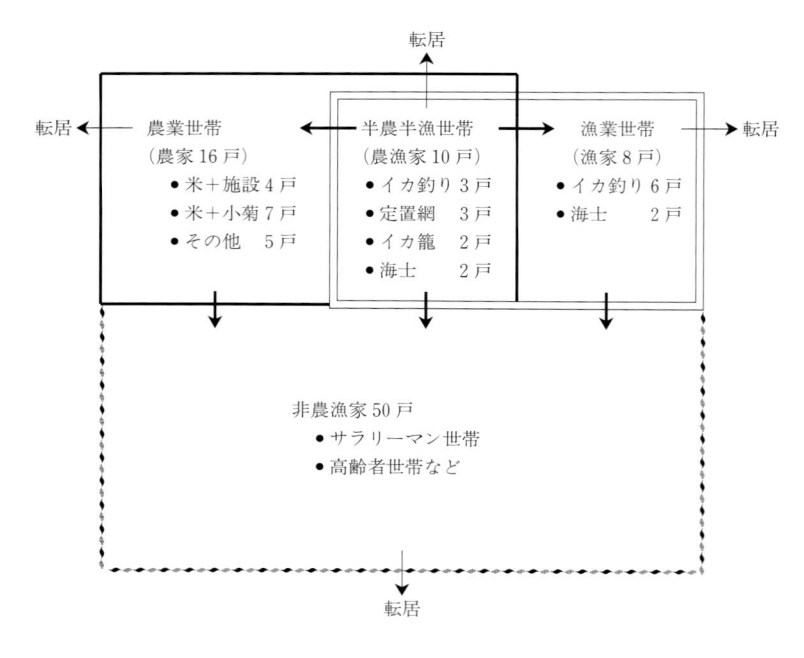

図9-2　R集落の全世帯の構成（1999）と移動関係

第 9 章　臨海畑作地区における農業と漁業の変容

表 9-2　R 集落の農家と漁家の直系世帯員の就業状況

<table>
<tr><th rowspan="2">世帯類型</th><th rowspan="2">農漁業経営内容</th><th rowspan="2">世帯番号</th><th colspan="5">直系世帯員の年齢と就業状況 (1999)</th><th colspan="3">農業・漁業以外の就業内容 (1999)</th><th rowspan="2">世　帯　の　性　格</th></tr>
<tr><th>世帯主</th><th>その妻</th><th>あとつぎ</th><th>父</th><th>母</th><th>世帯主</th><th>その妻</th><th>あとつぎ</th><th>その妻</th></tr>
<tr><td rowspan="11">農業世帯（農家）</td><td rowspan="4">米＋小菊＋施設園芸</td><td>1</td><td>64A</td><td>64A</td><td>32A/32H</td><td></td><td>86J</td><td>JA役員</td><td>−</td><td>鉄工所勤務（福岡で勤務）</td><td>−</td><td>二世代専業農家（集落内唯一）</td></tr>
<tr><td>2</td><td>69F</td><td>66A</td><td>37A/39F</td><td></td><td>66H</td><td>建設会社（隣町）</td><td>−</td><td>−</td><td>−</td><td>II 兼農家（安定兼業）</td></tr>
<tr><td>3</td><td>49F</td><td>46A</td><td></td><td></td><td></td><td>役場職員</td><td>−</td><td></td><td></td><td>II 兼農家（安定兼業）</td></tr>
<tr><td>4</td><td>42F</td><td>39I</td><td></td><td></td><td></td><td>食品卸会社</td><td>パート</td><td></td><td></td><td>II 兼農家（安定兼業）</td></tr>
<tr><td rowspan="5">米＋小菊</td><td>5</td><td>43F</td><td>36G</td><td></td><td>69A</td><td>65A</td><td>自営（左官業）</td><td>自営業手伝い</td><td>（唐津市で勤務）</td><td>−</td><td>II 兼農家（高齢父母農業）</td></tr>
<tr><td>6</td><td>65F</td><td>64E</td><td></td><td></td><td></td><td>鉄工所（北波多村）</td><td>保育師</td><td></td><td></td><td>II 兼農家（自営業）</td></tr>
<tr><td>7</td><td>38F</td><td>43H</td><td></td><td>66A</td><td>63B</td><td>電力会社（唐津市）</td><td>−</td><td>（製鉄会社・北九州）</td><td>会社員（北九州）</td><td>II 兼農家（高齢父１人農業）</td></tr>
<tr><td>8</td><td>49F</td><td>43H</td><td></td><td>76A</td><td>76A</td><td></td><td></td><td></td><td></td><td>II 兼農家（父は定年帰農）</td></tr>
<tr><td>9</td><td>72A</td><td>71A</td><td></td><td></td><td></td><td>福岡勤務</td><td>−</td><td></td><td></td><td>高齢専業農家（長男は定年帰農意向）</td></tr>
<tr><td>10</td><td>41F</td><td></td><td></td><td>66J</td><td>63A</td><td>警察官（町内）</td><td>建設会社</td><td></td><td></td><td>II 兼農家（母中心農業）</td></tr>
<tr><td>11</td><td>53F</td><td>50I</td><td>26I</td><td></td><td>87J</td><td></td><td></td><td>同建設会社（27歳・神奈川県）</td><td>−</td><td>II 兼農家</td></tr>
<tr><td rowspan="5">その他</td><td></td><td>12</td><td>59F</td><td>50I</td><td></td><td></td><td></td><td>土建業勤務（隣町）</td><td>−</td><td>（25歳・関西）</td><td></td><td>II 兼農家</td></tr>
<tr><td>13</td><td>55F</td><td>47H</td><td></td><td>88A</td><td>88A</td><td>紡績会社</td><td>食品会社（唐津市）</td><td>（38歳・福岡県）</td><td>−</td><td>II 兼農家（高齢父のみの農業）</td></tr>
<tr><td>14</td><td>65G</td><td>55G</td><td></td><td></td><td></td><td>日雇い（伊万里市）</td><td>パート</td><td>唐津市で勤務</td><td></td><td>II 兼農家（安定兼業）</td></tr>
<tr><td>15</td><td>63G</td><td>60A</td><td></td><td>80A</td><td>76J</td><td>町助役</td><td>−</td><td></td><td></td><td>II 兼農家</td></tr>
<tr><td>16</td><td>45F</td><td>47A</td><td>20G</td><td></td><td></td><td>建設会社</td><td>−</td><td></td><td></td><td>II 兼農家</td></tr>
<tr><td rowspan="10">半農半漁世帯（農漁家）</td><td rowspan="5">イカ釣り</td><td>17</td><td>41C</td><td>37G</td><td></td><td>69A</td><td>71A</td><td></td><td>病院事務</td><td></td><td></td><td>世帯主年帰農・両親農業（半農半漁）</td></tr>
<tr><td>18</td><td>40C</td><td></td><td></td><td>72A</td><td>68A</td><td></td><td>−</td><td></td><td></td><td>世帯主年帰農・母農業（半農半漁）</td></tr>
<tr><td>19</td><td>46G</td><td>38G</td><td></td><td></td><td></td><td></td><td>唐津で勤務</td><td></td><td></td><td>世帯主漁業・妻勤務・両親農業の「半農半漁」I 兼漁家</td></tr>
<tr><td>20</td><td>40C</td><td>40C</td><td></td><td>65C</td><td>63B</td><td></td><td>−</td><td></td><td></td><td>農業と漁業のみの典型的な「半農半漁」I 兼漁家</td></tr>
<tr><td>21</td><td>45C</td><td>44C</td><td></td><td>76C</td><td>71A</td><td></td><td>（役場職員・正職員）</td><td></td><td></td><td>後継者の「半農半漁」・妻勤務のみのI 兼漁家</td></tr>
<tr><td rowspan="2">イカ釣り＋定置網</td><td>22</td><td>41C</td><td>33G</td><td></td><td></td><td>61B</td><td></td><td>パート</td><td></td><td></td><td>母・妻勤務の「半農半漁」I 兼漁家</td></tr>
<tr><td>23</td><td>41F</td><td>37I</td><td></td><td>65C</td><td>63B</td><td></td><td>−</td><td></td><td></td><td>世帯主：父2人漁業・両親農業</td></tr>
<tr><td>イカ籠</td><td>24</td><td>46C</td><td></td><td></td><td>68B</td><td>65A</td><td></td><td>−</td><td></td><td></td><td>1人のみの「半農半漁」</td></tr>
<tr><td rowspan="2">海士</td><td>25</td><td></td><td></td><td></td><td></td><td></td><td></td><td></td><td></td><td></td><td></td></tr>
<tr><td>26</td><td>60C</td><td>58A</td><td></td><td></td><td>76I</td><td></td><td>旅館勤務</td><td>（32歳・長崎県）</td><td>（長崎県）</td><td>世帯主麦農業・その麦農業の「半農半漁」I 兼漁家</td></tr>
<tr><td rowspan="6">漁業世帯（漁家）</td><td rowspan="4">イカ釣り</td><td>27</td><td>47D</td><td>41G</td><td></td><td>75J</td><td>72J</td><td></td><td>自営（商店）</td><td>19歳</td><td>−</td><td>I 兼漁家（麦旅館勤務）</td></tr>
<tr><td>28</td><td>63D</td><td>64I</td><td></td><td></td><td></td><td>自営（商店）</td><td>自営（商店）</td><td></td><td></td><td>専業漁家（商店）</td></tr>
<tr><td>29</td><td>62J</td><td>59G</td><td>36I</td><td></td><td></td><td></td><td>唐津で勤務</td><td>唐津で勤務・福岡市</td><td></td><td>I 兼漁家（妻・あとつぎ勤務）</td></tr>
<tr><td>30</td><td>60D</td><td>58G</td><td>29G</td><td></td><td>72J</td><td></td><td>町内で勤務</td><td>（20歳・唐津市）</td><td>−</td><td>I 兼漁家（妻勤務）</td></tr>
<tr><td rowspan="2">海士</td><td>31</td><td>50D</td><td>43G</td><td>30G</td><td></td><td></td><td></td><td>（役場職員）</td><td>役場職員</td><td></td><td>II 兼漁家（あとつぎ役場勤務）</td></tr>
<tr><td>32</td><td>57D</td><td>55I</td><td>23G</td><td></td><td>86J</td><td></td><td>−</td><td>ガソリンスタンド（町内）</td><td></td><td>I 兼漁家（あとつぎ夫婦勤務）</td></tr>
<tr><td></td><td></td><td>33</td><td>58D</td><td>52I</td><td>25G</td><td></td><td></td><td></td><td>−</td><td>（27歳・大阪）</td><td>na</td><td></td></tr>
<tr><td></td><td></td><td>34</td><td>58D</td><td>51I</td><td></td><td></td><td></td><td></td><td>パート</td><td></td><td>na</td><td>専業漁家</td></tr>
<tr><td rowspan="6">非農漁業家世帯</td><td></td><td>35</td><td></td><td>60I</td><td>34J</td><td></td><td>86J</td><td></td><td></td><td></td><td></td><td>離農（1995年まで小菊等）</td></tr>
<tr><td></td><td>36</td><td>52G</td><td>48G</td><td>24G</td><td></td><td>77I</td><td></td><td></td><td></td><td></td><td>離農（1994年まで小菊）</td></tr>
<tr><td></td><td>37</td><td>51G</td><td>50G</td><td>25G</td><td></td><td>80I</td><td></td><td></td><td></td><td></td><td>離農（1992年まで花）</td></tr>
<tr><td></td><td>38</td><td>38G</td><td>33I</td><td></td><td></td><td>69J</td><td></td><td></td><td></td><td></td><td>離農（1988年まで畑作）</td></tr>
<tr><td></td><td>39</td><td></td><td>61I</td><td></td><td>74J</td><td>89J</td><td>町内勤務（隣町）</td><td></td><td></td><td></td><td>離農（1988年にニーニクなど）、三女（36歳）同居</td></tr>
<tr><td></td><td>40</td><td>63I</td><td>61I</td><td>36G</td><td></td><td></td><td></td><td></td><td>（42歳・隣町）</td><td></td><td>離農（1984年に）、夫婦生活、年金生活、夫婦2人世帯</td></tr>
</table>

資料：1999年6月実施の集落農家漁家悉皆調査結果。

註1：（）内は他出者。

註2：就業内容：A：農業のみ、B：農業が主だが漁業にも従事、C：漁業が主だが農業にも従事、D：漁業のみ、E：農業が主だが非農漁業にも従事、F：非農漁業が主だが農業にも従事、G：非農漁業のみ、H：家事育児のみ、I：家事が主だが農業も手伝う、J：その他。

註3：I 兼・II 兼の兼業種類を農業サイドと漁業（半農半漁）サイドの2面からみていることに留意されたい（第7章第4節を参照）。

146 第II部　半農半漁の構造

表9-3　R集落の農家と漁家の農業と漁業の実態

(単位：a、隻、トン)

世帯類型	世帯番号	経営耕地面積 自作地 田	経営耕地面積 自作地 畑	借地 田	借地 畑	合計	山林	貸付地 田	貸付地 畑	耕作放棄地 田	耕作放棄地 畑	作付状況 稲	作付状況 小菊	作付状況 その他	漁船 隻数	漁船 トン数	漁業 種類	半農半漁の変貌過程
農業世帯	1	38	73	9	—	120	40	—	—	—	44	25	20	施設園芸(スイセン等10a)				漁業の経験はない。「いちばんの問題は耕地が少なく、分散していることだ」(世帯主)
	2	22	40	—	—	62	30	—	—	—	30	22	20	施設園芸(スイセン等)				1955年から花栽培開始
	3	15	30	10	—	55	—	—	—	5	60	15	30	施設園芸(小菊用30a)				世帯主は新制中学卒業後半年海士を経験したが健康会社勤務、現在は集落最大の30a
	4	15	30	—	—	45	10	—	—	—	10	15	9	施設園芸(フリージア2a)				かつては半農半漁だったが、漁業は長い時期に福岡にやめた、母と息子の休日農業(安定II兼農家)
農業世帯	5	19	10	—	—	29	—	—	20	—	40	19	5		1	2	(趣味用)	1958年までは福岡に学歴就職、帰郷就農後、現在会社勤務に隣接しII兼農家化
	6	10	3	—	—	13	na	—	—	—	1	10	2					「左官業に差し隣りがないない。大平農業をやっては入れない」(世帯主)
	7	5	6	—	—	11	—	—	—	—	64	5	3					漁業の経験はない、かつてはイモー本釣りをやっていたが、農期と重畳向上から1970年代に小規農導入
	8	9	6	15	—	15	10	—	—	—	45	5	3					漁業後10年間は1〜本釣り(夫婦作業)を試みたが、定置網(26年間)、兼業(定年帰農家)
	9	14	40	—	—	54	—	—	—	—	20	14	20	山からスイセンを採取				1989年までは兼業農(1カ釣り)だったが、高齢化で夫の足が弱くなったのでやめた
	10	9	40	—	—	49	—	—	—	—	20	9	5					かつてはかご(夫婦作業)をしていたが、漁業のうちはやめた、現在は夫とうさが勤務しII兼農家
	11	10	20	—	—	30	—	—	—	—	30	10	5					1989年までは世帯主(故人)がイカ釣りをしていた
(農家)	12	—	—	40	—	40	—	—	—	5	7	6	10	施設園芸(トルコキコウ等8a)				所有地には通作道路がないため耕作放棄である
	13	—	—	15	—	15	na	—	—	10	40	3		施設園芸(フリージア等1a)				
	14	—	10	—	—	10	—	—	—	—	7	—	3	ニシン77a				かつては半農半漁、年金でそ足を補う程度の農業である(父)
	15	—	25	—	—	25	—	—	—	5	15	—		スイセン25a				長いこと世帯主勤務、妻1人の農業(スイセン)、ワンウーマン農業
	16	12	—	—	—	12	—	—	—	—	10	—	12	施設園芸(小菊6a分)				農業の縮小必要
半農半漁世帯	17	5	30	—	—	35	na	—	—	—	30	5	15		1	4.5	イカ一本釣り(年中)	「あっという大作はは農業はやらないだろう」(父)
	18	—	10	—	—	10	—	—	—	—	50	—	5		1	3.8	イカ一本釣り	世帯主は9年前の交通事故以来、体の具合も減った
	19	—	6	—	—	6	—	—	—	—		—	3		1	4	イカ一本釣り	出漁日数は高齢化で世帯主が手伝う
	20	6	20	—	—	26	na	—	—	—	40	6	10	施設園芸(スイセン等7a)	2	5.1	イカ釣り、定置網(イカ等)	イカ釣りは世帯主1人、定置網は家族4人業
	21	21	50	—	—	50	na	—	—	—	15	—	5		1	4.2	イカ釣り、定置網(イカ等)	世帯主は中卒後農業と出稼を経て農業中心となる、定置網はNO.22と2戸共同経営
	22	—	30	—	—	30	na	—	—	—	40	—	10		2	5.3	イカ釣り、定置網(イカ等)	世帯主は中卒後農業と継ぎ牛農業中心、定置網はNO.21と2戸共同経営
(農家)	23	—	15	—	1	15	na	—	—	—	5	—	15		3	na	イカ(かご等)	高齢兄夫婦は2人での漁業だったが、農代1994年にカーシェンカスミソウ(ハウスはか小海する
	24	10	40	—	—	50	na	—	—	—	20	—	5		1	4.9	イカかご	イカかごは調査2人作業だったが、父は昨年目の足を痛めたため、父1人作業となっている
	25	—	35	—	—	35	—	—	—	5	5	—	20	施設園芸(カスミソウ等10a)	1	1	ウニ・サザエ・ウニ(海士)	1974年まで11年間内の酒蔵に勤務
	26	10	20	—	—	30	—	—	—	—	11	10	10		1	0.4	アワビ・サザエ・ウニ(海士)	世帯主は海士、海水浴場ができて磯業小漁業減少
漁業世帯	27	—	—	—	—	—	—	—	—	—	—	—	—	自家野菜のみ				世帯主は学卒後5年間だ大阪での出稼支後農業、妻が3月を中心やめたので専業漁家化
	28	—	—	—	—	—	—	—	—	—	25	—			1	3.3	イカ一本釣り	分家時代は商店と農業、世帯主は15年間の勤務をやめてからイカ漁業を始め、現在は酒屋と兼業
	29	—	—	—	—	—	—	—	—	—	60	—			1		イカ一本釣り	親世代は半農半漁、1989年からイカ専業漁業、II兼漁業家化
	30	—	—	—	—	—	—	—	—	—	30	—			1	4.3	イカ一本釣り	親世代は半農半漁、1979年頃より半農半漁、親類関係
	31	—	—	—	—	—	—	—	—	—	40	—			1		イカ一本釣り	あっという夫が没落する、農業をやめ純粋半農半漁、その後も仕事場から92年まで農業、II兼漁業家
	32	—	—	—	—	—	—	—	—	—	20	—			1	3	イカ一本釣り	農家は1980年に入り、漁業専業へ、その後よに1をない勤労、II兼漁業家、専業のみ分家となってた地はなく専業家
	33	—	—	—	—	—	—	—	—	—	30	—			2	3.1	サザエ・アワビ等(海士)	住居農業のみの分家となって地はなく専業家
	34	—	—	—	—	—	—	—	—	—		—			1	0.5	アワビ・サザエ等(海士)	
非農非漁世帯	35	—	—	—	—	—	—	20	—	—	10							主人の死、あとつきも農業をやらないので離農、畑10aを貸して放棄
	36	—	—	—	—	—	—	—	5	—	40							世帯主が1995年に胃の手術で小菊栽培10aをやめ離農、栽培跡地は小学校に寄贈で放棄
	37	—	—	—	—	—	—	—	3	—	30							農業(ハウスとスイセンアイリスなど)は1983年に終わり、3aの水田は学校に寄付に貸付
	38	—	—	—	—	—	—	—	—	—	50							あっという夫が学卒後大工になったが、1989年(当時59歳)は畑作をやめて農業中止、母
	39	—	—	—	—	—	—	na	—	—	na							農業も漁業も半分で漁をやめ、農業をやめ、農地売却、89年主人の死で漁業中止、現在大婦で年金生活
	40	—	—	—	—	—	—	na	8	—								農業も漁業の半分でやめ、農地売却、現在大婦は年金生活
計		210	588	84	20	882		11	71	20	1,014	185	260		24			

資料：表9-2に同じ。

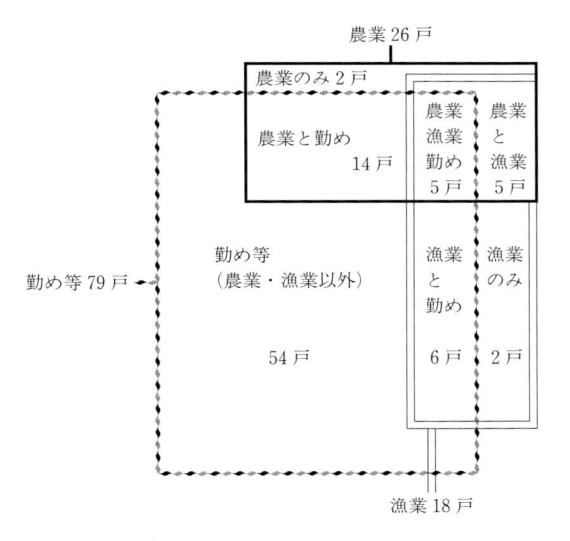

第9章　臨海畑作地区における農業と漁業の変容　　147

図9-3　R集落の世帯類型間の重層的関係（1999年）

（図中の記載）
農業26戸
農業のみ2戸
農業と勤め　14戸
農業漁業勤め　5戸
農業と漁業　5戸
勤め等79戸
勤め等（農業・漁業以外）　54戸
漁業と勤め　6戸
漁業のみ　2戸
漁業18戸

世帯も多様であり，文字通り純粋に農業と漁業だけを行っている「半農半漁」世帯ばかりではなく，世帯員の中には農漁業以外に就業する者も少なくないため，「農家」，「半農半漁」という類型だけでは就業構造の多様で重層的な実態を把握することは困難である。そこで，就業構造の複雑多様で重層的な全体像をさらに詳しくみるために作成したのが図9-3である。

図9-3は農業・漁業・その他の3種の就業類型を交差させて描いたものである。その結果，R集落では7つの世帯類型の存在が認められた。

前章（第8章）でも作成した同様のもの（図8-2）と比較して，内容に差はあるものの，基本的に同じあり方を示していることが分かると同時に，今日，漁村においても「農漁業以外の勤め等」にたずさわる世帯が最大多数を占めるに至っている実態を確認することができる。

第5節　就業構造の変容——半農半漁の減少と「オール兼業化」——

こうして，農業世帯においても半農半漁世帯においても，今日，世帯員の就業構造は大きく変容してきていることが分かった。そこで，その実態をさらに詳しくみてみよう。

1．農業世帯の就業構造の変容

(1)　農業の展開状況

R集落では1960年代まではムギ・イモ・マメ主体の伝統的な自給的畑作農業が展開されていたが，70年代には畑作物のいち早い輸入自由化の下で畑作が壊滅したために，出稼ぎが増加したが，80年代以降は農外就業は出稼ぎから地元就業に変わり，今日，出稼ぎは消滅したが，施設園芸を始める数戸の農家の動向以外にみるべき農業展開はなく，畑作の壊滅が即農

の廃止へと直結し，農家数は60年の82戸から2000年の20戸へと40年間で実に62戸（76％）もが離農した（表9-1を参照）。まさに北海道畑作地帯的な農家数の推移である。

　R集落で畑作農業の展開がみられなかった要因として，まず農地条件が極めて狭隘でかつ未整備であることを指摘したい。すなわち，もとより農地面積に恵まれていなかったし，畑の大部分は図9-1で見たように集落の後背地に存在するが，それ以外に町外に求められたものも零細規模でかつ分散している。水田も集落周辺にはないため，飯米確保を目的に小規模面積の水田が隣接する町外に分散的に求められている。

　またR集落の農家の農地規模は狭隘なため，第10章の同町内のS集落と異なり，畑地整備への意欲も弱く，整備事業が行われなかったことが畑作振興の障害となっている。ただ新規導水（畑灌）事業だけは行われたため，それを利用して，小菊を中心とした施設園芸農家が今日9戸形成されているが，それ以外にみるべき農業展開はない。

　さらに輸入自由化の影響下で従来のムギ・イモ・マメ・ニンニク等の普通畑作物はことごとく消滅した。調査農家は口々に「価格が下がってしまって，採算が合わない」，「日雇いに出た方がまし」と答えている。

　もとよりR集落の農地は狭隘であったため，1960年代においても専業農家数は少なかったが，農家数の減少以上に農地面積が減少した（表9-1を参照）ため，農家1戸当たり経営耕地面積は減少し，施設園芸の一定の展開があっても，農業での経済的自立の方向はみいだせず，今日，R集落で専業的農業経営は1番農家1戸にすぎない（表9-1および表9-2を参照）。

(2) 就業構造の変容――「オール兼業化」傾向――

　図9-3で見たように，農業のみの世帯は2戸あるが，1戸は高齢専業農家であり，農業後継者を確保した専業的農業世帯は上述の1番農家1戸のみで，R集落の農家はオール兼業化したといってよい状況にある。

　農業と漁業を行う純然たる「半農半漁」世帯は6戸，農業・漁業とそれ以外の仕事を行う世帯は5戸，両方あわせて広義の「半農半漁」世帯は11戸と1970年の26戸（表9-1）の半数以下に減少し，R集落の総世帯数87戸（1999年調査当時）の13％と少数派となった。農業を営む世帯数27戸の中でも「半農半漁」世帯は半数以下に減少した。

　しかし，農家総数の中での「半農半漁」世帯数の割合は減少してきているとはいえない。1970年は34％，その後20％から40％と変動（統計的ばらつき）がみられる（表9-1）が，1999年の調査結果は41％となっているからである。もちろん後述のように漁業経営の継承問題も農業同様困難性をかかえているが，R集落の畑作の壊滅＝離農と同時進行した相対的現象か，経済不況の影響なのか，あるいはそれ自体が意外と強靱性を備えているのか，目下不明である。

表9-4 R集落における漁業世帯の直系世帯員の世代別就業の特徴

	続　柄	父	母
親世代	年齢幅	65～75歳	61～86歳
	就業状況	A2，B1，C2，J1	**A**5，**B**3，I1，**J**3
	就業の特徴	「農業のみ」（A）7人，「農業が主」（B）4人で，農業主体の就業者が大半（11人＝61％）	
世帯主世代	続　柄	世帯主	世帯主の妻
	年齢幅	40～63歳	33～64歳
	就業状況	**C**9，**D**7，F1，J1	A1，B1，C1，F1，**G**7，**I**5
	就業の特徴	「漁業が主」（C）9人，「漁業のみ」（D）7人で漁業主体の就業者が大多数（16人＝89％）	「勤めのみ」（G）の者（7人）と「家事のみ」（I）の者（5人）に二分化
あとつぎ世代	続　柄	あとつぎ	あとつぎの妻
	年齢幅	25～30歳	23～36歳
	就業状況	**G**3	G1，J1
	就業の特徴	「勤めのみ」（G）志向	少数事例のため傾向不明

註1：記号は就業状況を示す（表8-2を参照）。記号に付いた数字は人数。
註2：ゴチック体は比較して大きい注目記号。

2．漁業世帯の就業構造の変容

(1) 漁業の展開状況

　R集落の漁業の種類はイカ漁（釣り・籠）世帯13戸，海士（サザエ・ウニ類・アワビ類漁）世帯5戸，定置網漁世帯3戸であるが，定置網漁世帯はイカ釣りも行っているし，定置網の主要漁種はイカであることから，R集落の漁業の種類は魚種からみるとイカとサザエ・ウニ類・アワビ類の大きくは2種であり，後述第10章のS集落の場合と共通している。したがって，漁業の技術的・経済的状況もS集落の場合と基本的に同様であるため，その内容はむしろ詳しく述べた第10章を参照されたい。

　ただ，近年のサザエ・ウニ類の漁獲量および生産額が比較的安定的に推移しているのに対し，

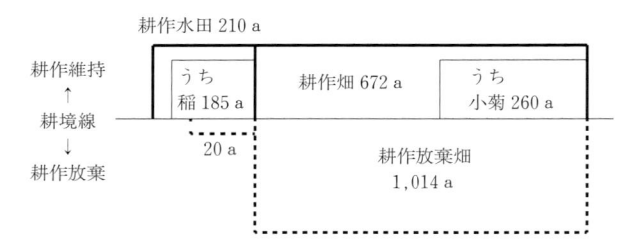

```
耕作水田 210 a
                ┌──────┬─────────────┬──────┐
耕作維持        │うち  │ 耕作畑 672 a│うち  │
   ↑           │稲185a│             │小菊  │
耕境線          │      │             │260 a │
   ↓           ├──────┴─────────────┴──────┤
耕作放棄        │ 20 a │ 耕作放棄畑          │
                │      │   1,014 a           │
                └──────┴─────────────────────┘
```

図 9-4 R集落における農地利用状況（1999年）

イカは漁獲量・生産額ともに減少傾向にあるなかで（表10-6を参照），S集落の場合，イカ漁と海士漁の世帯数はほぼ同数だが，本R集落では大半がイカ漁世帯であるため，その打撃はS集落より大きいと考えられる。事実，調査漁家の多くが「近年イカが寄って来なくなった」と語っている。漁業世帯数の激減の要因の1つもこのあたりにありそうである。

(2) 就業構造の変容——漁業も「オール兼業化」・後継者難——

漁家といっても，R集落では専業漁家世帯はなく，農業との兼業（純然たる半農半漁）世帯が6戸，農業だけでなく勤めも行う世帯が5戸，勤めとの兼業世帯が10戸と，農家以上にオール兼業化している（図9-3）。漁業は一般的には農業以上に専業的性格が強いと言われているため，漁業専業世帯が皆無であることには驚かされるが，これは上記のイカ漁の厳しさが大きく反映しているものと考えられる。また兼業の種類としても，今日では農漁業以外の勤務を兼業する漁家数が狭義の「半農半漁」世帯数に匹敵しており，漁家における就業構造の変容の著しさを感じざるを得ない。

そのことは，表9-4のように，R集落の漁業を営む世帯において目下40歳未満の漁業青年は皆無で，あとつぎ世代は農漁業以外の勤めに出る傾向が強いことにも現れている。

3．集落構造の変容

以上のような農家および漁家の「オール兼業化」，ならびに農家数および漁家数の激減によって，1980年にはまだ農家数が総戸数の7割近くを占め，まさに農漁村集落といえる状況を保っていたが，90年には農漁家は総戸数の3分の1，そして99年には4分の1以下にまで減少し，戸数的には農漁家は今や少数派となってしまっている。しかし，非農漁家は主に集落外での就業であり，いわば夜間人口という性格が強く，日常的な地域の主要産業は依然として農漁業であり，また農地と漁港が地域の主要空間を占めていることからも，R集落は今日でも基本的には農漁村ないし半農半漁村として存立していると言うことができる。

第6節　農地利用の変容——畑地の大半は耕作放棄——

1．イモ・ムギ・自給的農業から花き園芸農業への転換

　Q町は畑地率が65％（2000年）の典型的な畑作台地である。しかし町内の集落の諸条件はそれぞれ異なり，第10章で後述するように，農業資源の大半は島部に偏在し，島部では畑地造成・農地整備・新規導水を契機・要因とした農業発展が注目されているが，町内のその他の集落は状況が異なる。町内の島部以外の集落は概して農地面積が狭隘なため，圃場整備要求も弱く，多くは未整備地区のままとなっている。R集落がその典型である。

　ただ，R集落の後背地の畑台地は区画整理はなされていないが，新規農業用水の導水だけは行われている。R集落では後背地の臨海畑台地を中心に，1960年代まではイモ・ムギを主体とした自給的農業が営まれてきた。水田は周辺にないため，飯米確保のために隣町への出作が行われていた。しかし，普通畑作物は輸入自由化の波にいち早く洗われ壊滅していった。それに代わって模索されたのが臨海温暖気候を活かした花き栽培であった。1つは自生物も含めたスイセン栽培・採取・販売であった。スイセン栽培は露地と施設と2つの方法で行われている。その担い手は昭和1ケタ生まれ世代であったため，近年栽培者数・面積とも減少傾向にあり，99年には5戸になった。

　もう1つは小菊栽培で，これも露地と施設の2通りでなされている。こちらの担い手も昭和1ケタ生まれ世代であるため，高齢化に伴って近年減少傾向が否めない。そして，これら2作物の栽培に新規農業用水が利用されていることは言うまでもない。

2．畑の耕作放棄の急進——7割近くが放棄——

　しかし，畑の区画未整備と道路の狭さおよび担い手の高齢化によってR集落の農地利用・農業生産は危機的状況にある。上記のように，団塊の世代および団塊ジュニア世代がこぞって農漁業以外の職業に就き，農業（農地利用）が放棄されているからである。9番農家は「R集落で今でも耕作されている畑面積はかつての3割台ではないか」と語る。図9-4は，聞き取り結果から作成したものだが，現在，耕作されている畑の面積割合は39％となり，9番農家の実感が当たっていることに驚く。

第7節　ま と め——半島地域と半農半漁村——

　今日の臨海農漁村の実態は，「半農半漁」という一言では表現が困難なほど変容・複雑多様化してきている。それは就業構造が激変・多様化してきているためである。本章では，このような農業・漁業・非農漁業が複雑多様に錯綜・重層化した就業構造の実態の一端を解明すること

ができ，第8章や第10章以上に農漁村の立体的な社会経済構造に迫り得た。

また，狭隘・未整備の臨海畑台地の耕作放棄の急進という実態も確認したが，これは日本の条件不利地域の畑地耕作放棄[3]の最先端的現象の具体的一事例として位置づけられる。

さらに，R集落の実態は，このような畑地の耕作放棄の結果としての離農を通じて半農半漁世帯が減少してきた具体的事例を示すものでもあり，第6章の統計で見た半農半漁の急減現象を確認する事例としても位置づけられるものである。

註
1) 本書では事例分析において毎回農業センサス集落カードを一瞥しているが，その理由は，半島地域の地形は複雑・多様であり，いわば多様な微地形の集合体となっているため，地目・作目，面積規模等の在り方が集落ごとにかなり異なっており，それぞれ異なった多様な農業形態が形成されているが，集落カードには，実はこのような各集落の多様な農業の在り方の特徴がかなりよく反映されているため，各集落の農林漁業の特徴的な全体像を把握するのに極めて有効だからである。
2) 不作付地は経営面積に含まれるが，耕作放棄地はそれに含まれないため，不作付地率＝不作付地面積÷経営耕地面積，耕作放棄地率＝耕作放棄地面積÷（経営耕地面積＋耕作放棄地面積）となる。
3) 日本の畑地耕作放棄の実態とメカニズムについては田畑保（1999）254～257頁を参照。

引用文献
田畑保（1999）「中山間地域の土地資源管理問題」田畑保編著『中山間の定住条件と地域政策』日本経済評論社．

第10章

臨海田畑作地区における農業と漁業の展開
―― 佐賀県Q町S集落事例分析 ――

土壌(赤土)と日射量に恵まれて産地形成した臨海傾斜地の甘夏ミカン
(佐賀県Q町S集落,1999年末)

154　第Ⅱ部　半農半漁の構造

要　約

　佐賀県北西部の東松浦半島（「上場台地（うわば）」）の沿岸地域の集落には，いまだ「半農半漁」世帯が少なくない。半農半漁の実態は地域によって多様であるが，Q町S集落では，農家世帯数の3分の1がイカ釣りと海士（あま）の二大漁法と結合した半農半漁を行っている。漁業・漁家の実態も地域性が大きいが，S集落では，男子1名によって担われた「ワンマン漁業」，世帯主が漁業，妻と両親が農業，息子が勤務という一家多就業構造，漁業従事者の高齢化と後継者難という特徴をもつ。一方，農業は一連の農地開発・整備事業の実施を契機・要因として，かつてのイモ・ムギ主体の自給的農業が葉タバコやイチゴ等を主体とした商品生産的農業へ転換され，一部に専業的農業も出現し，「農地開発事業の優等生」と評価されている。

第1節　本章の課題と構成
――整備された田畑作台地の半農半漁村における農漁業の変容――

　本章は半農半漁村の3番目の類型である田畑作地区の事例を取り上げ，そこにおける農業と漁業の全体像を明らかにすることを課題とする。また，第8～9章では田畑の未整備地区を取り上げたため，それらに対し，本章では田畑の整備地区を取り上げる必要がある。そこで本章では，これらの条件を満たす事例として，Q町S集落を取り上げる。

　すなわち，S集落は1980年代後半における架橋・畑地開発・農地整備・農業用水新規導水という一連の農業土地改良事業の完成を契機・要因に，90年以降ダイナミックな農業展開を示した地区でもあるため[1]，本章は，この点にも注目し，土地改良事業に伴う農業展開と半農半漁村の構造変化という2つの内容で構成する。

第2節　調査対象集落の農業展開
――イモ・ムギ・自給的農業から多様な商品生産的農業への転換――

　まず表10-1において農業センサス集落カードによって調査対象集落の農業展開の推移をみてみる。1960年代と70年代に果樹園面積が増加したが，同期間に畑が急減しているのはその一部が果樹園に転用されたためとみられる。しかし今日でも10 haを超える果樹園面積が残っている。また国営農地造成事業により80～85年に畑面積が3 haほど純増したが，その後減少し今日では80年水準に戻った。一方，水田面積は微減しているが，大きな変化はない。

　作付面積が最大の作物は1980年までは麦類であったが，それはその後急減し今日ではほとんど見られなくなった（表10-2も参照）。いも類・豆類も70年までは稲作面積を凌駕してさえ

いたが，その後は麦類と同様の推移を示す。そして今日では，稲作面積は微減（2000年の激減については不明），野菜類と工芸農作物（葉タバコ）と飼料用作物の面積は増加，また肉用牛頭数も増加傾向をみせている。こうしてS集落の主要作物（部門）は，果樹，稲，野菜類，葉タバコ，飼料用作物＝肉用牛の5つとみられる。

これを農家・農業経営における動向として概観すると，1960年代〜70年代にはイモ・ムギ主体の自給的な農業が支配的であったが，今日では工芸農作物（葉タバコ）や施設園芸（イチゴ主体）が展開し，またそれらとダブりながら稲作，畜産（肉用牛），果樹，野菜類を加味した商品生産的農業・経営へと大きく変化してきた様子をうかがい知ることができる。

そして，その結果，工芸農作物や施設園芸等の経営の中で販売金額1,000万円を超える経営が8戸ほど出現し，農業展開の前進面を認めることができる。このことは，1995〜2000年に専業農家が8戸から13戸に増加し，なかでも男子生産年齢人口がいる専業農家が7戸から10戸に増え，また同期間に15〜29歳農業就業人口および基幹的農業従事者数が増えていることなどに現れている。また，このことは別の面からも確認することができる。すなわち，本集落は1970年には男子の出稼ぎ者数が農業就業人口および基幹的農業従事者数を超えるほどの「出稼ぎ地帯」であったが，その後，出稼ぎ者数は急減し，今日では例外的存在となるに至った点にみられるように，上記の農業展開はこのような出稼ぎ者減少の一因でもあったのである。

S集落はQ町内で最大規模の農業集落であり，逆にQ町は県内で最小規模の自治体であるため，S集落は2000年でQ町の総農家数の60％，販売農家数の62％，経営耕地総面積（総農家，販売農家とも）の72％と優に過半を占めており，いわばQ町を代表する集落ということができる。

表10-2はQ町の1990年以降における主要作物の作付面積の推移を示したものだが，上記の理由から町全体の動向はほぼS集落の動向が反映されているとみることができる。そして表から，架橋・新規導水・農地整備がほぼ同時に完成した90年以降の変化を確認できる。すなわち，イチゴが導入され，タマネギや葉タバコの作付面積が伸びていることが分かる。

そこで，以下において，上記のようなS集落の農業のダイナミックな展開の内容とメカニズムをもう少し具体的にみていこう。

第3節　田畑作農業の変容と問題点 —— 水利開発事業に伴う農業展開 ——

1．S集落の農漁業新展開の起点 —— 架橋，導水，農地開発・整備事業の実施 ——

上記のように，もっと具体的には後述のように，1990年以降，S集落の農漁業は大きな変化＝うねりをみせるのであるが，その決定的な契機・要因は農地開発・整備と新規農業用水通水と架橋の3事業の実施である。しかも，これら3事業が1989（平成元）年に同時に完成し

第II部 半農半漁の構造

表10-1 S集落の農漁業の推移 (単位：戸, a, 頭, 台, 人)

		1960	1970	1975	1980	1985	1990	1995	2000
農家数	専業(男子生産年齢人口がいる専業)	30	7	10(7)	9(9)	8(8)	9(8)	8(7)	**13(10)**
	第I種兼業	69	44	41	37	42	19	17	16
	第II種兼業	58	76	59	55	49	53	51	48
経営耕地面積	水田	1,404	1,380	1,359	1,392	1,334	1,307	1,237	1,283
	畑	8,432	7,360	6,105	4,997	5,274	5,063	4,796	4,872
	果樹園	174	1,520	2,440	3,185	2,771	1,922	1,579	1,477
主要作物種類別収穫面積	稲	1,501	1,380	1,338	1,303	1,248	1,219	1,237	37
	麦類	**6,486**	3,213	2,160	1,755	1,507	1,127	70	-
	いも類	**3,425**	2,090	372	205	177	409	139	98
	豆類	**2,706**	1,400	481	112	517	297	72	102
	工芸農作物	1,446	1,730	1,271	1,726	1,529	1,309	1,305	**1,477**
	野菜類	1,037	660	1,006	1,166	480	1,088	694	**824**
	飼料用作物	389	570	600	241	509	652	**1,364**	…
不作付地面積	水田		10	5	5	30	62		
	畑		130	323	119	952	470	977	480
耕作放棄地	農家数			1	1	-	11	8	8
	面積 (以前が畑)			3	20	-	257	242(242)	203(198)
施設園芸	農家数 (面積)			3(12)	-	-	7(75)	11(213)	**11(220)**
肉用牛	飼養農家数(肥育牛20頭以上)	73	87	69(-)	27(-)	24(-)	21(-)	17(-)	16(-)
	頭数 (子取用めす)	89	177(73)	132(90)	35(30)	55(45)	91(56)	158(118)	**200(116)**
農産物販売額第1位の部門別農家数	麦類作		35	23	19	15	7		
	工芸農作物		24	10	9	14	7	6	7
	露地野菜		-	17	5	-	13	15	17
	施設野菜			3	-	-	4	7	7
	果樹類		23	26	55	54	32	31	29
	肉用牛		…	…	12	11	13	13	13
農業経営組織別農家数	単一経営 麦類作				3	5	-	1	-
	単一経営 工芸農作物				7	12	7	6	7
	単一経営 露地野菜				1	-	3	10	13
	単一経営 施設野菜				-	-	2	7	7
	単一経営 果樹類				26	31	18	19	20
	単一経営 肉用牛				-	-	1	10	11
	複合経営(うち準単一複合)				63(26)	46(29)	48(22)	21(19)	17(16)
農産物販売金額別農家数	100万円未満(うち販売なし)	157(16)	126(15)	95(9)	71(1)	67(5)	47(5)	41(8)	23(1)
	100〜300万円	-	1	8	21	25	29	21	34
	300〜500万円	-	-	7	7	1	3	12	5
	500〜1,000万円	-	-	-	2	6	5	4	7
	1,000万円以上(うち1,500万以上)	-	-	-	-	-	1(-)	6(1)	**8(1)**
経営耕地規模別農家数	0.5ha未満		70	37	22	16	16	10	17	18
	0.5〜1.0ha		47	42	41	41	45	37	32	34
	1.0〜2.0ha		40	48	46	40	32	27	21	19
	2.0〜3.0ha		-	-	1	4	4	6	3	3
	3.0〜5.0ha		-	-	-	-	-	6	3	3
借入耕地がある農家数・面積	農家数(うち畑)			40(30)	29(19)	17(12)	29(17)	27(…)	24(15)	31(16)
	面積(うち畑)			484(422)	528(456)	399(291)	669(530)	1,025(…)	1,354(1,209)	**1,606(1,343)**
稲作機械所有台数(個人+共有)	耕耘機・トラクター			総数110	総数123	112・2	95・32	76・43	61・64	54・66
	田植機				1	4	3	13	31	55
	バインダー				2	33	48	54	53	51
	自脱型コンバイン				-	1	7	7	7	8
	乾燥機				3	2	2	3	2	1
農家人口(うち15〜29歳)	男	505	356(77)	315(80)	273(60)	264(39)	221(26)	207(29)	205**(38)**
	女	540	377(57)	327(58)	281(50)	286(45)	238(29)	214(29)	213**(32)**
農業従事者数	男	287				165	131	134	142
	女	328				162	136	118	135
農業就業人口(うち15〜29歳)	男	235	68(3)	96(16)	86(20)	73(14)	68(4)	66(3)	71(5)
	女	263	155(25)	152(24)	155(26)	135(19)	111(7)	99(2)	108**(11)**
基幹的農業従事者数	男	115	58	84	74	63	63	57	**61**
	女	196	115	63	92	97	82	74	**84**
農業専従者(うち15〜29歳)	男		58(3)	69(14)	61(14)	65(11)	57(3)	43(-)	56(1)
	女		100(22)	78(17)	80(16)	68(8)	71(3)	67(-)	77(2)
農業専従者がいる農家数			97	81	77	71	70	65	67
兼業農家の出稼ぎ者数(うち女性)			**136(32)**	93(17)	57(5)	41(4)	14(1)	1(-)	3(-)
自営兼業が漁業である兼業農家数	第I種兼業		4	10	18	13	7	4	…
	第II種兼業		15	12	15	18	21	28	…

資料：1960年は『1960年世界農林業センサス結果報告[2]農家調査集落編』(佐賀県), それ以外はセンサス集落カード, 農業集落別一覧表.
註1：-は該当なし。…または空欄は項目なし, または不明。
註2：1985年までは総農家, 90年以降は販売農家。
註3：ゴチック体はかつて大きかった, あるいは最近増加しつつある注目数値。

表 10-2　Q町における主要作物の作付面積の推移　　　（単位：ha）

	1988	1990	1992	1994	1996	1998	2000	2002
水稲	24	23	24	24	24	23	23	20
麦類	18	10	1	1	6	4	6	4
カンショ	4	4	4	4	3	3	3	3
春植えバレイショ	2	2	2	2	1	1	1	1
秋植えバレイショ	2	2	2	1	1	1	0	0
豆類	2	2	2	2	3	3	2	2
果樹	33	23	23	22	18	16	16	15
葉タバコ	22	23	23	24	23	24	23	22
飼料用作物	55	55	52	46	46	42	41	39
キュウリ	1	1	1	1	0	0	0	0
トマト	1	1	1	1	1	1	1	1
ハクサイ	1	1	1	1	1	1	0	0
タマネギ	2	5	9	10	6	7	9	8
ダイコン	3	3	3	2	2	2	1	1
サトイモ	2	1	1	1	1	1	1	1
イチゴ	–	1	2	2	2	2	2	2
ナス	1	1	1	1	1	1	0	0
キャベツ	3	3	2	3	4	3	2	1
野菜計	33	36	40	39	32	29	25	21

資料：『佐賀農林水産統計年報』。

たため，これら3事業がいわば相乗的に作用することによって，S集落の農漁業および住民生活は大きく変化するに至った。そこで，まず，この3事業の内容を簡単にみることから始めよう。

(1) 農地造成・整備事業

1つは1983年に国営農地造成事業によって山林原野から畑地3haが新たに造成されたことである。表10-1で1980〜85年に畑地面積が約3ha近く純増になっているのはこのことの反映とみられる。

もう1つは，1984〜88年に県営畑地帯総合土地改良事業によって集落内の畑54haと水田14haが区画整備されたことである。その結果，図10-1でも分かるように，S集落の水田のほとんどと畑の9割以上が整備された。

(2) 架橋・導水

S集落は島であったため，1989年に農道整備事業によって橋が架けられ，同時にその橋によって新たな農業用水が引かれることとなった。車道と農業用導水路がセットで同時開通したのである。

橋は「農免道路」であるが，農業用としてだけでなく，生活用としてはもちろん，漁業（漁

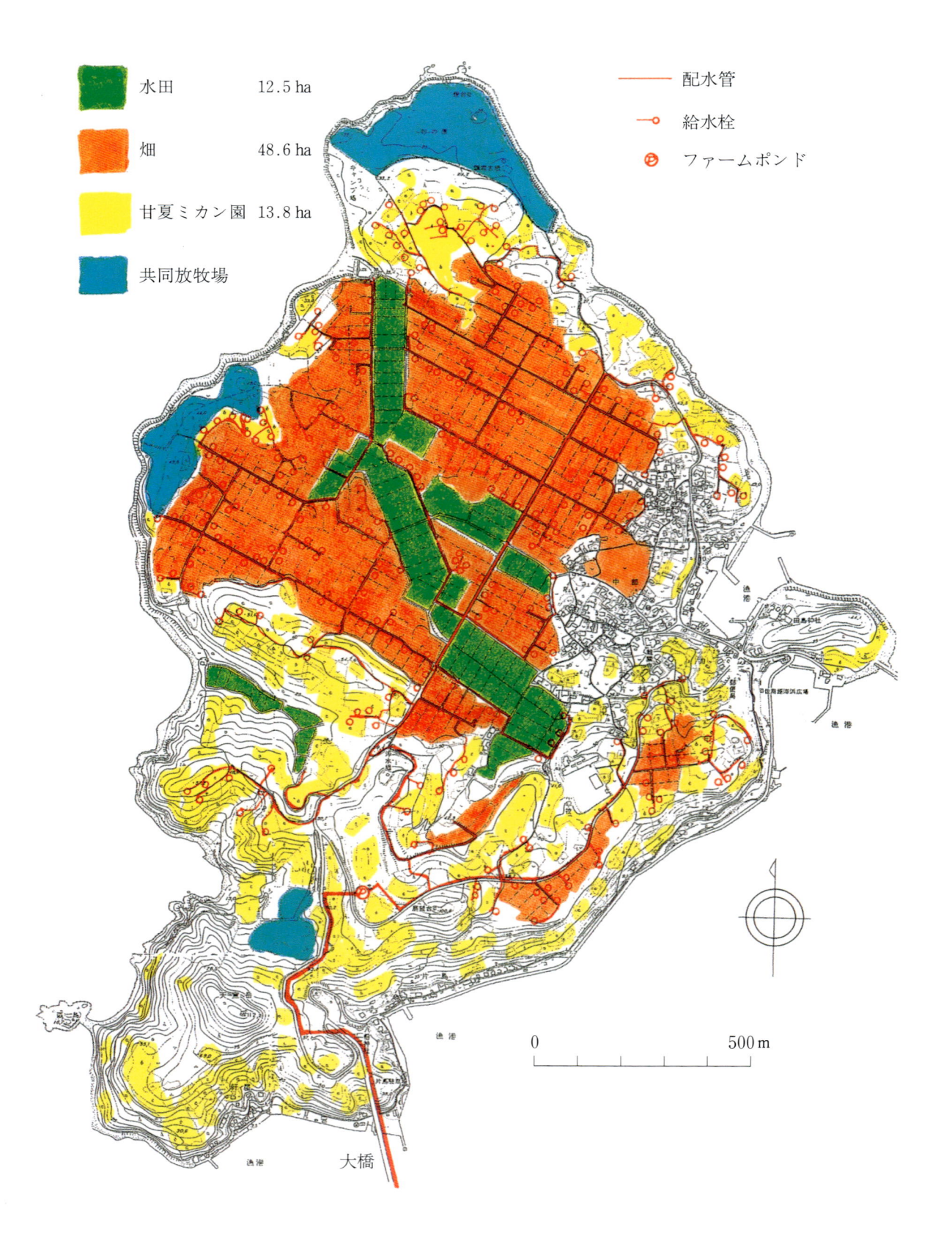

凡例			
■	水田	12.5 ha	
■	畑	48.6 ha	
■	甘夏ミカン園	13.8 ha	
■	共同放牧場		

― 配水管
―o 給水栓
Ⓑ ファームポンド

図10-1　S集落の圃場図（1998年11月現在）

獲物流通）用および観光用としても多面的に使用され，S集落（島）に多大な便益をもたらした。

図10-1は，S集落の農業用配水路と圃場の様子を示したものであるが，以上の諸事業の成果が端的に示されている。

2．畑作農業の具体的展開状況

以上のような3つの公共的ハード事業を契機・要因として，S集落の農漁業および通勤，観光，さらには生活面において大きな変化がみられたのであるが，以下では，各世帯における農漁業および通勤勤務という就業内容の面に視点を当てて，各世帯におけるこれらの就業内容の組み合わせからみた「世帯類型」ごとに，その後の変化を整理してみることにする。

S集落における「世帯類型」は，大きくみて，専業的農業世帯，半農半漁世帯，および兼業的（勤務主体）農業世帯の3類型にまとめることができる（表10-3，表10-4，図10-4）。

そこで，まず専業的農業世帯からみていく。ただし，専業的農業世帯も今日では多様な内容をもち，農業経営だけで経済的に自立しているとはいえない高齢専業農家，定年帰農世帯，あるいは女性1人のみの農業世帯も存在するが，本章では農業経営で経済的自立をめざす専業的農業世帯に焦点を当てて考察していくことにする。

(1) 新規導水利用によるイチゴ作経営の展開・Uターン就農

S集落の農業展開におけるめだった特徴の第1は，架橋に伴う新たな農業用水の確保を契機・要因としたイチゴ作の展開である。S集落でのイチゴ作の嚆矢は9番農家である。9番農家は1989年の導水を見込んでその前年にS集落で最初にイチゴ作を試作し，それが順調にいったため，翌89年の新規導水を契機に4戸，そして90年にはさらに2戸がイチゴ作の仲間に加わり，その後も新規導入者が続き，現在では，表10-4のように8戸でイチゴ栽培が行われている。

こうして，イチゴ作は，架橋および新規導水を契機にS島に新規導入された新しい部門であることと関連して，イチゴ作の担い手の多くは，それまで関西等に季節出稼ぎに出ていた30歳代の青年であり，いわば彼らはUターン就農者であることが注目される。

ところで，イチゴ作経営は農地面積がそれほど広くなくても，栽培技術と一定規模の生産基盤および労働力が確保されるならば専業的な農業経営が可能な分野である。事実，S集落のイチゴ作農家8戸のうち5戸は専業的な農業経営を確立し，うち2戸は2世代の世帯員3～4名による農業経営となっている。

しかし，S集落のイチゴ作経営8戸がすべて「認定農業者」をかかえる専業的な農業経営となっているわけではない。イチゴ作は導入後まだ10年余と決して長くないこともあって，3戸は漁業との兼業であり，また72番農家では世帯主は農外就業者だが娘が有機農業に興味を持ち「摘み取り観光農園」として10aの有機栽培イチゴ園を経営しているなど，S集落のイ

表 10－3　S集落の農漁家の直系世帯員の就業の実態

世帯類型	経営部門構成	世帯番号	直系世帯員の年齢と就業状況（1998） 世帯主	その妻	あとつぎ	その妻	父	母	年間雇用のべ人日	農漁業以外の就業状況（1998） 世帯主	その妻	あとつぎ	その妻	世帯の性格（職種・部門など）（ ）内は農漁業収入中の漁業の割合
専業的農業世帯	葉タバコ作	1	[40]A	41A			65A	61A	na	―〈認定農業者〉	―			専業農家：２世代葉タバコ専業
		2	43A	38A			75A	70A		―	―			専業農家：２世代葉タバコ専業
		3	46A	42A	21na		67A	69A	30	―	―	na		専業農家：２世代葉タバコ専業
		4	47A	43A				74A	4	―	―	（長男24歳・自衛隊）		専業農家：葉タバコ・あとつぎ他出
		5	[46]A	44E	*22* F	22F	68K	66G		―〈認定農業者〉	食堂（季節パート）	勤め	食堂（季節雇い）	専業的農家：タバコ・妻とあとつぎ勤め
		6	65A	62A	35A	29F			na	―	―	―	食品会社・パート	専業的農家：葉タバコ・妻パート
	イチゴ作	7	[40]A	35A				74J		―〈認定農業者〉	―			専業農家：イチゴ
		8	[45]A	40A			75A		10	―〈認定農業者〉	―	（長男高専生・他出）		専業農家：イチゴ
		9	[48]A	na	25F		75K	71K		―〈認定農業者〉	na	造園業・常勤・唐津市		専業的農家：イチゴ・あとつぎは勤め
		10	[46]A	44A	23F		72A	72J	35	―〈認定農業者〉	―	T産業・町内・常勤		専業的農家：イチゴ・あとつぎは勤め
		11	[61]A	58A	38F	40G		88G	21	―〈認定農業者〉	―	勤務・福岡市	―	専業的農家：イチゴ・あとつぎは勤め
	その他 その他の作目	12	[48]A	46A			73A	70J		―〈認定農業者〉	―		１人娘会社勤務	専業的農家：甘夏専業
		13	60A	57A		36F		78K		―	―		歯科医院・唐津市	専業的農家：野菜類・繁殖牛
	女性１人	14		49A				73G			―	（長男27歳・福岡市）		専業的農家：女性１人の専業農家
		15		[43]A	22F		77K	72A	28		―〈認定農業者〉	車整備工・常勤・唐津		専業的農家：女性農専・あとつぎ勤め
	高齢専業	16	72K	72A						―	―	（長男50歳・隣町）		高齢専業農家
		17	63A	61A				88J		―	―	（40歳・福岡・建設会社）		高齢専業農家
		18	63A	61J						―	―	（41歳・名古屋）		定年後の高齢専業農家
半農半漁世帯	イカ釣り イカ釣り＋繁殖牛	19		45A			69D			（50歳水産会社）	―	（24歳・佐世保・自衛隊）		半農半漁：繁殖牛・イカ釣り
		20	61C	61A				83J		―	―	（39歳・福岡・自営業）		半農半漁(5)：イカ釣り・繁殖牛
		21	47C	43F			74A	76A		―	漁協事務・島内			半農半漁(8)：繁殖牛・イカ釣り
		22	*46* F	41F			64B	52J		伊万里市・勤務	鮮魚店勤務・島内			半農半漁(4)：イカ釣り・繁殖牛
		23	47C	43A			72A	65A		―	―			半農半漁(7)：イカ釣り・繁殖牛
	イカ釣り＋その他の作目	24	51C	51A	25C		78A	73A		―	―	―		半農半漁(8)：イカ釣り・タマネギ・甘夏
		25	57C	56A	24D			80J		―	―	―		半農半漁(9)：イカ釣り・米・甘夏
		26	42D	38A			64D	62A		―	―			半農半漁(6)：イカ釣り・イチゴ開始(1998)
		27	51C	50A						―	―	（長男31歳・福岡県）		半農半漁(8)：イカ釣り・野菜類
		28	61C	61A						―	―	（長男41歳・大阪）		半農半漁(6)：イカ釣り・タマネギ・あとつぎ他出
		29	41F				69B	67G		鮮魚食堂・町内				半農半漁：経営主勤めのII兼農漁家
		30	65C		*37* F	37F		80K		―		建設会社・唐津市	保育園・島内	半農半漁：勤め・イカ釣り・飯米世帯
		31	64D	63A	38D	34I				―	―	―	Yストア（レジ）	専業的漁業：飯米漁家
	海士＋繁殖牛	32	56C	54A	34A	34I		70J		―	―	―	看護師（町内）	半農半漁：繁殖牛・海士
		33	54C	48A	27F		78K	74K		―	―	勤務・唐津市		半農半漁(7)：海士・繁殖牛
	海士 海士＋その他の作目	34	52B	50A	24I			90J		―	―	勤め・伊万里市		半農半漁(3)：タマネギ・米・海士
		35	44C	42F			65A	66A		―	勤務・町内			半農半漁：海士・タマネギ
		36	56C	55A	*30* C	29A			na	―	―	―	―	半農半漁(9)：養殖・海士・農業
		37	59D	59J	[36]A	36A				―	―	―〈認定農業者〉	―	半農半漁(5)：海士・イチゴ
		38	[51]B	50A	24I				7	―〈認定農業者〉	―	町役場		半農半漁(4)：電照菊・あとつぎ勤め
		39	61C	57A	36I	34G				―	―	運送会社	―	半農半漁(8)：海士・甘夏

第10章　臨海田畑作地区における農業と漁業の展開

資料：1998年11月実施集落農家悉皆面接調査．
註1：年齢が斜体は嫁姑子，（ ）は他出者，□は認定農業者，na は不明，− は該当なし．
註2：就業状況　A：農業・農産加工のみ，B：農産加工のみ，C：漁業のみ，D：漁業のみ，E：農業が主だが農業以外の勤務や自営業にも従事，F：農業にも従事するが農業以外の勤務や自営業が主，G：農業や農産物直売所（店番）も手伝うが家事等が主，H：農漁業以外の勤務が主，I：農漁業以外の勤務のみ，J：家事・学業のみ，K：その他．

表10-4 S集落の農漁家の農業・漁業の概要

(単位：a, 頭, 隻, トン)

世帯類型	経営部門構成	世帯番号	経営耕地面積 自田	畑	樹園地	借地 田	畑	樹園地	計	貸付地面積 田	畑	樹園地	作付面積 稲作	葉タバコ	露地野菜 玉ネギ	その他	飼養頭数 カンショ	イチゴ	ハウスミカン	キョミ菊	飼料作物用	繁殖雌牛	その他	漁船 隻数	トン数	漁業種類
専業的農業世帯	葉タバコ作	1	20	130			156		306				18	223												
		2	30	100			70		230				30	170												
		3	18	110			100		228				18	150												
		4	19	110		3	120		252				21	230												
		5	18	120		24	250		412				42	330												
		6	28	110			100		288				28	220										1	4	イカ釣り船（未使用）
	イチゴ作	7	11	65					76				11			自家用野菜作	30						甘夏加工			
		8	18	90					108				18					29								
		9	20	100		6	10		136				20					27								
		10	20	60					80				20					30								
		11	14	100					114				14				50	28								
	その他の作目	12	7	20	96				123		25		7		40	落花生10a	80	26				3				
		13	17	100		12	8		137		50		29		25	キャベツ種子30a	25		16		38					
	女性の1人	14	15	30	25				70		20		15				45									
	高齢専業	15	22	30	60				112		16		22				70		15							
		16	10	10	70				90				10		25	自給的野菜等	60									
		17	22	43	60				125				22													
		18		20				4	20																	
半農半漁世帯	イカ釣り	19	13	66	24		40		143				13				24				100	9		1	3	イカ釣り
		20	20	90	10		20		140				20		15	自家用野菜2a					110	7		1	2	イカ釣り
		21	10	40		7	40		97				16								80	5		1	5	イカ釣り
		22	13	50	10	9			82				22								50	5		1	4	イカ釣り
		23	10	75	20				105				10								40	2		1	4.5	イカ釣り
	イカ釣り＋その他の作目	24	9	40	30				79				9			ニンニク, 落花生	20							1	5	イカ釣り
		25	20	30					50		80		20				30							1	5	イカ釣り
		26	15	76	4				95				15				30		13				米若干販売	1 na		イカ釣り（2人同船）
		27	8	80		8			96			20	16			バレイショ等	4							1	5	イカ釣り
		28	15	50					65				15		40	ニンニク20a								1	5	イカ釣り
		29		40	22			na	62							ニンニク	22							1	4	イカ釣り
		30	22	10		5		60	37				22											1 na		イカ釣り（別々に乗船）
		31	7						7				7										米売所出し	2, 7	7	イカ釣り（別々に乗船）
	海士＋繁殖牛	32	26	60	10		100		196				26		70	落花生10a	10				160	28	直売所出し	1 na		ウニ・アワビ（海士）
		33	23	120		15	20		178				38		45						100	14	米9俵販売	1	1.7	アワビ・サザエ・ウニ（海士）
	その他	34	15	70					85				15											2, 5	1	ウニ主体
		35	20	100		8			128		20		28										直売所等出し	1	1	アワビ・サザエ（海士）

162　第II部　半農半漁の構造

第 10 章　臨海田畑作地区における農業と漁業の展開

分類	No.													作目等				備考
海士＋その他の作目	36	16	37	15			68		16								商店経営	養殖（1ロアワビ）、サザエ等
	37	15	100				115		15									サザエ・アワビ等（海士）
	38	24	100	34			124	30	24									アワビ・サザエ・ウニ（海士）
	39	11	10				60		16									アワビ・サザエ（海士）
	40	15	20	35	5		70	40	15									ウニ、サザエ（海士）
	41	6	25	20			58		13									ウニ・アワビ・サザエ・タコ（海士）
	42	10	48				58		10								直売所出し	ウニ・サザエ・アワビ（海士）
	43	7			7		7	15	7			落花生15 a	5					アワビ・ウニ・サザエ（海士）
遊漁船	44	22		40			62	69	22			ミカン自由販売	40					遊漁船 2 隻
繁殖牛	45	14	100		60		174		14			自家野菜37 a			160	21		
	46	9	50		24		100		26				15	27	74	7	人工授精師	
	47	18	110	20			128	45	18						110	6	野菜自由販売	
	48	16	50	50			90		20		20	ニンニク 5 a	20		50	3	直売所出し	
	49	13	45	20		30	58	30	13			自家用野菜 5 a	30	25	10			
その他の作目	50	8	5	30			43	30	8			キャベツ40 a	6					
	51	26	40	6			72		26			カボチャ 5 a						
	52	11	45		12		56		11		40	落花生 5 a	40				商店経営	
	53	19	40	30		3	92		19		40	落花生 5 a	30					
	54	17	35		20		64		29		30		20					
	55		20	20			40				20							
農業的副業	56	20	20	20	30		70		20		20	自家用野菜作	80			1	米・野菜直売	1 1
	57	27	30	80	7		144	24	27	2		落花生 2 a					無人販売所	
	58	5	60		6		71		11		50	バレイショ10 a						
	59	17	24	10			34	100				ニンニク、落花生						（高齢化で利用中止）
	60						17	60	17									
兼業世帯 出稼ぎ	61	16	6				22		16								ミカン直売	
	62	5	20		10		55		5				30		30		多種野菜行商	
安定的勤務	63	20	50	30			90	30	20		35	スイカ15 a 等	13					
	64	17	20	20			117	12	17			ニンニク10 a	80					
	65	23	10	80			78	25	23				45				直売所出し	
職員勤務	66	14	110	45	10		137	34	24			ニンニク、落花生	3		5	2	商店経営	
	67	30	66	3			121		28		66		25				ミカン加工直売	
	68	3	20	25		30	88	30	3			ニンニク10 a など	65					
	69	15		35	25		145		15				130					
	70	13	8	130			46	20	13			スイカ・カンショ等 8 a	25					
	71	10	30	25			65	5	10		20		25				イチゴ観光農園	
	72	30	10	25			40	35	30									
	73			18		12	30		30				30	10				
土地持ち非農家	74							15	5								家庭菜園 7 a	
	75		7	8			8	12										
	76						7	10										
計		1,077	3,686	1,335	173	42	7,486	945	1,238	38	1,323	616	1,301	190	1,087	112	32	

チゴ作の経営形態・経営規模は多様である。今後，自立的なイチゴ作経営に純化していくのかどうか，興味のある点である。

また，イチゴ作はS集落において新規導水を要因とした典型的な営農形態であるため，期待の大きい部門でもあるが，S集落は島であり，季節風，とりわけ冬の季節風が強いという気象的悪条件下にあるため，多くのハウスは強風を避け，島の南東部の林の中の畑などに設置されているという立地上の問題も存在する。事実56番農家は1990年にイチゴ作を始めたがハウスが強風によって倒壊したためイチゴ作を中止している。

(2) 畑整備・換地・農地流動化を通じた葉タバコ作経営の展開

次いでめだつ動きは葉タバコ作経営の展開である。葉タバコ作経営展開の要因は，イチゴ作経営のそれと違い，県営畑地帯総合土地改良事業（畑の区画整備・換地・耕作道敷設）の実施に伴って畑の各圃場が拡張され，また農家ごとに団地化されたことによって，土地利用作物のスケールメリット効果が増大した点にある。さらに，葉タバコ作は，借地を通じてその面積拡大を図っているのが特徴的である。しかも，その際，S集落では零細兼業農家がこれら葉タバコ作経営の規模拡大に積極的に協力したといわれる[2]。

表10-5は，農家の経営面積階層間の変動を推測したものだが[3]，以上の葉タバコ作経営の規模拡大過程が1990年以降の3 ha以上層の形成に反映されている。その結果，現在ではS集落には6戸の葉タバコ作経営が形成され，彼らの葉タバコ栽培面積は平均2.2 haに達する。そして，6戸中半数の3戸は2世代農業専従者を擁し，また6戸中2戸に認定農業者がいる。

以上みてきた「イチゴ作経営」と「葉タバコ作経営」の2つの経営類型だけは，S集落において一定の層をなした専業的農業経営群を形成している。しかし，以下で述べるようなタマネギ作，甘夏ミカン作，繁殖牛飼養の各経営においてはそれのみでの専業的経営はまだ生まれていない。

(3) 新規導水・畑（道路）整備によるタマネギ作の増加

新規導水および畑整備を契機に増加したもう1つの作物はタマネギである。タマネギは重量作物であるため，畑整備に伴う通作道路敷設によって畑から車への直接搬出が可能となったことが大きな要因となり，また新規用水利用によって収量の増加と安定化が確保されたことも作用し，作付面積が1990年以降増加傾向にある（表10-2）。そして現在，表10-4に見られるように，S集落では18戸の世帯において計6 ha以上のタマネギ作付が行われている。

ところで，タマネギ作は各農家においてそれぞれ個別・自己完結的に行われているが，機械化一貫体系が整いつつある状況下では，農家グループによる機械利用の共同等による省力化・コスト低減への取り組みの検討も必要のように思われる。また，そのような取り組みがタマネギの栽培と産地の維持にも役立つと考えられる。

表 10-5 S集落の農漁家の経営耕地面積別階層間移動の推計

年次	農外	0.5 ha未満	0.5～1.0	1.0～2.0	2.0～3.0	3.0～5.0 ha
1960年		70	47	40		
70	㉚	㊲ ③	㊴ ⑧	㊵		
70		37	42	48		
75	⑰	⑳ ②	㊵ ①	㊻ ①		
75		22	41	46	1	
80	⑨	⑬ ③	㊳ ③	㊵ ③	①	
80		16	41	40	4	
85	②	⑭ ②	㊴ ⑥	㉜ ②	④	
85		16	45	32	6	
90	⑯ ②	⑩	㉝ ④	㉗ ①	⑤	①
90		10	37	27	6	1
95	⑤	⑤ ⑫	㉕ ⑦	⑳ ①	③ ②	①
95		17	32	21	3	3
2000	①	⑰	㉜ ②	⑲	③	③
2000		18	34	19	3	3

資料：農業センサス集落カード。
註1：階層間移動は隣接階層間で行われ，離農や新規参入は最下層から行われると仮定し，最上層から順次計算した。
註2：○内の数字が移動世帯数。

(4) 臨海温暖気候と新規導水を利用した甘夏ミカンの安定生産・特産品化

　もう1つ指摘するならば，新規導水を利用した甘夏ミカンの品質向上と生産の安定化が注目される。S集落は海洋からの照り返しを含めた日射量に恵まれ，また赤土という土壌条件からも，柑橘栽培の適地であったため，1970年代に図10-1および本章扉写真に見られるように，沿岸傾斜地に甘夏ミカンの植栽が進み，県内最大の甘夏ミカンの産地となったが，ミカン不況の下で，今日，放棄状態の甘夏ミカン園も少なくない。

　しかし，価格も温州ミカンほどの著しい変動は少なく，さらに比較的粗放な作物であるため，専業的農家でなくても栽培が可能であることから，今日では大半が兼業的農家（後述）となっているS集落の農家にとっても甘夏ミカンは極めて「適作物」であるため[4]，多くの農家が栽培している（表10-4）。

　ところで，甘夏ミカン園の一部にはスプリンクラーが設置され，用水管理を通じ，甘夏ミカンの品質と収量の向上が図られている。そしてこの甘夏ミカンは，1つは市場出荷，2つは架橋に合わせて開店したS島中央展望所の商店およびもう1つの島内直売所での販売，3つは農家女性起業グループが開発製造する菓子の原料としての利用というように，多様なルートで利

用販売され，S島の特産品の1つとして定着し評価を高めている。

3．零細稲作構造とその再編課題

今みてきたように，S集落の農業は畑作中心の農業であるが，ほとんどの農家は同時に稲作も行っている。しかし，その規模は表10-4に見られるように，平均18.2aと極めて零細である。本書各章の事例調査からも明らかなように，たしかに佐賀県東松浦半島の農家の稲作規模はおしなべて零細であるが，S集落では，50a以上の稲作栽培者は皆無で，10a未満が1割強の7戸も存在するというように，その零細性は際立っている。その結果，67戸の稲作栽培者のなかで米販売者は数戸にすぎず，ほとんどが飯米のみのための生産を行っている。

このような零細性のため，大半の世帯は稲作機械を数戸で所有・利用している。しかし，1セットを自己完結的に所有する世帯も少なくない。たとえば表10-1から，S集落全体では，2000年で，田植機55台，バインダー51台，自脱型コンバイン8台となっているが，S集落の稲作面積は12haにすぎず，明らかに過剰投資といえる。しかも，田植機とコンバインの台数はいまだ増加傾向すらみられる。

一方，防除作業は共同で行われている。S集落には，農協の下部組織で，一般に「生産組合」と呼ばれる属地的な農家グループの単位が3つあり，各生産組合はそれぞれ散粉機を1台ずつ所有し，各生産組合において1戸1人の全戸出役制で作業編成を組んで一斉防除を行っている。防除回数は共同防除を始めた1980年ころは6回と多かったが，その後徐々に減らし，95年ころまでは3回実施していたが，それ以降は5月の害虫と夏の病気に対しての2回のみとなっている。なお防除作業の共同は80年ころに自主的に開始され，防除機械も補助金なしで関係農漁家の共同負担で購入し，現在の2台目の機械も同様に補助金なしで自前で更新した点が注目される。

ところで，S集落の稲作は，図10-1に見られるように，基盤整備も済み，しかも一部の零細未整備水田を除いて連坦的な1団地を形成しているため，生産の組織化には極めて良い物理的条件を提供している。関係世帯の合意形成さえできれば，組織化によって機械の過剰投資を回避し，稲作生産の合理化が可能となろう。そして，共同防除こそが，合意形成への橋渡しの可能性を示す現実的条件にほかならない。

4．和牛繁殖経営の展開と問題点

一定数の世帯（13戸）が和牛繁殖経営を行っていることも，S集落の農業の特徴である。これは，S集落は図10-1に見られるように南高北低の緩傾斜地形を形成しているため，かつて和牛が役畜として飼養されていたことに遠因している。現在，和牛飼養世帯は13戸で，2つの生産組合内の和牛飼養グループがそれぞれ共同放牧場を利用している。集落北部のA生産組合所属の6戸の和牛飼養グループは，図10-1に見られる島北部の約7haの共同放牧場を利用しているが，これら6戸は放牧場内に共同畜舎を建て，日夜すべての牛を放牧場内で飼養し

ている。他方，集落中央部に位置するB生産組合所属の7戸の和牛飼養グループは，島北西部の共同放牧場を利用しているが，畜舎は各自自宅周辺に持ち，毎日共同放牧場との間で牛の出し入れを行っている。

ところで，牛の世話を主に行っているのはほとんど高齢者で，なかでも男子に限られている。高齢者の妻や息子たちは牛の世話にはほとんど関わっていない。したがって，現在の和牛飼養の担い手が加齢しリタイアした場合，和牛飼養世帯の激減が見通される。同時に，共同放牧場の跡地利用問題もでてくる。現に，集落南部のC生産組合では和牛飼養世帯がいなくなったため，それまでC生産組合所属の和牛飼養世帯が利用していた島南部の共同放牧場は，現在はその一部をB生産組合所属の33番農家が利用して何とか維持管理しているが，その大半は利用放棄せざるをえない現実がすでにでてきている。

第4節　半農半漁構造の変容と展望

世帯類型の第2は「半農半漁」世帯である。しかし，その中身は多様であり，全体像をいかに把握したらよいかは，目下検討中であり，まだ有効な方法をもたない。また，漁業経済の実態の把握もまだ十分でない。そこで，本章では，世帯員の就業状況の実態を中心に，「半農半漁」世帯の構造的特徴を解明することに課題を限定する。

1．「農家（農業）」と「漁家（漁業）」の関係

「半農半漁」とは，農家と漁家の両者を兼ねた「農漁家」のことである。そこでまず，調査結果から，S集落における農家と漁家との関係を図10-2に示した。なお比較のため，1990年の実態も掲示した。

図から，S集落で農業を営む世帯（農家総数）は1998年で73戸存在した。8年間で12戸の減である。一方，漁業を営む世帯（漁家総数）は71戸であるから，8年間で11戸の減である。そして両者のダブリ部分，すなわち農業と漁業の両者を営む世帯（農漁家）は98年に26戸あり，8年間で増減はみられない。また表10-1でも農漁家数は増減しているが，95年までは「減少傾向」が認められない。「半農半漁」世帯が強靱性を備えているのかどうか，興味のあるところであるが，その実態と要因は目下不明である[5]。

2．漁業の種類──「イカ釣り」と「海士(あま)」の二大漁法──

S集落の漁業（漁法）自体は4種類あるが，世帯（漁家世帯）単位でみると3種類となる。すなわち，漁業（漁法）種類は，①イカ釣り，②ウニ・アワビ・サザエ等の採捕（海士(あま)），③一口アワビ養殖，④遊漁船の4種類だが，世帯単位でみると②と③は兼業されているため，図10-2-1のように①イカ釣り漁業，②海士，③遊漁船の3種類となる。また遊漁船経営は1戸だけなので，結局，大きくみると，①イカ釣り漁業と，②海士を主体とする漁家の2種類

168　　第II部　半農半漁の構造

		イカ釣り　13戸	
農家 47戸	農漁家 26戸	海士（含養殖） 12戸	漁家 45戸
		遊漁船　1戸	

図10-2-1　S集落の農家と漁家の関係（1998年）

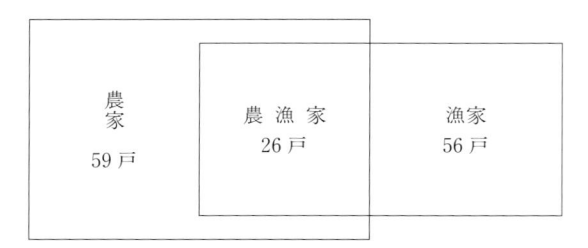

農家 59戸	農漁家 26戸	漁家 56戸

資料：佐賀県呼子町農林課（1991）から算出。

図10-2-2　S集落の農家と漁家の関係（1990年）

がS集落の漁家世帯の代表的な類型であると把握することができる。

3．漁業労働様式の特徴——ワンマン漁業——

次に，上記2種の漁家類型の特徴は下記のごとくである。

(1) イカ釣り漁業

　主にイカを釣るが，イカ以外にもブリ，サバ，アジなど多様な漁種を釣る。一般的に5トン未満の3級船を1隻持ち，日暮れとともに男1人で船出し，漁り火を焚いてイカを釣る。そして，日の出とともに港に戻り，午前中に睡眠をとり，昼食後農業をし，夕食後また海に出るという生活スタイルをとる。きつい仕事だが，仕事の時間帯の性格上，ここには農業との兼業を可能にさせる条件も存在する。24番世帯や25番世帯のように，世帯主とあとつぎの2人が一緒に同じ船に乗る事例もあるが，26番世帯や31番世帯のように1世帯に男子漁業就業者が2人いても世帯主とあとつぎは別々の船，ないし別々の時間帯にそれぞれ1人ずつ船に乗っており，男1人による労働様式が一般的とみられる。

(2) ウニ・アワビ・サザエ採捕漁業（海士^{あま}）

　S集落でウニ・アワビ・サザエの採捕作業を担うのは，「あま」は「あま」でも女性（海女）ではなく，男性（海士）である[6]。

第10章　臨海田畑作地区における農業と漁業の展開　　　169

　S集落の海士(あま)は1人で小型船に乗って出かけ，島周辺の近場でウニ等の採捕を行う。イカ釣り以上に体力勝負の漁法なので，年齢がものをいうが，しかし体力だけでなく経験も重要なため，40歳代半ばが働き盛りと言われる。そのため，上記のイカ釣りの場合は60歳以上で船に乗る者も8名と半数近くいるのに対し，海士で60歳を超える者は1名のみであり，体力的にリタイア年齢は海士の方がイカ釣りよりも若い（表10-3，図10-3を参照）。

　以上から，S集落の2大漁法であるイカ釣りと海士ともに，担い手は基本的に男子1人であるため，S集落の漁業を「ワンマン漁業」と特徴づけることができよう。

4．農漁家世帯の就業構造の変容
　　――「漁業・農業」から「漁業・農業・勤務」の一家多就業構造へ――

　現在の「半農半漁」世帯の第1の特徴は，世帯全体として極めて多就業構造になっているという点である。かつては，「半農半漁」という命名そのものが示すように，1世帯が漁業のみでなく農業も営んでいたわけである。ところが，高度経済成長以降，農家において兼業化が進んだように，漁家においても兼業化が進んだ。こうして，「半農半漁」世帯は，もともと農業と漁業の2つを兼業していた上に，さらに農漁業以外の就業にも就いたため，農家が「農業と勤務」の兼業であるのに対し，「半農半漁」世帯（農漁家）は「漁業と農業と勤務」という3つの兼業というように「兼業農家」以上に一家多就業となっている。

　では，このようないわば「超」多就業とは現実的にはどのような実態なのか。表10-6はそれを示したものである。世帯主の就業形態の大半はC，すなわち「漁業が主だが農業にも従事」しており，「一人二役」をこなしている。一方，世帯主の妻は漁業に直接的にかかわることはない。それは上述のように，S集落の漁業種類がイカ釣りとウニ・アワビ・サザエの採捕（海士(あま)）の2種類であり，両者とも男子1名が単独で船を操縦し作業（釣り・潜水）するという労働様式がとられているからである[7]。世帯主の妻の就業内容は多様であるが，農業専従というのが大半である。

　また，あとつぎは農漁業志向者と農漁業以外の勤務志向者に分化しているようである。

　他方，あとつぎの妻は，事例が少なく明確ではないが，多様化しており，一定の方向をとっていないように見受けられる。

　さらに，両親の方は，父の中には現在でもまだ漁業をやっている者も少数いるが，かつて漁業をやっていた者でも現在ではほとんど年齢的に漁業からはリタイアし「農業を手伝う」者が多い。母も大半は「農業」や「農業と家事」であり，主に農業やその手伝いをしている。

　以上から，両親，世帯主，その妻，あとつぎ予定者の4者の間に，概括的にみて，「両親：農業」，「世帯主：漁業と農業」，「その妻：農業」，「あとつぎ：勤務が主」といったいわば4極構造の形成が認められ，それがS集落の農漁家の直系世帯員の現在の基軸的な就業形態となっていると理解される。

表10-6 半農半漁世帯の世帯員の世代別就業の特徴

	続柄	父	母
親世代	年齢幅	64歳〜78歳	52歳〜90歳
	就業状況	**A**7, B2, D2, K1	**A**6, G3, J5, K3
	就業の特徴	農業専従者(A)が大半	

	続柄	世帯主	世帯主の妻
世帯主世代	年齢幅	41歳〜65歳	37歳〜63歳
	就業状況	**C**17, B2, D4, F2	**A**15, E1, F4, G1, J2
	就業の特徴	「漁業＋農業」者(C)が大半	農業専従者(A)が大半

	続柄	あとつぎ	あとつぎの妻
あとつぎ世代	年齢幅	20歳〜38歳	25歳〜37歳
	就業状況	A2, C3, D2, F3, I4, J2	A2, F1, G2, I2
	就業の特徴	農漁業志向者（7人）と農漁業以外の勤務志向者（7人）に分化	多様化

註1：記号は就業状況で表10-3を参照。記号に付いた数字は人数。
註2：ゴチック体は比較して大きい注目記号。

5．漁業の担い手問題——「高齢化」と「後継者難」——

(1) 高齢化

図10-3にS集落の漁業従事者の年齢構成と親子関係を示した。農業同様，漁業の従事者も高齢化が著しい。なかでもイカ釣りの場合は半数近くが60歳を超えている。他方，海士の場合は50歳代が半数以上を占め，60歳代は1名のみである。しかし，海士は体力を酷使する仕事であるため，60歳を超えるとリタイアせざるをえず，上述のように，体力と経験上40歳代半ばが働き盛りと言われるにもかかわらず，その世代の者はたった3名しかおらず，50歳を超える者が3分の2を占めており，海士も実質的には「高齢化」が進んでいる。

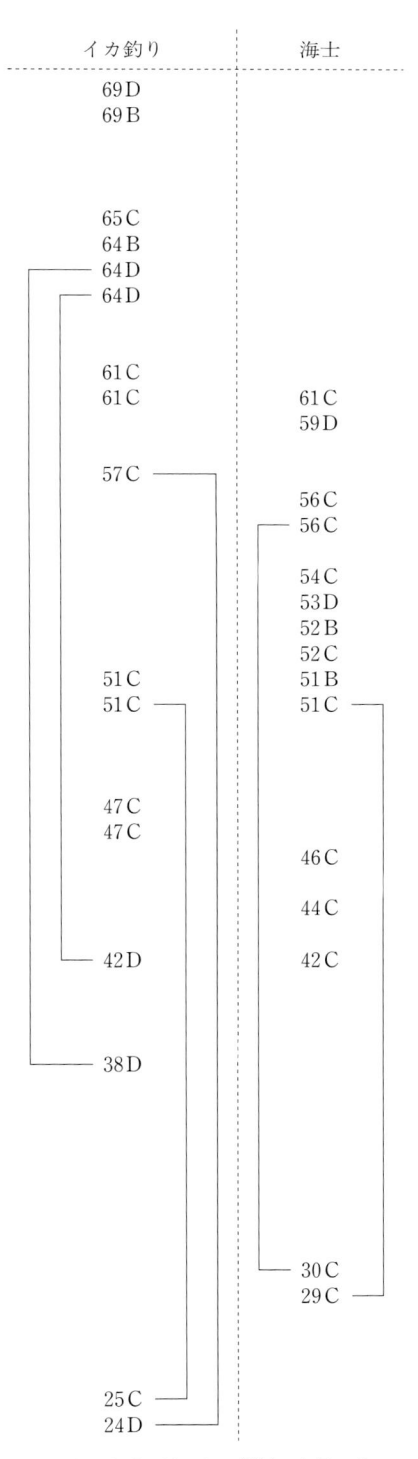

第10章　臨海田畑作地区における農業と漁業の展開　　*171*

イカ釣り	海士
69 D	
69 B	
65 C	
64 B	
64 D	
64 D	
61 C	
61 C	61 C
	59 D
57 C	56 C
	56 C
	54 C
	53 D
	52 B
	52 C
51 C	51 B
51 C	51 C
47 C	
47 C	
	46 C
	44 C
42 D	42 C
38 D	
	30 C
	29 C
25 C	
24 D	

註：数字は年齢，線は親子関係。記号は表10－3と同じ。

図10-3　漁業従事者の年齢構成

表10-7　イカ類, ウニ類・アワビ類・サザエの漁獲量と生産額の動向

年次	松浦海区（玄海海区）								Q町			
	漁獲量（トン）				生産額（万円）				漁獲量（トン）			
	イカ類(註)	ウニ類	アワビ類	サザエ	イカ類	ウニ類	アワビ類	サザエ	イカ類(註)	ウニ類	アワビ類	サザエ
1975	1,559	589	111	198	52,622	79,533	30,204	13,526				
76	1,585	860	111	201	76,254	120,400	32,878	13,829				
77	1,780	899	107	195	77,520	125,887	35,663	16,602				
78	1,274	740	86	162	68,608	118,336	37,742	15,808				
79	1,629	790	85	144	103,850	142,204	39,264	14,954				
80	1,513	762	74	172	94,130	74,361	36,472	20,474				
81	1,572	680	96	103	92,579	59,746	46,994	12,015	451	110	20	9
82	1,671	401	101	58	113,890	31,643	49,686	8,635	569	84	32	―
83	1,450	330	105	43	118,714	23,833	47,337	6,340	541	104	36	―
84	1,799	436	117	32	124,796	28,711	53,593	4,805	510	127	22	0
85	1,529	249	84	53	111,496	19,010	41,861	8,465	354	76	18	5
86	1,623	218	73	55	115,288	17,690	29,939	9,742	708	56	19	7
87	1,169	233	81	45	77,638	19,073	33,843	8,135	535	34	18	11
88	1,667	226	73	64	104,696	19,258	33,840	11,342	565	38	19	15
89	1,567	205	56	60	101,989	17,995	27,430	11,252	634	30	18	10
90	1,425	206	62	77	112,001	24,263	27,263	13,662	706	33	18	15
91	1,819	167	46	96	148,203	25,240	21,592	14,925	907	42	16	20
92	2,342	132	32	111	171,629	19,571	18,193	18,732	1,031	26	5	11
93	1,327	133	29	111	122,882	18,377	15,117	13,395	490	21	5	14
94	1,054	180	32	121	96,732	20,126	13,974	12,231	463	32	8	18
95	1,029	157	29	122	89,911	14,171	15,090	12,254	498	24	7	18
96	1,156	184	28	137	93,631	22,784	14,848	13,081	487	27	4	14
97	1,117	167	25	147	86,283	26,368	12,524	14,746	517	22	5	14
98	1,156	162	25	138	95,924	28,899	9,353	18,132	546	23	4	14
99	992	161	30	126	90,748	28,884	13,700	14,807	438	23	6	16
2000	792	172	27	102	73,667	30,481	10,012	7,588	369	31	4	14
2001	526	153	21	104	56,776	27,273	9,026	9,766	241	29	4	16
2002	600	144	24	109	60,900	25,100	9,500	8,600	254	19	5	17

資料：『佐賀農林水産統計年報』。
註：本地区のイカの種類は「コウイカ類」や「スルメイカ」以外の「その他のイカ類」である。

(2) 後継者難

　また，漁業も農業同様，後継者難が深刻である。技術的側面からみても，農業，なかでも稲作は機械化・省力化のため片手間的な就業によって維持することが可能であるが，漁業はそうはいかない。また，表10-7は松浦海区およびQ町の関係漁種の漁獲量と生産額の推移をみたものだが，ウニ類，アワビ類，サザエは1985年以降，漁獲量・生産額ともに急減傾向が著しく，イカ類も92年の豊漁以降は漁獲量・生産額ともに振るわない。こうした漁獲量の減少と収益低下も後継者難の大きな要因と考えられる。

　その結果，20歳代，30歳代の漁業後継者は極めて少なく，漁家の子弟の大半は，農家同様，自家漁業以外の勤めの仕事に就く傾向が強い（表10-6）。

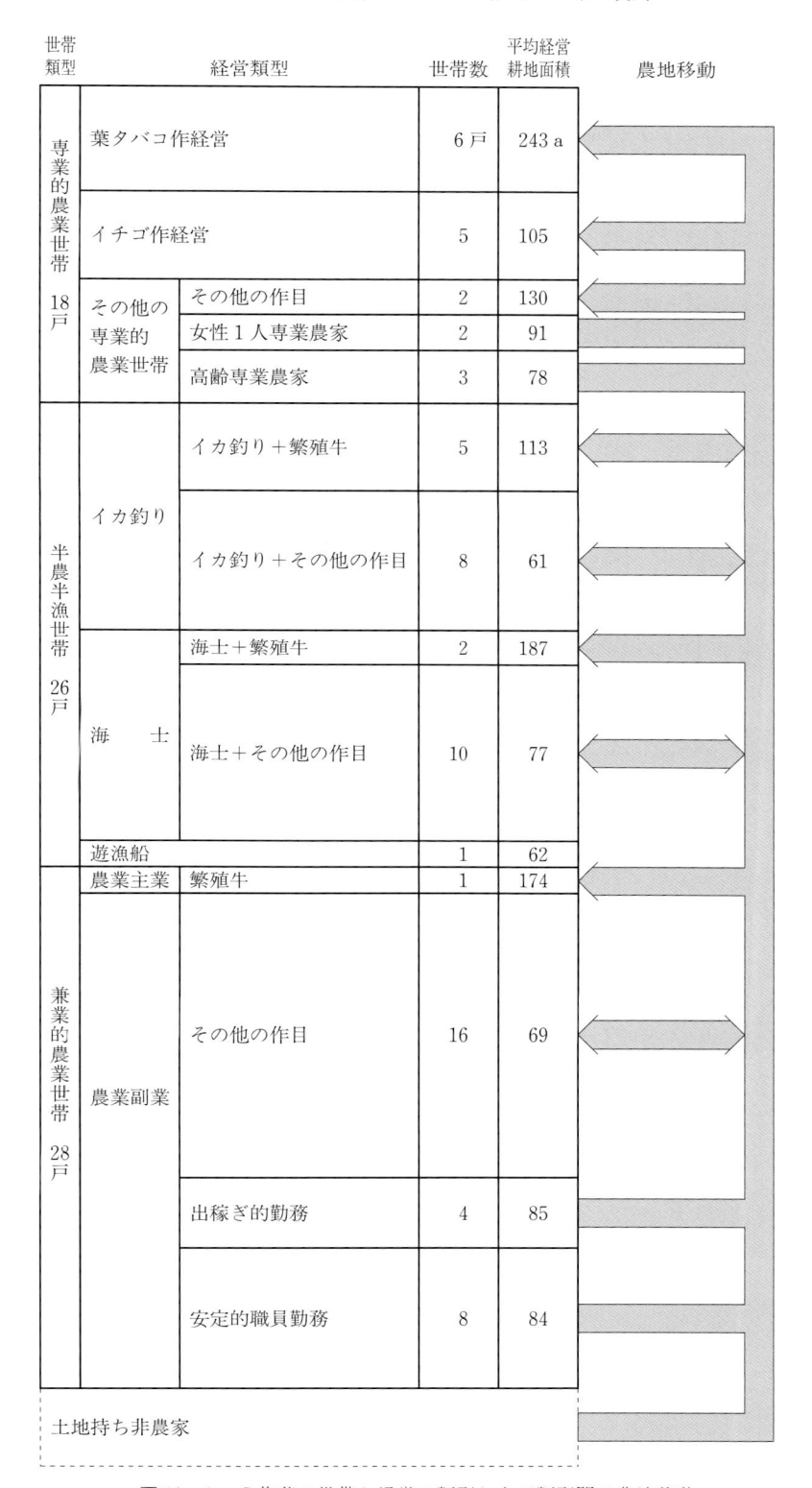

第 10 章　臨海田畑作地区における農業と漁業の展開

世帯類型	経営類型		世帯数	平均経営耕地面積	農地移動
専業的農業世帯 18戸	葉タバコ作経営		6戸	243 a	
	イチゴ作経営		5	105	
	その他の専業的農業世帯	その他の作目	2	130	
		女性1人専業農家	2	91	
		高齢専業農家	3	78	
半農半漁世帯 26戸	イカ釣り	イカ釣り＋繁殖牛	5	113	
		イカ釣り＋その他の作目	8	61	
	海士	海士＋繁殖牛	2	187	
		海士＋その他の作目	10	77	
	遊漁船		1	62	
兼業的農業世帯 28戸	農業主業	繁殖牛	1	174	
	農業副業	その他の作目	16	69	
		出稼ぎ的勤務	4	85	
		安定的職員勤務	8	84	
土地持ち非農家					

図 10-4　S集落の世帯と経営の類型および類型間の農地移動

第5節　兼業的農業世帯 ── 最大多数の世帯類型としての兼業的農業世帯の形成 ──

　S集落で3番目の世帯類型は兼業的農業世帯であり，28戸と数の上では最大多数を占めるが，課題の性格上，また紙幅の都合上，本章では，この類型も多様であり，一方の極に役場職員・教員といった安定的兼業農家群が存在する一方で，他方の極に臨時的就業の不安定的兼業農家も少なくないとみられること，また長期出稼ぎ就業者も数名存在していること，さらには専業的農業世帯等へ農地を貸し付ける農地移動の供給層ともなっていることを指摘するにとどめざるをえない。

　そして最後に，以上の世帯類型およびこれらの類型間における農地移動の動向を整理した図10-4を掲載して本章を閉じたい。

註
1) S集落は農業展開において「上場開発事業の優等生」と評価され，1990年以降の農業展開に関する報告書類は少なくない。また堀田（1994）のような架橋の経済効果に関する報告書もある。しかし，S集落の「農家」の3分の1は現在でも農漁家（半農半漁世帯）であるのに，この「半農半漁」に視点を当てた研究報告は寡聞にして知らない。
2) 佐賀県呼子町農林課（1991）を参照。
3) いわゆる栗原・綿谷モデルである。第4章の表4-4とその注を参照。
4) 山口（1991）を参照。
5) 橋口（2001）は，山口県油谷町（第6章の扉写真を参照）では半農半漁世帯が地域の労働力の流出に歯止めをかけているという指摘をしている（129～130頁）。
6) 河児（2000）は，『魏志倭人伝』ともかかわらせて，「東松浦半島部が今も海士地域である」（26頁）と述べている。
7) この点から本章では上述のようにS集落の漁業を「ワンマン漁業」と表現したが，それは以下のように2つの意味内容をもつ。今日の漁業において海（船）上労働（漁労）は一般的に主に男子労働によって担われているが，獲った魚介類が陸上で加工される場合には，その加工過程は主に女性によって担われている場合が多いようである。たとえば第8章で取り上げた佐賀県C町の「半農半漁」村のイリコ製造（カタクチイワシ漁）では，「海」では雇用者を含めた「船3隻＝男子5～7人による分業と協業」，「陸」の加工製造所では「女性数名による協業」という労働様式がとられていた。夫婦の労働内容はそれぞれ異なるが，夫婦ともに漁業労働を担っているのである。また海（船）上の男子労働においてもC町の場合は複数人数による「分業と協業」が行われているのに対し，S集落の場合は男子1人単独労働という在り方をとっている。こうして，本章でいう「ワンマン漁業」は，海上労働が男子1人単独労働であることと，そもそも漁業労働に女性はたずさわっていないことの2点を含意している。

引用文献
河児哲司（2000）「菜畑遺跡シリーズ」中里紀元監修『たのしくわかる郷土史発掘・唐津・東松浦の歴史（上巻）』松浦文化連盟。
佐賀県呼子町農林課（1991）『平成3年度豊かな村づくりを目指して』。
橋口卓也（2001）『水田の傾斜条件と潰廃問題』（日本の農業218），農政調査委員会。
堀田和彦（1994）『農業投資総合効果測定調査』九州農政局計画部。
山口めぐみ（1991）「甘夏で島おこし ── 高品質甘夏生産に取り組む ── 」未定稿。

終 章

総括と展望

長崎県側（南西方面）から望む東松浦半島（上場台地）の臨海型棚田と台地畑
（佐賀県肥前町，2001年春）

各章の要約はすでに各章ごとに行っているため，本章で繰り返すことはしない。本章は，各部において明らかにされた半島地域農漁業に共通する普遍的事柄を抽出・整理し，また，半島地域農漁業の将来展望を見通しながら，それにかかわる研究課題の提示を行い，本書の結びとしたい。

第1節　半島地域農業の展開

　まず本書第Ⅰ部において明らかになった最大のポイントは，半島地域はたしかに条件不利地域の一形態とみられるが，しかし，ではそこにおける農業は停滞や衰退を余儀なくされているのかというと，決してそうではなく，むしろ逆に前進傾向を示しているということである。たしかに，多くの事例からも分かるとおり，狭隘・不整形・急傾斜地立地農地，河川に恵まれないための水利施設の未発達・未整備による恒常的水不足，狭く曲がりくねった道路，遠隔地市場といった立地条件からみて，半島地域は地理的・社会経済的な観点から条件不利地域にほかならないという実態が存在する。しかし，そのような中でも，全国・九州・佐賀県のいずれにおいても，半島地域の農業は，粗生産額を地域全体のそれを上回るテンポで伸ばし，そのシェアを拡大してきたのである。このような動向は1970年代以降からみられたが，1980年代半ば以降，日本農業全体が縮小傾向へ転換したもとでも，半島地域は農業粗生産額を実質的に伸ばし，着実なシェア拡大を図ってきた。このような点から，半島地域は日本農業における前進地域と評価することができよう。

　そこで，もう少し，こうして前進をみせた半島地域の農業の実態を示すならば，半島地域には，かつて海水面の上昇あるいは陸地の沈降による水没から免れた地域であるという地形形成上の特徴から，平坦な平野はほとんど見られず，逆に臨海部からいきなり切り立った断崖等をもつ地域が多いため，臨海部では棚田や急傾斜樹園地を中心とした土地利用が行われ，また海から少し離れた台地上では畑作農業を中心とした土地利用が行われている。しかし，この畑作台地においても，海から比較的近いため，海風・潮風の影響を防ぐ必要から防風林に囲まれた細切れ的で分散的な農地利用とならざるをえない。こうした立地条件に規定され，半島地域の農業の特徴として，第3〜5章で明らかにしたように，臨海棚田が多く，その棚田は面積狭小で悪条件下にあるため，稲作生産条件は悪く，稲作生産の割合やシェアは低い。他方，農地開発等により畑地と樹園地の利用は比較優位性を持つようになり，また半島地域の温暖気候を活かしつつ，いも類・果実・工芸農作物（葉タバコ・茶）の有力な産地を形成している。また，それ以上に畜産の有力な産地ともなっている。なかでも肉用牛，豚，鶏卵の生産集中地域となっていることが注目される。事実，本書の各章の事例から明白なように，半島地域における代表的な専業的経営は，葉タバコ，イチゴ，ハウスミカン，および畜産を基幹部門とするもので

あった。そして，いうまでもなく，このような農家の多くは「認定農業者」を擁している中核農家でもある。

　また，このことは半島地域の農業経営組織の性格に結びついていく。すなわち，上述の専業的経営は，これらの基幹部門以外にも同時に稲作生産を行っているが，この稲作生産は立地条件に規定されておしなべて零細であるため，基幹部門の単一経営としての性格が強い。それに対し，条件良好地域である佐賀平野＝平坦水田地帯においては，1970年以降の稲作単一からの脱皮過程で，歴史的に形成・蓄積されてきた比較的広い水田基盤の上に成り立った「稲作＋露地野菜作」，「施設園芸＋稲作」といった水田複合経営が多く形成されているという地域差がみられる[1]。

　ところで，半島地域の農業が発展した要因としては，1970年代以降における米消費の減少に対する果実・野菜・畜産物消費の増加という農畜産物市場構造の変化，およびこのような果樹・野菜・畜産経営の振興を図るための畑地開発や農業水利事業および畜産団地造成が半島地域においても継起的に実施されてきた点が挙げられる。

　こうして，半島地域の農業は全体としては伸びてきたし，専業的な農業経営者の形成もみられたのであるが，同時に農地利用面では問題点も存在していることに注意しなければならない。それは耕作放棄が著しいという点である。その要因のベースにあるのはたしかに急傾斜地立地という地形的な条件不利性であるが，同時に農業経営の主要部門が施設園芸や畜産といった労働集約的で比較的収益性の高い部門に集中していったために，収益性の低い悪条件の棚田での零細稲作や段々畑での露地野菜作が軽視されているという経営形態のあり方や農業経済状況からもきていることに注意する必要がある[2]。したがって，棚田稲作や段々畑での露地野菜作の維持継続のためには，経営形態，担い手，および経済条件，とりわけ経営形態と担い手とのかかわりを重視した対策が不可欠と考える。

　以上のことは，本書の序章で問題提起した農業地域類型の問題に次のような論点を投げかけている。すなわち，本書で取り上げた佐賀県東松浦半島内には農林統計上「中山間地域」に類型区分される市町は存在しないが，実態は勾配1/20以上の急傾斜地立地水田（棚田）割合が半島全体でも5割弱に達するなど，「中山間地域」に区分されてもおかしくないような地形的な状況にある。このような棚田率の高さを背景に上記のような高い耕作放棄地率が形成されてきたわけだが，同時に，他面で，傾斜地は果樹栽培においては決して不利とはいえず，むしろ第10章の甘夏ミカンのように適地である場合もある。また今日では，畑地造成と新規導水事業によって，畑作農業前進の条件が整備されてきている。さらに，半島地域は人口過少地域であり，林地や飼料用作物栽培適地も多く，畜産立地においても適地とみられる。こうして，これらの諸要因の存在ないし新たな形成を条件にして，半島地域の農業が中長期的に全体として前進してきたわけである。つまり，生産条件が不利か良好かは，同じ地域においても地目により異なり，水田（稲作）条件は不利でも，果樹栽培や畜産には必ずしも不利とはいえないし，またそれらの条件は社会経済動向の変化に伴って変化しうるものであり，一義的に規定づける

ことは適切でないことが分かる。したがって，このような地目と作目を量的・質的にトータルに把握し，しかもその変化も加味しつつ，その地域の農業展開の性格と動態を浮き彫りにしうるような農業地域類型区分の開発が求められている。

第2節　半農半漁の構造

　一方，半島地域は，三方を海に囲まれているため，その周辺の沿岸地域には漁村が形成され，そこでは少なからずの半農半漁経営が営まれていることを地域的特徴としている。ところで，半農半漁自体については先行研究がほとんどないため，まず第6章でその全体像を明らかにすべく独自の統計的考察を行った。その結果，かつては一般的だった半農半漁形態も，今日では漁家の農業放棄などによってたしかに急減・縮小したが，地域的には太平洋3区や東シナ海区において，また階層的には海面漁業動力船5トン未満規模層において，さらに漁業種類ではのり養殖業において，一定の数ないし割合が保持されていることが分かった。また，「狭義の半農半漁」経営体数の割合が日本一高い県が佐賀県であることが判明した。さらに，そのような半農半漁世帯においては，平均的にみても50万円台から80万円台の農業所得が得られていることが判明した。この数値は予想以上に大きく，無視しえない役割を果たしていると考える。

　さて問題は，本書の対象とした東松浦半島において，具体的にどのような半農半漁の存在形態がみられたか，また，その性格はどのようなものとして理解されるか，さらには，それをもって上記の統計分析結果が実証されたかどうかである。第8章では5トン前後の漁船によるイワシ漁網元漁業を取り上げたため，漁業の規模は必ずしも小規模とは言えず，むしろ中小規模の水準のものであったが，第9章と第10章の事例ではほとんどの漁家が海面漁業動力船規模1～5トンの小規模漁家であり，彼らが同時に零細な稲作や露地野菜・花きの栽培を営んでいる姿が浮き彫りになった（表9-3，表10-4を参照）。このような姿は「小規模漁業＋零細農業」という内容であり，漁業と農業が補完関係にあり，「漁業も農業も必要とする」「狭義の半農半漁」の姿にほかならない。そして，第9章と第10章で取り上げた集落が東松浦半島の半農半漁集落を代表する事例であることから，東松浦半島の半農半漁の存在形態が，統計分析で明らかにした，海面漁業動力船5トン未満階層に多い半農半漁の存在形態に属するタイプであることが判明した。

　次に彼らが担う農業部門の中身と性格であるが，上述のように東松浦半島の半農半漁世帯が担っている主な農業分野は，稲作および多様な露地野菜，果樹，花き，肉用牛繁殖などである。これらの農業部門はいずれも零細規模であり，また稲作以外の部門は市場動向に規定されて流動的であり不安定的である。第II部に限らず本書の各所で露地野菜作の伸び悩みや逡巡状況を述べたが，この点は半農半漁世帯にも共通する事柄である。

　また，漁業種類については，カゴ漁，イワシ漁，定置網漁（第8章），イカ一本釣り，ウニ・

サザエ等の海士漁業（第9章，第10章）というように極めて多様であることを特徴とする。このように漁業種類が多種多様にわたる要因は，そもそも半島地域の地形が複雑多様で，多種多様な漁場に恵まれているからである。この点は，第7章で述べたように，有明海沿岸の半農半漁の漁業種類がのり養殖業単一的であることと対照的である。すなわち，半農半漁のタイプにおいても，東松浦半島では多様な漁業種類と結びついた零細な田畑作農業であるのに対し，有明海沿岸ではのり養殖業と結びついた平均的規模の水田作農業であるという違いが認められるのである。

　さらに，東松浦半島には，漁業経営の企業形態も家族経営のみならず，第8章でみたように，資本主義的な経営体である網元制度も存在している。有明海区ののり養殖業が主に家族経営によって営まれている点と異なるのも，上述の漁業種類に規定されているためと考えられる。

　次いで，半農半漁世帯における農業の位置については，大半は漁業収入が7～9割を占める第Ⅰ種兼業漁家（第Ⅱ種兼業農家）である。農業の中身としては自給的な稲作・野菜作が主体となっているが，比較的広い棚田面積を擁し，一般の農家の平均と変わらないような50 a前後の稲作生産を行っている半農半漁世帯の多い集落事例も存在する（第8章）。また，1つの漁業経営体において1種類の漁業が行われているわけではなく，漁期の異なる複数の漁業種類が営まれており，いわば複合漁業経営となっているケースが少なくない。東松浦半島の前進的な農業をリードする経営の多くが単一経営であることに対し，漁業経営（漁家）においては，むしろ複合経営が分厚く形成されている点が注目される。そもそも半農半漁という漁業と農業の結合原理それ自体が基本的に同様な性格のものと考えられるのである。

　以上のことから，第Ⅰ部でみた半島地域の農業前進を担った農業分野（葉タバコ，イチゴ，ハウスミカン，肉用牛肥育）および農業経営組織（これら4部門の単一経営）を第Ⅱ部の半農半漁世帯が担っている農業分野（零細な稲作，露地野菜，果樹，花き，肉用牛繁殖）および経営組織（半農半漁世帯における農漁業の複合的経営）との関係を重ね併せて考えるならば，一方で4部門（葉タバコ，イチゴ，ハウスミカン，肉用牛肥育）の単一的な農業経営が主に半島地域の農業前進をリードし，また他方で稲作，露地野菜，果樹，花き，肉用牛繁殖部門といった概して零細な部門を農漁業以外に勤める兼業農家や半農半漁世帯などの多くの多様な「農家」が担っているという東松浦半島の農業構造の全体構図を描くことができる。

　こうして，たしかに半農半漁経営体数割合は激減したし，流動性および不安定性から，このような減少傾向は今後とも続くと考えられるが，しかし，たとえマイナーな存在となっても，漁業と農業の多様な結合原理が存在するかぎり，半農半漁は消滅することはないだろう。その意味で，半農半漁形態を過渡的・一時的現象として片づける傾向に決して与することはできない。

第3節　半島地域農漁業の展望と課題

　以上のような実態認識を踏まえ，最後に，半島地域の農漁業の将来展望，さらにはそれと関連した半島地域農漁業研究に求められる新たな課題を提起してみたい。
　第1に，実態分析では必ずしも明確ではなかったが，第1章と第2章でみたように，半島地域の農業は内容的には畜産に特化する傾向にある。また，いくつかの章で取り上げた事例においても見受けられたように，東松浦半島では数は多くないが大規模肥育牛経営の形成が認められる。それは環境問題の社会的認知のもとで，家畜排泄物処理に悩む畜産経営の立地的選択の結果とも考えられる。今後とも，このように畜産が半島地域に集中していくならば，家畜排泄物の適正処理や有効利用の問題が顕在化してくることは必至である。事実，すでに1999年制定の農業環境3法により，法律面からも畜産環境問題への対応が目前にせまられてきている[3]。
　一方，半島地域の畜産部門では飼料・敷料用稲麦ワラが不足している。それは，半島地域は水田が狭小であること，および麦作がほとんど消滅したことによる。なお，その不足分は佐賀平野などの平坦水田地帯から補充されている。その中には半島地域の畜産から出た家畜排泄物由来の堆肥との交換において，平坦水田地帯から稲麦ワラ補充を行う形態も存在する。しかし，畜産の半島地域集中がさらに進行すれば，このような中間生産物の交換関係はいっそう拡大するものと予想される。しかし，同時にそこには価格・労力・保管施設等において新たな問題点や困難性も出てくることが予想される。したがって，このような家畜排泄物と稲麦ワラの交換的有効利用にかかわる問題点とその解決方向に関する研究課題の必要性が求められてくる。そして，この問題は単に家畜排泄物と稲麦ワラだけの問題にとどまらず，2001年施行の食品リサイクル法ともかかわった農業関連資源の循環的有効利用方法に関する資源・環境問題として広く総合的に把握され，解決方向が見いだされていく必要のある問題である。
　第2に，臨海型棚田の広範な存在が半島地域の一般的なありかたであることから，その有効利用方向が重要な研究課題となる。急傾斜地立地・狭小・不整形といった悪条件の棚田の場合には，目下の制度下ではその整備は経済的に困難だし，高齢者のみならず専業的農業経営を行う中高年者や青年農業者もそこでの耕作を嫌う傾向にあるため（特に第5章を参照），耕作放棄が避けられない状況下にあるからである。それに対し，観光的観点からの利用方向の可能性の指摘も少なくないし，その方向での取り組みも実際試みられ始めている。しかし，実際に維持管理する担い手の方が上述のように脆弱ないし忌み嫌う傾向すらある状況下では，そのような方向も決して容易ではない。また，半島地域への畜産の集中化傾向が強い中では，放牧形態での畜産的利用方法などは可能性の高いものと考えられるが，その場合でも担い手の問題が最大のネックとなる。
　なお，棚田の存在状況も多様であり，第8章でみたように，急傾斜地の中でも比較的それが

ゆるやかで1区画圃場面積10a弱の棚田が広がるような場合は，整備の可能性も存在するし，整備後は機械利用の効率化も図れるため，稲作経営の規模拡大や集団的利用による水田経営の再構築という方向性も考えられる。また第10章の事例のように，面積は狭くても立地上比較的平坦な水田の場合はなおさらである。そして事実，少ないながらも，東松浦半島内でも水田基盤整備を契機に稲作の集団的組織化に取り組み成果を上げている事例もみられる[4]。いずれにしても，要するに現場の具体的な実態に合わせた現実的な方向を，担い手を中心とした関係者が模索していくほかはないといわざるをえない。

　第3に，半島地域の多くは地形的条件により，河川の未発達からくる水利施設の不備のため，鹿児島県笠野原台地や佐賀県東松浦半島等での農業水利事業にみられるように，農地開発・整備とセットで水利開発が実施されている場合が少なくない。そして，そこにおいては土地利用型畑作，施設園芸および露地野菜作の展開が期待されており，事実，葉タバコ作経営やイチゴ作経営では成功例が多いが，第3章や第5章でみたように，露地野菜作の展開には困難が多い。その要因の1つは近年の野菜の輸入量の増加による価格の低迷であるが，後継者不足や土地改良事業償還金負担増といった要因も大きい。水利用による戦略的な部門と目される露地野菜作の振興のための栽培技術・流通面での改善や政策支援方策に関する研究課題が求められている。

　第4に，漁業の性格と展望である。本書では漁業は半農半漁の範囲内でしか取り上げられなかったが，狭隘・不整形・急傾斜地立地という半島地域の農地条件を最も典型的に体現している半島沿岸部の農業の条件不利性に対し，漁業はその逆に半島地域の複雑地形に基づく豊かな資源を活かした条件有利性を持ち，全体として良好な展開をみせていた。その意味では，漁業は条件不利な沿岸部の農業を補完・補強する役割を果たしている。そして，このような農業と漁業の相互補完関係に半島地域における半農半漁の特徴的性格の1つを見いだすことができる。もちろん，同時に，漁業には海との格闘という独自の厳しさが存在し，漁業後継者問題も深刻であることは言うまでもない。この点は本書第II部の各章で強調したとおりだが，他面における立地条件有利性からみた将来展望の可能性も見過ごしてはならないだろう。

　しかし，このような豊かな漁場にも環境問題の発生が確実に認められる。本書の事例の中では必ずしも明確ではなかったが，訪問調査の過程で我々は少なからずの漁業者から，海洋汚染，漁場環境の変化による魚の移動範囲の変化，漁獲量の減少といった漁業環境の悪化を指摘する声を聞いた。そして，その要因は海の内外にあるようである。ともあれ，実態はどうなっているのか，漁場環境調査すら未着手の段階であるため，まずそこから始めなければならない状況にある。なによりも実態およびそこにおけるメカニズムの解明が緊急に求められている。

　第5に，以上のように，本書の骨格となっている事例研究の対象地は佐賀県東松浦半島に限られており，その意味で本書はまだ一半島地域での事例研究（モノグラフ）の域を出ていない。したがって，縷々述べてきた半島地域の農業や半農半漁の性格づけに関しても，「半島地域農漁業論」として普遍化するためには，第1章で示した国内の他の半島地域での実証的研究

のさらなる継続が求められる。また，その場合，「三方を海に囲まれた半島地域」と極めて類似の「四方を海に囲まれた島嶼地域」も包括していく必要がある。それは，第1章で示した全国23の半島地域のなかに島嶼地域も含まれているように，半島地域農漁業論と島嶼地域農漁業論は多くの部分で接しており，共通する事柄が多いからである。

註
1) 安部（2000），磯田（1995），小林・白武（2001），田代（1996）などを参照。
2) 安藤（1997）は，この点を中山間地域における「農業生産・農業経営の担い手と農地（管理）の担い手の乖離」として整理している（108頁など）。
3) 小林ら（2004）は2000年農業センサスのデータからの推計によって，佐賀県も家畜排泄物由来の窒素の生産量が耕地の受け入れ可能量を超え，ついに窒素過剰県に転換したと述べている。
4) 小林（1997），小林（2002）を参照。

引用文献
安部淳（2000）『農業構造改善基礎調査報告書――佐賀県杵島郡白石町――』九州農政局。
安藤光義（1997）「中山間地域農業の担い手と農地問題」『日本の農業』第201集，農政調査委員会。
磯田宏（1995）「佐賀県杵島郡白石町における実態調査」『認定農業者等の規模拡大過程における農作業受委託と賃貸借への移行に関する調査結果報告書』全国農地保有合理化協会。
小林恒夫（1997）「上場台地における農業経営と集団的営農の特徴及び農地利用の問題点」『海と台地』Vol. 5，佐賀大学海浜台地生物生産研究センター。
小林恒夫・白武義治（2001）「WTO体制下の佐賀平坦水田地帯における農業構造の変貌と農協の課題」『佐賀大学農学部彙報』第86号。
小林恒夫（2002）「傾斜地水田（棚田）稲作の維持継続を可能とする生産組織の仕組みに関する一考察」『農業経営研究』第40巻第2号。
小林恒夫・権藤幸憲・麓誘市郎（2004）「佐賀県における家畜排泄物由来の窒素の生産量と受け入れ可能量の推計」『Coastal Bioenvironment』Vol.3，佐賀大学海浜台地生物環境研究センター。
田代洋一（1996）「大規模借地経営の展開と経営農地の効率的利用に関する実態調査報告」『大規模借地経営の展開とその安定的発展方策に関する調査報告書』全国農地保有合理化協会。

あとがき

　最初から半島地域農漁業論の体系化が見えていたわけではない。それは逆であり，「まずフィールドワークありき」から始め，現場での事例研究の積み重ねの結果として帰納的にできあがってきたというのが実際である。その意味は以下のとおりである。

　私は1993年設立の佐賀大学海浜台地生物生産研究センターに翌94年に赴任してきたが，もとより本研究センターは，直接的には佐賀県北西部の東松浦半島（上場(うわば)台地）を対象とした地域農漁業研究所であった（なお，本研究センターは2003年4月から海浜台地生物環境研究センターに組織改編された）。なぜ東松浦半島が研究対象地として取り上げられたかというと，それまでの佐賀大学農学部の主たる研究対象地域はかつての栄光ある佐賀平坦水田農業であるという暗黙の了解があったように見受けられるが，しかし時代は今や条件不利地域（中山間地域）農業問題の重要性が叫ばれる段階にシフトし，地域農業研究を重視する地方大学としての佐賀大学にも，条件良好地域である佐賀平坦だけでなく県内の条件不利地域を対象とする研究所が農学部とは別に求められるようになり，条件不利地域としては，かつて「上場砂漠」と蔑称されてきた東松浦半島が最適条件を備えていたという背景によっている。

　こうして発足した本研究センターの研究目的は，いうまでもなく条件不利地域農漁業論の体系化にあったと思われる。ただ，その方法論や具体像については関係スタッフにまかされており，まさに「ゼロからのスタート」であった。

　そこで私は，地方大学に合った研究方法，あるいは東松浦半島という比較的狭い対象地域という点を考慮し，「東松浦半島5市町の全農家3,000戸を回る」というスローガンを掲げ，終始「歩き屋」に徹し，農家を訪ね歩くという方法で東松浦半島内の特徴的な農村の調査を始めた。

　こうして農家調査を開始したのであるが，当初の数年間は農家しか目に入らなかった。しかし農家総当たり作戦の必然的結果として，数年後のある農漁村調査において漁業も営む農家（半農半漁世帯）に出合った。それを契機に，半農半漁論が半島地域に欠かせない要素だと気付き，その翌年と翌々年は東松浦半島内の主要な半農半漁集落を隈なく歩いた。

　また，当初は「半島」という枠組みは私の頭になく，この調査研究の位置づけに思い悩んでいた。しかしあるとき，「中山間地域問題」関連の文献の整理中に，ふとしたことから「半島」に行き当たり，私自身が今この「半島」の上を歩き回っているのに気付かされた。それ以来，「半島論」が条件不利地域論の1つとして位置づけられるのではないかと思うようになった。

　本書は，以上のような試行錯誤の過程でできあがってきたものである。

　ところで，類書と異なり，あまりにも多くの調査農家の事例を載せている点は主に本書の以

上のような成り立ちに由来している。また，この点はたしかに回りくどく，わずらわしいかもしれないが，このような事例をもって全体の意図やストーリーを語らしめるという叙述方法がむしろ本書のスタイルに合っていると考えたからでもある。

「歩き屋」に徹したが，ひとりで歩いたわけではない。卒業論文・修士論文の作成や調査経験とダブらせながら，研究室内外の学生・院生諸君の協力を得ることができた。彼ら・彼女らの協力がなかったならば，おそらく本書はできあがらなかったであろう。また，彼ら以上の協力を得たのは訪問させていただいた多くの農漁家からであり，農協・市役所・町役場・統計事務所などの担当者からであった。人数が多いため一人一人のお名前を列挙することは省略させていただくが，改めて皆さんに感謝しなければならない。

さらに，このような研究書の出版を引き受けてくださった九州大学出版会の藤木雅幸編集長と，編集にご尽力いただいた同編集部の永山俊二氏に感謝したい。また，本書の出版には2004年度佐賀大学学長経費（大学改革推進経費）の交付を受けることができた。

本書は，下記のように，第1章と第6章以外は私の勤務する職場の研究報告『海と台地』に掲載してきた初出論文を基に，新たに序章と終章を書き下ろして再構成したものである。そして，その骨格は本研究センターの研究報告別冊『海浜台地学序説――半島地域農漁業の社会経済構造――』（2002年）としてすでに発行済みであったので，本書刊行に際しては，2000年農業センサスのデータの追加を中心に加筆・修正を施した。

序　章　書き下ろし。
第1章　「半島地域の農業展開に関する一考察」『2002年度日本農業経済学会論文集』2002年。
第2章　「佐賀県における東松浦半島の農業の到達点」『海と台地』Vol. 13, 2001年。
第3章　「海浜棚田地帯における農業・農家の動態」『海と台地』Vol. 7, 1998年。
第4章　「上場台地畑作地帯における農業経営・農家の類型とその性格」『海と台地』Vol. 6, 1997年。
第5章　「条件不利地域としての『海浜棚田地帯』における農家・経営類型と農地利用」『海と台地』Vol. 9, 1999年。
第6章　「半農半漁の今日的形態と存立条件」『農業経済論集』第55巻第1号, 2004年。
第7章　「佐賀県における半農半漁の2類型」『海と台地』Vol. 12, 2000年。
第8章　「半農半漁棚田地帯における農漁家・農漁業の全体構図」『海と台地』Vol. 11, 2000年。
第9章　「半農半漁未整備畑作台地における就業構造と農地利用の変容」『海と台地』Vol. 11, 2000年。
第10章　「半農半漁村における農業と漁業の構造変動」『海と台地』Vol. 10, 1999年。
終　章　書き下ろし。

あとがき

　本書では各章の最初に「要約」を付し，また各章の扉に関連写真を掲載した。これは上述の研究報告に掲載した論文の形式から来ている。すなわち，もとよりこの研究報告に掲載した論文に添付した「要約」と関連写真をそのまま取り入れたためである。必ずしも類書には見られないこのような「要約」と写真が読者の理解に役立てば幸いである。なお，これらの写真および集落立地図のスケッチ（原画）はすべて著者の手によるものである。

　最後に私事にわたり恐縮だが，初めての本格的な著書の上梓となる本書を，休日や夜も職場や調査に出かけることを許してくれた家族と，私の放浪的な人生行路の選択を許し，いつも家族を見守ってくれているわれら夫婦の両親に捧げたい。

2004年11月

　　　　南方に唐津平野（下場）での麦播き準備作業を望む職場3階の研究室にて

　　　　　　　　　　　　　　　　　　　　　　　　　　　　　　　　著者しるす

著者紹介

小林恒夫（こばやし　つねお）

○ 佐賀大学（海浜台地生物環境研究センター）教授。農学博士（1990年，九州大学）。

○ 1950年栃木県生まれ。73年宇都宮大学農学部（農業経済学科）卒業。81年九州大学大学院農学研究科博士課程（農政経済学専攻）単位取得退学後，日本学術振興会の奨励研究員，九州共立大学（経済学部）と福岡県農業大学校の非常勤講師，名寄女子短期大学（90年から市立名寄短期大学に名称変更）の専任講師・助教授を経て，94年から佐賀大学の助教授となり，2004年から現職。

○ 専攻は農業経済・農業政策分野だが，目下，半島・島嶼を対象にした地域農漁業構造論の構築をめざしている。

○ 著書としては『営農集団と地域農業』（単著，農政調査委員会）1990年。

○ 主要論文としては「生産組織論の展開と課題」『農業問題研究』第38号，1994年，「北海道限界地帯稲作の現段階的特徴」『北海道農業経済研究』第3巻第2号，1995年，「1990年代におけるUターン青年就農者の増加要因と展望」『農業経済論集』第53巻第2号，2002年，「農家青年の離職就農と離農就職および若手女性農業者の動向に関する一考察」『農業市場研究』第12巻第1号，2003年，など。

○ 照会・連絡先は佐賀大学ホームページの「研究施設」（海浜台地生物環境研究センター）の欄を参照。

半島地域農漁業の社会経済構造

2004年11月5日　初版発行

著　者　小　林　恒　夫

発行者　福　留　久　大

発行所　（財）九州大学出版会
〒812-0053　福岡市東区箱崎7-1-146
九州大学構内
電話　092-641-0515（直通）
振替　01710-6-3677

印刷／九州電算㈱・大同印刷㈱　製本／篠原製本㈱

© 2004 Printed in Japan　　ISBN4-87378-847-1